과학적 사실의
기원과 발전

사고 양식과 사고 집단에 관한 이론

서양편 · 789

과학적 사실의 기원과 발전

사고 양식과 사고 집단에 관한 이론

루드비크 프렉 지음
이을상 옮김

한국문화사

지은이 루드비크 플렉(Ludwik Fleck, 1869~1961)
폴란드 남부 지방인 르뵈브에서 태어난 유대계 폴란드인으로 1922년에 얀 카지미에츠 대학교 의학부를 졸업한 티푸스 전문가다. 1935년에 칼 포퍼의 『탐구의 논리』와 상반된 관점에서 『과학적 사실의 기원과 발전』을 출판하였지만, 독일 나치의 폴란드 침공으로 유대인 집단수용소인 게토에 감금되는 불운을 겪으면서 그의 학문적 가치는 잊히는 것처럼 보였다. 그러나 1962년 쿤의 『과학혁명의 구조』에서 언급되면서 플렉의 『과학적 사실의 기원과 발전』은 마침내 그 진가를 인정받았다. 하지만 그것은 플렉이 죽고 1년 후의 일이다. 플렉은 집단수용소에 감금 중에도 티푸스에 관한 연구를 계속해 왔고, 2차 세계대전 후에는 소비에트화된 조국 폴란드에서 많은 의학적 업적을 남겼으나, 1957년에 이스라엘로 이주하였고, 새로운 생활에 적응하지 못하고 1961년 6월 5일 심장마비로 별세했다.

옮긴이 이을상
부산대학교 민족문화연구소 전임연구원이다. 부산대학교 철학과를 졸업하고, 동아대학교 대학원에서 문학석사 학위를 받았다. 1993년 동아대학교 대학원에서 철학박사 학위를 취득했다. 동아대학교 석당연구원 전임연구원, 동의대학교 인문대학 문화콘텐츠연구소 연구교수 등을 거쳤다. 새한철학회의 제4회 만포학술상(1999년)과 대한철학회의 제4회 운제학술상(2014)을 받았다. 저서로 『인간복제의 윤리적 성찰』(공저, 2017), 『생명과학의 철학』(2013), 『양심』(공저, 2012), 『사회생물학, 인간의 본성을 말하다』(공저, 2007), 『죽음과 윤리』(2006), 『인격』(공저, 2007), 『인간과 현대적 삶』(공저, 2003), 『사람됨과 삶의 보람』(공저, 2000),

한국연구재단 학술명저번역총서 서양편 · 789
과학적 사실의 기원과 발전
사고 양식과 사고 집단에 관한 이론

1판 1쇄 발행 2020년 12월 10일
원   제 Entstehung und Entwicklung einer wissenschaftlichen Tatsache
지 은 이 루드비크 플렉
옮 긴 이 이을상
펴 낸 이 김진수
펴 낸 곳 **한국문화사**
등   록 제1994-9호
주   소 서울특별시 성동구 아차산로 49, 서울숲코오롱디지털타워 3차 404호
전   화 02-464-7708
팩   스 02-499-0846
이 메 일 hkm7708@hanmail.net
홈페이지 http://hph.co.kr

책값은 뒤표지에 있습니다.
잘못된 책은 구매처에서 바꾸어 드립니다.
이 책의 내용은 저작권법에 따라 보호받고 있습니다.

ISBN 978-89-6817-940-2   93400

'한국연구재단 학술명저번역총서'는 우리 시대 기초학문의 부흥을 위해
한국연구재단과 한국문화사가 공동으로 펼치는 서양고전 번역간행사업입니다.

차례

옮긴이 서문: 과학지식사회학의 창시자, 루드비크 프렉__7
편집자 서문: 루드비크 프렉, 과학이론의 사회학적 고찰방식을
　　　　　정초하다__45
머리말__92

01 오늘날 통용되는 매독 개념은 어떻게 생겨났는가?__95

02 확립된 개념의 역사에서 인식론적 추론__125
　　1. 인식의 역사가 말해주는 것에 대한 일반적 고찰__125
　　2. 인식의 발전 지침으로서 근본이념에 관하여__130
　　3. 의견 체계의 견고화 경향과 착각의 조화__136
　　4. 사고 집단에 대한 개괄적인 언급__153

03 바서만 반응과 그 발견__175

04 바서만 반응의 역사에 관한 인식론적 고찰__221
　　1. 일반적 추론__221
　　2. 관찰, 실험, 경험__223
　　3. 사고 집단에 대한 보충 설명__243
　　4. 근대과학의 사고 집단에 나타난 몇몇 징표들__263
　　5. 사고 양식에 대하여__283

참고문헌__312
찾아보기__320
부록: 영문판(Trans. by F. Bradley & T. J. Trenn, *Genesis and Development of a Scientific Fact*, The University of Chicago Press, 1979)에 수록된 쿤의 머리말(pp. vii~xi)__327

옮긴이 서문

과학지식사회학의 창시자, 루드비크 프렉

이을상

　과학지식사회학Sociology of Scientific Knowledge이란 과학적 지식의 형성에 사회적 요인이 어떻게 작용하는가를 밝히는 일종의 '메타과학'metascience 이다. 메타과학이라는 말이 암시하듯이, 그것은 과학 자체를 탐구 대상으로 하는 연구를 말한다. 이렇게 메타과학으로서 과학지식사회학이라는 용어가 처음 만들어진 것은 1970년대 이후의 일이다. 더 정확하게는 1960년에 만들어진 머튼R. K. Merton의 '과학사회학'sociology of science에 대한 비판에서 나온 '사회구성주의' 사조를 일컫는 말이다. 하지만 1930년대에 나온 프렉Ludwik Fleck의 과학지식사회학은 -1970년대의 사회구성주의와 달리- '과학'을 그 연구대상으로 하면서 일찍이 형성된 셀러M. Scheler의 지식사회학sociology of knowledge과 같은 맥락에서 이해되어야 한다. 따라서 프렉의 과학지식사회학이 무엇을 의미하는지 충분히 설명하려면 먼저 지식사회학의 학문적 성격을 이해하는 것이 중요해 보인다. 지식사회학이란 지식 또는 학문이 사회적 요인에 의해 결정된다는 전제 아래서 지식의 본성을 분석하고 이해하는 '사회학'sociology의 한 분과다. 다시 말해 지식에 내포된 사회적 요인이 어떤 기능을 수행하는지 확인하는 것이 지식사회학의 목표다.

이렇게 지식에 내포된 사회적 요인을 찾는 문제의식을 처음 제기한 사람은 마르크스K. Marx다. 마르크스는 일찍이 『정치경제학 비판 요강』(1858)에서 인간의 의식이 그 사회적 배경에서 결코 자유롭지 못하다는 점과 인간의 의식에서 생산되는 지식도 또한, 사회의 영향력 아래 있다는 주장을 폈다. 그 근거로서 마르크스는 사회의 물질적·경제적 발전이 개인의 정치적·지적 생활을 결정한다는 유물론적 사고를 들었다. 유물론적 사고에 기인하는 '이념'ideology을 마르크스는 필연적인 사회적 현상으로 고양시켰다. 그러나 이러한 이념에 따른 사회의 분석이 아직 지식사회학은 아니다. '지식사회학'Soziologie des Wissens이라는 말을 처음 사용한 사람은 막스 셸러인데, 셸러는 『지식사회학의 문제들』(1924)에서 지식사회학을 '지식의 사회적 피제약성'을 연구하는 학문분과로 정의했다.[1] 여기서 셸러는 마르크스의 경제적·계급론적 시각 대신에 지역, 연령, 성과 같은 사회를 구성하는 가장 기본적인 요소에 주목했다. 이러한 연구를 좀더 세련되게 구체화한 사람이 만하임K. Mannheim이다. 만하임은 『지식사회학』(1954)에서 지식사회학을 '사상의 사회적 또는 존재적 조건화에 대한 이론'이라고 규정하고, 지식의 '존재구속성'을 역사 이론적으로 분석하고자 했다.

프렉의 과학지식사회학은 바로 이러한 지식사회학적 틀에서 과학적 지식을 탐구한다. 여기서 프렉은 과학적 인식이 어떻게 형성되었고, 어

---

[1] M. Scheler, *Die Wissensformen und die Gesellschaft*(정영도, 이을상 옮김, 『지식의 형태와 사회』, 서울: 한길사, 2011), 특히 이 책에 수록된 이을상, "막스 셸러의 지식사회학: 그 철학적 토대와 전개"(7~38쪽) 참조.

떻게 발전해 왔는지 밝히는 일에 초점을 맞췄다. 이에 따라 프렉은 과학적 지식의 구성에 어떻게 사회적 요인이 개입되는가를 밝히는 것, 다시 말해 모든 과학적 지식에 대해 그 진위평가와 무관한 사회학적 설명이 동등하게 더해져야만 한다는 주장을 편다. 이때 과학이란 물론 '자연과학'을 말한다. 하지만 프렉의 주장은 과학 자체의 '논리적 합리성'만을 주장하는 그 당시에 함께 일어난 (칼 포퍼의) '과학철학'philosophy of science의 입장과 배치되는 것이었다. 왜냐하면, 과학철학이란 전통적으로 과학의 방법이나 인식에 관한 철학적 탐구를 말하기 때문이다. 이러한 과학철학의 중심과제에는 무엇을 과학이라 볼 것인가 하는 과학의 자격에 대한 물음 외에 이론의 타당성, 과학적 추구의 궁극목적 등에 대한 탐구도 포함된다. 이러한 과학철학은 20세기 중반, 논리실증주의logical positivism 운동을 통해 확고한 철학적 기반을 다졌다(이러한 과학철학의 입장은 근대 이전에 자연을 철학적으로 고찰한 '자연철학'과 확연하게 구별된다. 자연철학은 사변적 고찰을 통해 자연을 종합적으로 해석하려는 철학적 입장이라면, 과학철학은 모든 철학적 진술의 의미를 확실하고 객관적으로 평가할 수 있는 기준의 확립을 목표로 한다. 다시 말해 과학의 논리적 분석 방법을 철학에 적용한 것이 과학철학이다. 그리고 이러한 과학철학 사상을 적극적으로 전개한 것은 영국의 '분석철학'이다).

물론 프렉은 자신의 입장을 과학지식사회학이라고 부르지 않았다. 그는 다만 과학적 인식의 문화적 피제약성과 역사적·사고 사회학적 유래에 대해 논의했을 뿐이고, 이러한 의미에서 자신의 입장을 '비교 인식론'이라고 불렀다. 이러한 관점을 프렉은 예루잘렘W.Jerusalem의 '인식사회학'에서 착안했다. 이것은 셸러가 예루잘렘의 인식사회학에 착안하여 자신의 지식사회학을 정립한 것과 같은 맥락이다. 프렉 자신도 셸러의 지식사회학에 관해 잘 알고 있었거니와 사회적 요인에 의해 과학의 내용이 결정된다는 점에서 두 사람은 공통된 인식을 갖고 있었다. 비교 인식론을 논의하는 프렉의 책, 『과학적 사실의 기원과 발전』은 -셸러의 『지식 사회학의 문제들』보다 11년 늦은- 1935년에 나왔다. 『과학적 사실의 기원과 발전』에서 프렉은 한편으로 칸트의 (관념론적) 인식 체계의 구성에 반대하고, 다른 한편으로는 논리실증주의의 (이상적) 과학관을 비판하는 담대한 이론을 구축했다. 이러한 프렉의 생각에는 '사고 양식'과 '사고 집단'이라는 두 개의 사고 체계에 의해 과학이 발전해 간다는 것이 핵심이다.

프렉의 이 책은 1934년에 나온 포퍼C. Popper의 『탐구의 논리』와 묘한 대조를 이룬다. 하지만 포퍼의 책이 논리실증주의의 절대적인 지지를 받은 것과 달리, 프렉의 생각이 빛을 보기까지는 많은 우여곡절과 오랜 시간을 기다려야만 했다. 단적으로 말해 프렉이 세상에 알려진 것은 1962년 『과학혁명의 구조』에서 쿤T. Kuhn의 언급이 있고 난 뒤의 일이다. 오늘날 과학의 발전과 관련한 포퍼와 쿤 간에 첨예한 논쟁이 종종 문제되곤 한다.[2] 하지만 포퍼와 쿤의 논쟁은 어떤 의미에서 포퍼와 프렉 간의 논쟁이기도 하다. 옮긴이가 이렇게 보는 이유는 아래서 밝혀질 것이다. 이와 함께 우리는 프렉의 사상이 생겨난 역사적 배경과 프렉 사상이 갖는 사회학적 의의에 관해서도 살펴볼 것이다.

---

[2] 포퍼와 쿤 사이에 실제로 논쟁이 있었던 것은 아니다. 그러나 두 사람 사이의 입장 차는 끊임없는 논쟁을 재생산해냈다. 프렉의 과학사상 형성이 두 사람 간의 논쟁에 직접적인 관련이나 영향을 미친 것은 없지만, 프렉의 사상을 이해하는 좋은 단서를 제공해 준다. 포퍼와 쿤 간의 논쟁에 관해서는 I. Lakatos and A. Musgrave(ed.), *Criticism and the Growth of Knowledge* (조승옥, 김동식 옮김, 『현대 과학철학 논쟁』, 서울: 아르케, 2002), S. Fuller, *Kuhn vs Popper*(나현영 옮김, 『쿤/포퍼 논쟁』, 서울: 생각의 나무, 2007)를 참조할 것.

포퍼와 쿤 간의 논쟁

1922년에 슐리크M. Schlick가 오스트리아 빈 대학교 교수로 취임하면서 마흐E. Mach의 '실증' 정신을 계승하고, 과학을 형이상학에서 해방시키며 세계를 과학적으로 파악해 보자는 사상운동이 일어났다. 그것이 다름 아닌 '논리실증주의'다. 이 사상운동에 카르납R. Carnap과 노이라트O. Neurath 등이 적극적으로 가담하면서 이들의 모임은 훗날 '비엔나학파'Vienna circle로 불리게 된다. 비트겐슈타인L. Wittgenstein은 이 학파에 가담하지 않았지만, 이들에게 큰 영향을 미친 사람이고, 독일 베를린에서는 라이헨바흐H. Reinchenbach가 이 학파의 활동에 가담했다. 비엔나학파는 '통일과학 운동'을 주창했다. 통일과학unified science이란 학문이 (그 꼭대기에 물리학이 있고, 최하위층에는 인류학이 위치하는) 물리학-화학-생물학-심리학-사회학-인류학 등이 서로 피라미드 구조를 이룬 지식의 순차적 체계를 말한다. 이 체계 내에서 학문을 가장 근본적인 학문분과인 물리학으로 환원시켜 설명할 수 있고, 설명해야만 한다는 주장이 그 핵심이고, 어떤 의미에서 통일과학이란 논리실증주의가 추구하는 철학의 최종 목표인 셈이다.

이들에게 '물리학'은 자연을 설명하는 가장 기초적인 학문이다. 그리스어에서 자연을 가리키는 말이 physis이고, 물리학을 지칭하는 낱말이 physics라는 점을 고려해 본다면, 물리학이 왜 가장 기초적인 학문인지, 아니 가장 기초적인 학문이 되어야만 하는지 쉽게 짐작해 볼 수 있을 것이다. 이러한 자연 속에 우리는 살고 있고, 경험을 통해 자연을 이해하는데, 특히 자연에 대한 과학자의 경험을 체계화한 것이 '과학이론'이다. 그리고 이 체계화를 '귀납적 방법'이라 하는데, 그것은 ① 자료 수집의 단계: 관찰과 실험, ② 일반화 단계: 가설 설정, ③ 가설-정당화 단계: 가설에서 새로운 관찰과 실험 결과를 증명하는 세 단계를 거쳐 완성된다. 하지만 귀납적 방법에는 논리적으로 해결할 수 없는 난점이 있다. 그것은 (귀납적) 과학이론의 진리를 증명할 수 없다는 점이다. 진리란 논리학이나 수학에서 보듯이 자명한 공리체계로부터 타당한 연역적 방법에 따라 무 모순적으로 도출되어야만 한다. 이것이 '증명'proof이다. 이처럼 증명이 귀납적 방법에서는 불가능하므로, 논리실증주의는 증명 대신에 '검증 가능성의 원리'에 따라 의미 있는 명제를 만들어 낼 수 있다는 주장을 편다. 검증verification이란 특정한 주장에 대해 경험적 증거를 댈 수 있음을 말한다. 하지만 이 방법에도 치명적인 결함이 있다. 예를 들어 "모든 까마귀는 검다"라는 주장을 우리는 어떻게 모두 검증할 수 있을까? 이 명제는 종합명제이고, 종합명제에서 '모든'은 공간적으로 우주 전체와 시간적으로 과거, 현재, 미래를 모두 아우른다는 의미를 담고 있다. 이 모두를 검증할 수 없다면, "모든 ~은 ~이다"와 같은 과학적 보편진술은 검증 불가능하지 않은가?

　논리실증주의는 '검증'의 원리에 따라 형이상학이나 신학의 보편명제를 의미 있는 명제에서 배제하려 한 것에서 출발했다. 하지만 검증의 원리는 도리어 과학적 보편진술마저 검증할 수 없다는 모순에 봉착하게 되고, 마침내 과학 자체가 붕괴될 지경에 이르고 말았다. 이를 보완해 주는 것이 포퍼의 '반증 가능성의 원리'이다. 반증의 원리는 검증 대신에 검증될 수 없는 반증 사례를 찾아 나선다. 그리하여 어떤 이론이 아무리 혹독한 비판을 받더라도 이 이론을 뒤집을 수 있는 반증 사례가 나오지 않는다면, 그것은 곧 진리성을 부여받게 된다는 것이다. 다시 말해 반증 사례가 없다면, –검증 가능성의 원리와 달리– 그것이 곧 진리라는 것이 반증 원리의 핵심이다. 이 반증의 원리를 포퍼는 '후건부정의 논법'에서 증명했다. 그것은 다음과 같다.

① p이면 q이다.
② q가 아니다.
③ p가 아니다.

   이 논법에 따라 수립된 이론에 관한 반증 사례가 나타난다면, 그 이론은 즉각 폐기되어야만 한다. 검증은 아무리 많은 입증사례를 찾는다 해도 가설이 옳다는 것을 확인시켜 주지 못한다는 한계가 있다. 그러나 반증은 단 하나의 반증 사례만으로도 가설이 틀렸다는 것을 확인시켜 준다. 이 점이 반증 원리의 장점이다. 우리는 가설이 틀렸다는 사실이 확인되면, 기존의 이론을 버리고 다시금 새로운 가설 설정으로 나아가게 된다. 이리하여 과학의 발전이 일어난다는 것이 포퍼의 주장이다. 예를 들어 뉴턴의 만유인력의 법칙은 태양계의 행성 운동을 성공적으로 설명했지만, 수성의 공전 궤도에는 약간의 오차를 발생시켰다. 이를 아인슈타인의 상대성 원리가 완벽하게 설명해 주었다. 이를 반증 가능성의 원리에 따라 설명한다면, 다음과 같다. 뉴턴의 법칙에서 수성의 공전 궤도 오차는 사소한 문제로 무시되었지만, 수성의 오차는 아인슈타인에 의해 하나의 반증 사례로 발견되었다. 따라서 뉴턴의 만유인력의 법칙은 (폐기되거나) 수정되어야만 한다. 여기서 뉴턴의 법칙을 대신하여 상대성 원리가 나타나고, 이렇게 아인슈타인에 의한 상대성의 원리 발견이야말로 과학의 발전이라 할 수 있다.

   포퍼는 "대담하게 추측하고, 혹독하게 비판하라"라는 말로 과학적 발견의 원리를 설명한다. 그리하여 포퍼의 반증 원리는 어떤 의미에서 무한한 과학적 발견의 길을 열어주는 것처럼 보인다. 과학적 발견은 이렇게 일어나고, 과학은 과연 발전해 가는 것일까? 이러한 낙관론은 누가 뭐래도 미국과 서구사회가 2차 세계대전에서 승리하고, 1960년대 초까지 누린 경제적 호황에 힘입은 바 크다. 그러나 1960년 이후로 오면, 사정은 달라진다. 그것은 이른바 산업혁명의 여파로 환경 오염이 심각해졌고, 미국의 베트남전 참전 반대 운동이 일어나면서 대량살상 무기에 대한 대중의 회의감이 커졌기 때문이다. 그리하여 사회를 윤택하게 해주고 인간을 편리하게 해준다고 믿었던 과학기술이 오히려 인간의 삶을 황폐하게 한다는 판단과 함께 '반과학운동'이 일어났다. 이와 함께 과학과 사회 간의 관계에 대한 본격적인 학문적 연구도 시작되었다.

이와 관련하여 쿤 H. Kuhn에 관해 살펴보자. 논리실증주의가 '과학적 방법'에 초점을 맞추는 것과 달리, 쿤은 과학자들의 활동 수행에 초점을 맞추면서 이를 역사적·사회적·심리학적인 관점에서 다양하게 분석한다. 쿤은 1940년대에 미국의 하버드 대학교 물리학과를 졸업한 전형적인 과학자이고, 실제로 졸업과 동시에 하버드 대학교와 유럽에서 레이더를 연구하는 과학자로 참여하기도 했다. 그러나 쿤은 하버드대학교 총장의 추천으로 '주니어 펠로우'junior fellow로 임명된다. 주니어 펠로우란 미국의 유명한 대학들이 훌륭한 젊은 인재들에게 어떤 부담도 주지 않고 자유롭게 연구할 수 있도록 한 장학 제도다. 이를 계기로 쿤은 인문 대학생들을 위한 과학 강좌를 개설해서 가르쳤다. 강의를 위해 아리스토텔레스의 역학, 프톨레마이오스의 천문학 등을 읽으면서 현대과학이 오류라고 말하는 부분들을 그 당시의 관점에서 보기 시작했다. 이와 함께 철학, 역사, 사회학, 심리학, 경제학 등 다양한 학문 분야에 걸쳐 폭넓은 독서를 했음은 물론이다. 그 노력의 결실로 1962년에 『과학혁명의 구조』The Structure of Scientific Revolution가 시카고대학교 출판부에서 나왔다. 이 책이 쿤을 일약 세계적으로 유명한 인사로 만들어주었는데, 심지어 『과학혁명의 구조』를 읽지 않고서는 과학을 분석할 수 없다는 말이 생겨날 정도였다. 실제로도 이 책의 영향력은 대단한 것이었다. 여기서 쿤은 '패러다임', '정상과학', '과학혁명'이라는 용어를 만들었고, 이로써 과학의 발전을 설명한다.

패러다임이란 쿤에 의하면 넓은 의미에서 한 사회가 공유하는 이론, 방법, 문제의식 등의 체계를 의미하고, 좁은 의미에서는 교과서의 연습문제 풀이 또는 과학이론처럼 자연현상을 설명하는 성공적인 문제풀이 방식을 의미한다. 간단히 말해 쿤의 패러다임은 '모범사례' 또는 '범례'와도 같은 것이다. 예를 들어 우리는 물체의 낙하운동을 뉴턴의 만유인력의 법칙으로 설명한다. 왜 하필이면 만유인력의 법칙인가? 그 이유는 만유인력의 법칙이 개별 자연현상을 가장 성공적으로 설명해 주기 때문이다. 그렇다면 우리는 왜 만유인력의 법칙을 당연한 것으로 받아들이는가? 그것은 과학자들뿐만 아니라 일반인들도 그렇게 받아들이기 때문이다. 이것이 패러다임이다. 이렇게 패러다임에 의해 지배되는 과학을 쿤은 또한, 정상과학이라 불렀다. 정상과학이란 과학자들에 의해 상당한 안정성을 보장받으면서 형성된 과학을 말한다. 따라서 정상과학 내에서 과학자들은 새로운 이론을 발견하기보다 '퍼즐풀이'puzzle solving에 몰두한다. 예를 들어 17세기 뉴턴의 만유인력의 법칙이 발견된 이후에 과학자들은 별다른 문제가 없는 한, 행성 운동, 물체의 운동 등 자연현상을 모두 만유인력의 법칙으로 풀었다. 다시 말해 과학자들은 뉴턴의 만유인력 법칙을 패러다임으로 삼아 패러다임이 지배하는 정상과학 내에서 자연에 대한 과학의 영역을 확장하는 퍼즐풀이에 몰두했다.

이렇게 지배 영역을 확장해 가다 보면, 앞서 포퍼의 경우처럼 풀리지 않는 변칙사례가 나타나기 마련이다. 그러나 쿤은 –포퍼와 달리– 수성의 궤도 운동을 충분히 설명하지 못하는 만유인력의 법칙을 당장 폐기해 버리는 것이 아니라 일종의 '과학적 위기'로 본다. 위기란 하나의 변칙사례가 아무리 노력해도 풀리지 않고, 더욱 심각한 문제를 만들어 내는 현상을 말한다. 위기는 변칙사례의 수가 많아지면 자연스럽게 나타난다. 그러나 쿤은 단순히 풀리지 않는 변칙사례가 등장했다고 하여 그것을 곧 위기로 보는 것이 아니다. 오히려 위기란 과학자들이 믿고 있는 패러다임으로 해결될 수 없다는 '심리적 위기감' 또는 '심리적 공황상태'를 말한다. 이러한 위기야말로 다름 아닌 과학혁명의 주요 원인이라고 쿤은 파악한다. 하지만 정상과학의 위기가 왔다고 곧바로 과학혁명이 일어나는 것도 아니다. 위기가 나타나면, 과학자들은 이를 극복하기 위한 대안 마련에 고심한다. 이러한 대안은 기존의 유능한 과학자들에 의해 마련되기보다 대체로 수많은 젊은 신진과학자에 의해 모색된다. 왜냐하면, 신진과학자들은 기존의 패러다임에 덜 물들어있고, 다양한 참신하고 창의적인 생각을 할 수 있으며, 또한, 기존의 패러다임을 쉽게 넘어설 수 있기 때문이다. 이러한 새로운 대안 마련을 쿤은 혁명에 비유했는데, 그 이유는 기존의 패러다임을 버리고 성공적인 대안 마련 또는 새로운 패러다임으로 옮겨가는 과정이 갑작스러운 쏠림현상, 군중심리, 밴드 웨건, 종교적 개종처럼 일어나기 때문이다. 이 일련의 과정을 우리는 다음과 같이 도식화해 볼 수 있겠다.

　　패러다임→정상과학→위기→과학혁명→새로운 패러다임
　　→새로운 정상과학 …

　과학혁명은 –포퍼의 반증 원리처럼– 기존의 패러다임이 틀렸거나 새로운 패러다임이 우월해서 일어나는 것이 아니다. 그것은 순전히 기존의 패러다임으로는 풀 수 없었던 문제를 새로운 패러다임으로 풀었기 때문에 일어난다. 하지만 새로운 패러다임이라 하여 완전무결한 것은 아니다. 새로운 정상과학 내에서 그 연구 영역을 넓혀가다 보면, 우리는 또 새로운 변칙사례에 직면하게 되고, 이로써 새로운 위기가 찾아온다. 이 위기를 다시금 새로운 패러다임으로 해결할 수 있을 때, 여기서 새로운 과학혁명이 일어난다. 이러한 혁명을 통해 과학은 발전해 간다. 이렇게 과학의 발전은 지식의 누적으로 일어나는 것이 아니라 혁명을 통한 패러다임의 교체로 일어난다. 이것이 쿤의 입장이다. 과학혁명이 일어나는 시기에는 같은 기준으로 기존의 패러다임과 새로운 패러다임을 비교할 수 없다. 이를 쿤은 '통약불가능성'incommensurable이라 불렀다. 예를 들어 물체의 자유낙하 현상을 고대의 아리스토텔레스는 자연이 지닌 운동속성(운동인) 때문에 일어난다고 보았지만, 근대의 뉴턴은 중력의 작용 때문으로 설명한다. 이 둘 중에서 우리는 과연 어느 쪽이 옳고, 다른 쪽이 틀렸다고 할 수 있는가? 근대 물리학에서 보면 뉴턴의 설명이 옳지만, 고대 자연학에서는 아리스토텔레스의 설명이 더 설득력 있어 보인다. 이렇게 같은 기준을 가지고 두 패러다임 사이의 옳고 그름을 판단할 수 없음을 일컬어 우리는 통약불가능성이라 부른다. 다시 말해 통약불가능성은 두 패러다임 사이에서 서로 중요하게 생각하는 물음이 달라서 생겨난다. 그리하여 통약불가능성은 두 패러다임이 각기 서로 이해할 수 없는 체계라는 점을 말해준다.

프렉, 쿤에 의해 재발견되다

과학의 발전을 문제 삼는다는 점에서 포퍼도, 쿤도 동일한 목표를 지향한다. 그러나 과학이 논리적·경험적 형태로 이루어져 있고, 누적적으로 발전해 간다는 포퍼의 생각에 대해 쿤은 반대한다. 아리스토텔레스와 뉴턴의 경우에 보듯이, 과학의 발전은 패러다임의 혁명적 변혁이다. 더욱이 이러한 변혁을 가져온 것은 과학 내부의 힘이 아니라 사회적 여건의 변화라는 것이 쿤의 생각이다. 이에 쿤은 과학에 사회문화적 요인이 깊숙이 개입하여 혁명을 통해 과학의 발전이 일어난다는 새로운 제안을 했다. 이러한 제안이 쿤의 독창적 생각처럼 보였지만, 쿤은『과학혁명의 구조』머리말에서 자신의 논의가 독창적인 생각이 아니라 폴란드의 출신 유대인 과학자, 루드비크 프렉의『과학적 사실의 기원과 발전』에서 결정적인 영향을 받았다는 점을 고백했다. 물론 어떤 점에서 프렉의 영향을 받았는지 쿤은 자세히 밝히지 않았다(하지만 프렉의 책 영역본 머리말에서 쿤은 이에 관해 자세히 언급한다). 이러한 쿤의 언급이 없었더라면, 프렉의 책은 세상에 빛을 보지 못했을지도 모른다. 프렉의『과학적 사실의 기원과 발전』은 포퍼의『탐구의 논리』가 나온 이듬해인 1935년에 나왔지만, 전혀 세인의 주목을 받지 못했다. 오늘날 과학기술학 또는 과학사회학에서는 흔히 포퍼와 쿤을 대비시킨 논쟁이 일반적이다. 하지만 시대적으로 볼 때 포퍼와 프렉의 대비가 더 자연스럽고 바람직해 보인다. 실제로 포퍼와 프렉은 같은 시기에 과학 자체를 철학적 논의의 대상으로 삼았고, 또한, 프렉은 당시의 논리실증주의를 비판하면서 자신의 논지를 전개하고 있다(물론 프렉의 책에는 포퍼에 대한 직접적인 언급이 없다).

어쨌든 프렉의 재발견에는 쿤이 결정적인 역할을 했지만, 안타깝게도 프렉에 대한 쿤의 언급은 프렉이 죽고 나서 1년 후인 1962년에 나왔다. 결국 프렉은 자신이 오늘날 과학이론의 형성에 어떤 이바지를 했는지 알지 못한 채 죽고 말았다. 이렇게 쿤에게 큰 영감을 준 위대한 책이지만, 프렉의『과학적 사실의 기원과 발전』이 스위스 바젤의 벤노 슈바베Benno Schwabe출판사에서 처음 출판되었을 때, -『과학적 사실의 기원과 발전』을 영어로 번역한 트렌T. J. Trenn에 의하면- 640권 중에서 겨우 200권만이 판매되었다고 한다.[3] 그 이유를 우리는 어렵지 않게 짐작해 볼 수 있을 것이다. 첫째로 프렉의 책은 그 당시의 유행 사조인 논리실증주의에 정면으로 맞서는 시대의 흐름에 역행했기 때문이다. 하물며 1935년에는 이미 독일에서 유대인의 책 출판이 금지되었고, 이러한 상황에서 폴란드 태생의 유대인, 프렉에게 관심을 가지는 사람은 아무도 없었다. 둘째로 프렉은 독일이 폴란드를 침공하면서 1941년에 모든 가족이 유대인 수용소인 게토에 수감되는 불운을 당했기 때문이다. 프렉의 가족 대부분은 수용소에서 죽고, 프렉 자신과 아내, 아들 이렇게 단 세 사람만이 살아남았다.[4] 그나마 유대인 대학살에서 살아남을 수 있었던 것은 프렉이 티푸스 전문가로서 수용소 내의 티푸스 백신의 개발에 참여했기 때문이다.[5] 1944년에 수용소에서 풀려난 프렉은 자신의 전문 분야인 혈청학 연구를 이어갔고, 『과학적 사실의 기원과 발전』에 대한 보완이나 후속연구는 상대적으로 소홀했다. 그래서 프렉의 이름도 잊힌 채 있었다. 셋째로 프렉 자신이 주류 담론을 형성할 수 없는 변방의 학자였기 때문이다. 프렉은 오스트리아 헝가리 제국이 지배하는 식민지 폴란드 남부의 도시, 르뵈브에서 태어났다. 일찍이 의학을 공부하면서 프렉은 철학을 비롯하여 사회학, 역사 등에도 관심을 가졌고, 학위를 마친 후에는 혈청학 분야에 종사하면서 매독의 역사와 바서만 반응의 관련성에 관한 사회학적 제약을 연구하기 시작했다. 이러한 프렉의 학문적 관심은 그 당시의 주류 담론에서 한참 벗어난 것이라 할 수 있다.

---

[3] Ludwik Fleck, *Genesis and Development of a Scientific Fact*(ed., Thaddeus J. Trenn and Robert K. Merton, trans., Fred Bradley and Thaddeus J. Trenn, Chicago: The University of Chicago Press, 1979, p. xviii.
[4] 프렉의 생애에 관해서는 독일어본 편집자 서문에서 자세히 소개되어 있으므로 여기서는 별도로 소개하지 않겠다. 그밖에 프렉의 사상에 대한 소개는 E. Hedfors, "The Reading of Ludwick Fleck: Question of Sources and Impetus", *Social Epistemology* vol. 20, no. 2, 2006, pp. 131~161을 참조할 것.
[5] 이와 관련해서는 E. Hedfors, "Medical Science in the Light of Holocaust: Departing from a Postwar Paper by Ludwick Fleck", *Social Studies of Science* 38/2, pp. 259~283을 참조할 것.

당시의 주류 담론은 논리실증주의였고, 이를 주도한 것은 비엔나학파였다. 비엔나학파는 개별과학이 제기하는 이론, 명제, 개념의 의미를 논리적으로 분석하고 명료화하는 일에 초점을 맞추고 있다. 하지만 이러한 논리적 분석은 과학적 사고의 본성에 관해 규정할 수 없다. 과학적 사고는 적절한 사회적 요건을 갖춰야만 나올 수 있다는 것이 프렉의 생각이다. 이러한 사회적 조건에 대한 고려 없이 과학을 말하는 것은 마치 중세 교부철학 시대에 뉴턴을 찾는 것과 같다. 우리는 르네상스에 대한 역사적 고찰 없이 과연 코페르니쿠스, 케플러, 갈릴레이에 대해 말할 수 있을까? 프렉에게 이러한 사회학적 방법의 중요성을 일깨워준 것은 프랑스의 사회학자 콩트A. Comte와 이른바 뒤르켕학파였다. 이들의 사상을 프렉은 비엔나의 철학자 예루잘렘W. Jerusalem을 통해 받아들였다.[6] 콩트는 그 당시 뉴턴에 의해 일어난 과학혁명에 영향을 받고 하나의 과학으로서 '사회학'sociology을 정립했다. 그것은 한 사회를 지배하는 근본 법칙을 발견하는 것이고, 이를 콩트는 '실증주의 사회학'이라고 불렀다. 콩트의 실증주의를 객관적 사회학으로 발전시킨 사람이 뒤르켕E. Durkheim이다. 뒤르켕은 근대사회가 어떻게 통합과 응집성을 유지하는지에 관심을 가졌다. 사회는 여러 부분으로 구성되어 있다. 그러나 사회는 단순한 부분의 합이 아니라 부분의 합 이상의 존재이다. 여기서 핵심은 사회의 각 부분이 어떻게 기능하는지에 관한 것이다. 이러한 사회적 구조가 개인의 삶에 필연적인 영향을 미치는 것으로 보고, 이를 뒤르켕은 원시사회에서 확인했다. "우리는 전체 정신의 활동이 언어 속에, 종교적·미신적 신앙 속에 이미 보이지 않는 힘으로 들어있음을 본다. 또한, 우리는 모든 자연과정과 종족의 삶을 지배하는 수많은 정령과 도깨비들을 본다. 나아가

---

[6] 이 점에 관해 프렉은 『과학적 사실의 기원과 발전』에서 자세히 설명하고 있다. 이 책 164쪽 이하 참조.

우리는 관습과 습관 속에서도 전체 정신이 활동하고 있음을 본다."(이 책, 164쪽. 이하 모두 같음) 이러한 생각은 그의 제자인 레비-브륄 Lévy-Bruhl을 통해 예루잘렘에게 전해졌다. 예루잘렘은 특히 "사고와 사고 패턴의 사회적 제약"Soziale Bedingtheit des Denkens und der Denkformen이라는 논문에서 다음과 같이 서술했다. "우리 이성의 무시간적이고 절대로 바꿀 수 없는 논리적 구조에 대한 칸트의 확고한 믿음과 칸트 이후에 선천적 관점을 채택하는 사람들의 공동선Gemeingut이 된, 이러한 사고 방향을 강력하게 지지하는 최근의 대표자들이 믿고 있는 것은 근대 인종학 Völkerkunde의 성과에 의해 증명되지도 않았을 뿐더러 바로 잘못된 것임이 밝혀졌다."(166쪽) 예루잘렘에 따르면 원시사회에서 개인은 자신을 부족의 성원으로 여기고, 부족의 생각이 곧 자신의 생각이라고 믿는다. 이를 보강해 주는 것이 정령과 도깨비의 존재이다. 이렇게 서로를 보강해 주는 구조는 원시사회에만 있는 것이 아니다. 이러한 보강 구조는 오늘날 우리 일상생활 속에서도 발견되는데, 이렇게 하여 생겨난 믿음의 구조를 예루잘렘은 '사회적 농축'soziale Verdichtung이라 불렀다. "또한, 구체적이고 객관적인 관찰에는 … 다른 사람의 관찰에 의한 증명이 필요하다. 그래야만 그것은 비로소 공동선이 되고, 실천적 평가에 적합한 것이 될 것이다. 우리는 과학에도 사회적 농축이 영향을 미치는 것을 본다. 그것은 원칙적으로 새로운 사고 방향이 기존의 사고와 부딪치는 저항 속에서 특히 분명하게 드러난다."(167쪽)

이 사회적 농축이야말로 프렉이 과학의 사회학적 연구의 출발점이다. 프렉에게 과학이란 흔히 말하듯이, 이론적으로 구성되는 것이 아니라 사회학적·가치론적 요소들을 적절하게 고려하면서 상대적으로 접근해 가야만 하는 목표다. 이러한 목표달성을 위해 우리는 과학적으로 지각하는 능력을 획득하고 학습해야만 한다. 이러한 지각 능력이 나타나는 최초의 형태가 (과학적) '발견'이고, 발견은 사회적으로 제약된 복잡한 방식으로 이루어진다. 물론 과학자들은 발견을 위한 사회적 탐구를 하지 않는다. 하지만 과학적 사고에는 "존재와 현상의 객관적인 징표와 관계를 나타내는" 개념이 있다고 프렉은 믿고 있다. 여기서 프렉과 논리실증주의자들 사이에는 묘한 대비가 일어나는데, 그것은 다음과 같다. 즉 프렉이 저 객관적 특징이나 과학자 자신의 고유한 지각을 믿는 것과 달리, 논리실증주의는 바로 이 원시적이고 태고의 사고에 유아적으로 사로잡혀 있는 상황에서 과학자들이 벗어나야 한다고 주장한다. 그리하여 논리실증주의는 과학자들이 단순히 '옳은 사고'와 '옳은 관찰'을 소유하고 있고, 그들이 참이라고 천명하는 것이 당연히 '참'이라고 생각한다. 여기서 논리실증주의는 옳음과 참의 의미에 관해 사고한다. 이와 달리 프렉은 올바름과 참이 어떻게 생겨났는지 묻는다. 물론 올바름과 참이 절대적이고 불변적인 것이 아니라 상대적이고 가변적인 것이라면, 어떤 사고나 관찰도 올바르고 참일 수 없다. 따라서 올바른 사고와 올바른 관찰을 하는 과학자는 절대적·불변적 존재이다. 그러나 이렇게 인간의 사고가 고정·불변한 것이라면, 어떻게 (중세에서 근세로의) 사고 전환이 일어날 수 있을까? 오늘날 중세로부터 근세로의 사고 전환은 '사실'Tatsache 아닌가? 이렇게 사고와 사실은 프렉에 의하면 고정·불변한 것이 아니라 가변적이다. 왜냐하면, 생각의 전환은 변화된 사실 속에서 일어날 수 있고, 거꾸로 새로운 사실은 원칙적으로 오직 새로운 생각에 따라서만 드러날 수 있기 때문이다. 여기서 사고의 전환은 '인식론'의 문제이고, 사실의 변화는 사회학의 문제다. 이러한 문제의식이 '인식사회학'의 문제다.

　논리실증주의는 말 그대로 자연 과학적으로 형성된 인식론이라고 할 수 있다. 그러나 프렉의 관점에서 볼 때 논리실증주의는 논리에 대한 지나친 존경과 논리적 추론에 대한 집착으로 말미암아 과학에 대해 일종의 종교적·형이상학적 존경을 갖게 된 것처럼 보인다. 종교적·형이상학적 독단에서 벗어나고자 했던 것이 논리실증주의의 본래 목표인데, (프렉이 볼 때) 스스로 독단에 빠지고 만 것은 논리실증주의의 역설이 아닐 수 없다. 이러한 역설에서 벗어날 수 있는 실마리를 프렉은 인식사회학에서 발견한다. 인식사회학이란 인식이 사회적으로 결정된다는 전제 아래 인식과 사회의 관련성을 연구하는 학문분과다. 이러한 인식사회학은 위에서 말한 예루잘렘에 의해 주창되었고, 독일에서 (셸러의) 지식사회학의 정립에 영향을 미쳤다. 바로 이 지식사회학적 방법에 의해 과학적 사실을 분석하려는 것이 프렉의 '과학지식사회학'이다(물론 인식사회학→지식사회학→과학지식사회학이라는 순서대로 발전해 온 것은 아니다. 하지만 지식사회학의 창시자인 셸러가 예루잘렘의 인식사회학에서 영감을 받아 지식사회학을 만들었다고 밝히고 있고, 셸러의 지식사회학을 프렉이 『과학적 사실의 기원과 발전』에서 언급하는 것으로 볼 때, 프렉도 지식사회학에 대해 익히 알고 있었던 것으로 추측해 볼 수 있다). 엄밀한 의미에서 프렉은 과학지식사회학의 선구자지만, 프렉의 『과학적 사실의 기원과 발전』이 처음 출판된 1930년대에는 과학과 사회진보에 대한 낙관론이 유럽의 지식사회를 지배했고, 그 당시의 주류 담론이 논리실증주의였기 때문에 프렉의 주장은 빛을 보지 못했다. 하지만 1960년대 이후에 오면 –위에서 언급했듯이– 상황이 급변한다. 미국과 유럽 지식사회의 관심이 '과학'에서 '인간과 사회'로 바뀐 것이다. 이러한 변화를 주도해 간 선봉에는 머튼이 있다. 머튼은 일찍이 과학의 발전에 관한 사회학적 연구를 시작한 '과학사회학'sociology of science의 선구자다. 머튼은 『17세기 영국에서 과학, 기술 그리고 사회』에서 과학이 합리적인 사회제도와 규범으로 지배되는 과학자 사회의 합리적 산물이고, 과학 활동이라는 사회적 제도는 과학자 사회의 가치 규범에 따라 규제된다는 주장을 펼쳤다. 그리고 이어서 쿤의 『과학혁명의 구조』가 나왔다. 바로 이 책에서 프렉이 화려하게 재발견되었음은 위에서 말했다. 쿤은 프렉의 『과학적 사실의 기원과 발전』을 접하게 된 계기를 『과학적 사실의 기원과 발전』 영문판 머리말에서 다음과 같이 서술한다.

"내 기억으로는 1949년이나 1950년 초에 처음으로 내가 이 책을 읽었다. 그 당시 나는 하버드 대학교 연구자 협회Harvard Society of Fellows의 일원이었고, 물리학에서 과학의 역사 연구로 전공을 바꾸기 위한 준비와 동시에 2~3년 전에 나에게 떠오른 영감을 탐구하기 위한 준비를 하고 있었다. 그 영감이란 이따금 비누적적 사건들에 의해 과학의 발전이 일어난다는 것이고, 이를 나는 과학혁명이라는 이름을 붙였다. 논제도 정하지 못한 이 주제에 관해 아직 참고문헌도 확보되어 있지 않았고, 따라서 내가 읽는 책들은 모두 주제 탐색을 위한 것이었다. 머튼R. K. Merton의 『17세기 영국의 과학, 기술 및 사회』 Science, Technology and Society in Seventeenth Century England (1970) 각주에서 발달 심리학자인 장 피아제Jean Piaget의 저작이 언급된 것을 내가 보았다. 머튼의 책은 확실히 전도양양한 과학사가에게 꼭 필요한 책이었지만, 피아제의 저작은 확실히 그렇지 않았다. 더욱이 나는 머튼의 책 각주를 보고 프렉을 안 것이 아니었다. 나는 프렉의 이름을 라이헨바흐H. Reichenbach의 『경험과 예측』Experience and Prediction (1938)에서 발견했다."[7]

라이헨바흐는 『경험과 예측』에서 프렉이 하지 않은 말을 프렉의 책에서 인용했다는 잘못된 주석을 달아놓고 있었던 것이다. 쿤은 라이헨바흐

---

[7] Ludwik Fleck, *Genesis and Development of a Scientific Fact*(ed., Thaddeus J. Trenn and Robert K. Merton, trans., Fred Bradley and Thaddeus J. Trenn, Chicago: The University of Chicago Press, 1979, pp. vii~viii.

의 주석을 읽고, −이 주석이 잘못 달린 것이라는 사실과 상관없이− 프렉의 책 제목이 바로 자신의 관심사에 관해 말하고 있다는 느낌을 받았고, 프렉의 책을 접하고 나서야 자기 생각을 체계화할 수 있었고, 이제는 자기 생각을 공표해도 되겠다는 확신이 들었다고 말했다. 그래서 쿤은 제일 먼저 자신의 지도교수이자 당시 하버드대학교 총장이었던 코넌트J. B. Conant와 상의했고, 몇 년 후 코넌트는 "어떻게 그러한 책이 있을 수 있지? 사실은 사실일 뿐이야. 사실은 생겨나지도, 발전되지도 않는 거야."라는 답변을 보내왔다. 하지만 쿤은 이 역설paradox이 바로 자신이 탐구해야 할 과제라고 받아들였다고 회고했다.

과학적 사실은 어떻게 형성되고 발전하는가?

과학자에게 과학은 그저 주어진 사실일 뿐이다. 물론 이러한 과학적 사실(예를 들어 코페르니쿠스의 지동설, 케플러의 천체운행 법칙, 갈릴레이의 운동 법칙, 뉴턴의 만유인력 법칙 등)을 프렉은 부정하지 않는다. 하지만 그것은 단순한 지식의 누적이 아니라 역사적으로 발전해 온 사회적 산물이라는 것이 프렉의 생각이다. 여기서 프렉은 과학적 사실이 어떻게 형성되어 발전해 왔는가를 묻는다. 이러한 과학의 발전이야말로 프렉에 의하면 기존의 법칙으로는 설명할 수 없는 모순을 극복하고 생겨나는 '사회적 현상'이다. 이 사회적 현상에 관해 말하는 것이 과학자의 눈에는 쉽게 이해될 수 없는 역설로 보였던 것이다. 여기서 우리는 먼저 용어의 의미에 대해 분명히 해 두어야만 하겠다. 우리는 흔히 코페르니쿠스의 지동설→케플러의 천체운행 법칙→갈릴레이의 운동 법칙→뉴턴의 만유인력 법칙으로 변천을 과학의 '진보'Fortschritt라고 부른다. 진보는 지식의 누적을 가리킨다. 이에 대해 프렉은 인식의 '발전'Entwickelung을 말한다. 인식의 발전은 지식의 누적과 다르다. 발전이란 프렉에 의하면 사회적 변화를 말한다(누적이 시간상으로 형성된 일종의 '지층'을 연상시킨다면, 변화는 하나의 '대안 제시'다). 그리하여 프렉은 과학적 사실에서 이러한 사회적 변화가 어떻게 일어나는지 묻는다. 이에 대한 대답으로서 『과학적 사실의 기원과 발전』에서 프렉은 의학의 역사에 나타난 증례 연구를 통해 과학적 사실이 어떻게 형성·발전해 왔는지 인식론적으로 추구한다.

우리가 매독의 역사를 15세기까지 역으로 추적해 보면, 그 당시에는 매독이 전염되는 피부 증상, 흔히 생식기에 나타나는 만성 질환으로만 인식되었다. 15세기 유럽에는 정치적 혼란과 전쟁, 기근, 홍수 등 자연재해로 인해 전염병이 만연했고, 이에 따라 전염병에 관한 연구의 필요성도 처음으로 제기되었다. 이러한 사회적 요구에 따라 '매독학'Syphilidologie에 대한 연구도 일어났다. 매독에 관한 최초의 연구는 천문학적 별자리의 배치에 따라 매독이라는 질병을 설명하는 방식이었다. 여기에 성교에 특별한 윤리적 의미를 부여하는 종교적 가르침이 더해지면서 매독은 단순히 쾌락을 좇는 전염병, 즉 화류병花柳病, Lustseuche katexochen이라는 근본 이념이 만들어졌다. 그러다 16세기에 이르러 수은을 사용하여 매독이 치료할 수 있다는 사상이 생겨났다. 이러한 생각은 19세기까지 이어졌고, 여기에 다시금 매독을 일으키는 매개체가 있다는 유발자 이론이 덧붙여졌다. 이때까지만 해도 매독이 다른 성병의 단위들(예를 들어 임질, 하감 등)과는 미분화 상태에 머물러 있었다. 그러나 이러한 생각을 획기적으로 바꿔 놓은 것이 '바서만 반응'으로 알려진 혈청학적 진단법이다. 이에 의해 마침내 오늘날 매독학의 개념이 확립되었다. 그것은 엄밀한 의미에서 병리발생학적 질병의 실체로서 매독의 개념이고, 특수한 병인학적 실체로서 매독의 개념이다. 이러한 매독 개념의 형성사야말로 프렉에 의하면 과학적 발전을 생생하게 보여주는 사례다.

이러한 과학의 발전이 어떻게 일어났는지 프렉은 『과학적 사실의 기원과 발전』에서 논증한다.『과학적 사실의 기원과 발전』은 모두 4개의 장章으로 구성되어 있다. 1장에서 프렉은 위에서 말한 매독의 역사를 통해 오늘날 매독 개념이 어떻게 형성되었는지 서술하고, 2장에서는 이에 대한 가치평가를 내린다. 이러한 가치평가의 중심에는 사회학적 인식구조를 정초하려는 프렉의 의도가 깔려있다. 3장은 매독 개념의 형성과 관련하여 바서만 반응을 고찰한다. 여기서 프렉은 바서만과 그 동료들의 집단적 노력을 평가한 다음, 4장에서는 한편으로 인식의 집단적 구조를, 다른 한편으로 과학 외적 요인들에 의한 인식 관계를 밝히고 있다.

이 책에서 과학적 사실에 대한 프렉의 분석은 다음과 같이 두 개의 기본 개념에 뿌리박고 있다. 그 하나는 과학적 사고가 세계를 지각하는 방식을 만들어낸다는 점이고, 다른 하나는 이러한 과학적 사고를 사회적 산물로써 이해해야만 한다는 점이다. 이 사회적 산물은 그 당시의 지배적인 (과학적이 아닌) 다른 생각(문화, 역사 등)에 의존한다. 이것은 과학에 관한 사회학적 전망에 가깝다. 이 사회학적 전망이야말로 쿤 이후 크게 번성한 이른바 '과학기술학'의 핵심 내용이다. 오늘날 과학기술학은 쿤이 작업한 근본 개념에 의해 결정적인 영향을 받고 있고, 이러한 쿤의 개념 형성에 큰 영향을 미친 것은 프렉의 책이다. 다시 말해 과학적 사고가 세계를 지각하는 방식을 만들어낸다는 프렉의 전제가 쿤의 '패러다임' 개념의 형성에 직접적인 영향을 끼쳤다. 여기서 프렉 사상의 독창성은 -그 당시의 주류 사상인 논리실증주의에 맞서- 공공연히 '사회학적 인식론'을 주장했고 옹호했다는 점이다. 사회학적 인식론이란 매독에 관한 논의 과정에서 보듯이, 근대적 개념의 발전을 사고 사회학적 denksoziologische 방식으로 역으로 추적하는 것을 말한다. 근대적 개념의 발전은 한편으로 역사적으로 만연한 사고방식과 관련하면서, 다른 한편으로는 전혀 다른 견해에서 유래했다. 단적으로 말해 화류병으로서 매독 개념이 역사적으로 형성된 것이라면, 병리발생학적·병인학적 매독 개념은 전혀 새로운 원천에서 유래한 개념이다. 이 새로운 개념의 형성을 프렉은 '발전'이라 불렀다. "오직 사회적 기억 속에 부착된 관계만이 양식적으로 설명되고, 발전될 수도 있다."(97쪽) 이렇게 매독 개념의 발전을 종교적, 천문학적, 경험 치료적, 병리학적 이해 방식에서 설명하는 것이야말로 사회학적 인식론이다. 이러한 예를 우리는 얼마든지 들 수 있다. 오늘날 물리학의 원자론이 고대 데모크리토스의 원자론과 역사적 관련을 맺고 있으면서 전혀 새로운 (과학적) 원천에서 유래한 것이나, 화학의 원소론이 고대 그리스의 원소론과 역사적 맥락이 닿아 있으면서 새롭게 생겨난 것이 그 예다.

이러한 사회학적 인식론은 또한, '비교 인식론'이라고도 불리는데, 그 이유는 바로 사회학적 관점에서 낡은 인식 틀과의 비교를 통해 새로운 인식의 틀이 만들어지기 때문이다. 이러한 프렉의 이해 방식의 근저에 놓여 있는 것이 '사고 양식'Denkstil과 '사고 집단'Denkkollektiv이라는 개념이다. 『과학적 사실의 기원과 발전』에는 '사고 양식과 사고 집단에 관한 이론 소개'라는 부제가 붙어 있는데, 여기서 우리는 이렇게 부제를 붙인 이유도 미루어 짐작할 수 있을 것이다. 프렉의 핵심개념인 사고 양식은 단적으로 말해 쿤의 '패러다임'과 유사하다. 쿤의 패러다임이 모범사례 또는 범례로 해석되듯이, 프렉의 사고 양식도 대체로 일반적인 사고패턴을 가리키는 말로 이해된다. 하지만 때로는 특별히 과학적 사고 덩어리를 나타내는 말로 사용되기도 한다. 그래서 이 개념이 구체적으로 무엇을 나타내는지 규정하는 일은 쿤의 패러다임만큼이나 모호한 점이 많다. 이러한 사고 양식은 프렉에 의하면 사고 집단에 의해 생겨난다. 사고 집단이란 일종의 연구자 공동체를 가리키는 말이고, 사고 양식을 만들어 내고 변화시키는 원천이다. 사고 집단은 또한, 사고 양식에 의해 제약받고 구성되는데, 그것은 사고 양식이 집단의 연구 방향을 결정하고 연구 방향을 특수한 전통과 연결해 주기 때문이다. 이렇게 사고 양식과 사고 집단은 상보적 기능을 담당한다. 사고 양식과 사고 집단의 상보적 활동으로 과학적 사실이 만들어진다는 것이야말로 프렉의 기본 구상이다.

"우리는 과학적 사실을 잠정적으로 다음과 같이 정의할 수 있다. 과학적 사실이란 **사고 양식에 따른 개념 관계를 말한다. 물론 이 개념 관계는 역사적 관점, 개별 심리학적 관점과 집단 심리학적 관점에서 탐구될 수 있다. 하지만 이들 관점에서 개념이 즉각 내용적으로 완전하게 구성되는 것은 아니다.** 이로써 저 현상은 지식의 능동적 부분과 수동적 부분이 분리되지 않고 결합되어 있음을 나타낸다. 또한, 사실의 수가 늘어나면, 이와 함께 지식의 능동적 부분과 수동적 부분의 수도 늘어난다는 현상도 나타난다."(223쪽. 저자 강조.)

여기서 프렉은 두 개의 중요한 일에 관해 말한다. 그 하나는 모든 경험적 발견이 사고 양식의 확대, 발전 또는 변경으로서 파악될 수 있다는 점이고, 다른 하나는 과학적 사실에는 '능동적' 측면과 '수동적' 측면이 있다는 점이다. 먼저 경험적 발견은 사고 양식의 확대, 발전 또는 변경으로 일어나는 체제를 의미하지만, 그것은 다음과 같이 세 단계를 거쳐 일어난다. 즉 ① 불분명한 시각과 합당하지 않은 최초의 관찰, ② 비합리적이고, 개념 형성적이며, 양식을 변경시키는 경험의 상태, ③ 발전되고, 재현될 수 있는, 양식에 따른 형태지각이라는 세 단계를 거친다. (양식이 무시된) 최초의 관찰은 그저 감정의 혼돈상태를 나타낼 뿐이다. 이 혼돈상태에서 연구자는 만져보고 냄새 맡는 등 오감을 통해 확인한다. 하지만 이때 어떤 확신을 주는 확고한 지지대란 어디에도 없다. 모든 것은 자신의 의지에 따라 일어나는 인위적인 결과로 받아들여진다. 이 결과를 연구자는 자신에게 부딪쳐 오는 '저항'Widerstand으로 느낄 것이다(대상을 가리키는 독일어 Gegenstand가 '~에 대립해 있다'는 의미임을 상기해 보라). 이렇게 저항을 느끼면서 그는 기억과 교육의 도움을 받아 어떤 형태를 지각하는데, 그에게 형태지각은 수동적으로 느껴지는 '사고상의 강압'으로 다가온다. 이 강압은 곧 '필연'이다. 이렇게 하여 필연적인 (과학적) 사실Tatsache이 생겨난다. "**먼저 초기의 무질서한 사고 속에는 저항의 신호가 숨어 있고, 다음으로 특정한 사고에 의한 강압이 일어난다. 그리고 마침내 직접 지각되는 형태가 만들어진다.**"(239쪽, 저자 강조) 예를 들어보자. 사과가 땅으로 떨어진다는 것은 양식이 무시된 최초의 관찰이다. 왜 사과가 땅으로 떨어질까 하는 뉴턴의 생각은 자신에게 부딪쳐 오는 저항이다. 이에 대해 사과가 땅으로 떨어진다는 현상을 우리가 만유인력의 법칙이라고 이해하는 것은 필연적인 과학적 사실이다. 이러한 과학적 사실이 언제나 사고의 역사적 맥락 속에서 만들어진 결과이며, 언제나 특정한 사고 양식에 따라 생겨난 결과라는 것이 프렉의 생각이다. 이 점은 왜 하필이면 영국에서 다른 사람이 아닌 뉴턴에 의해 만유인력의 법칙이 발견되었는지 생각해 보면, 수긍이 간다. 만유인력 법칙의 발견은 프렉에 의하면 뉴턴의 천재성 때문이 아니라(그렇다고 뉴턴의 천재성을 부정하는 것이 아니라), 그밖에 당시 영국의 역사적 상황 및 특정한 사고 양식과 밀접한 관련이 있다는 것이다. 다시 말해 당시 영국의 역사적 상황과 특정한 사고 양식이 뉴턴의 천재성 발휘를 가능하게 했다는 점이다.

다음으로 특징적인 것은 과학적 사실에서 능동적 측면과 수동적 측면을 구별한 점이다. 위에서 우리는 형태지각이 사고상의 강압 때문에 수동적으로 일어나는 필연임을 말했는데, 그것은 주어진 세계(즉, 사고 양식)를 보는 방식을 말한다. 예를 들어 우리가 매독이라는 질병 현상을 보고 '화류병'이라고 이해했다면, 그것은 매독 현상의 수동적 측면이다.

화류병이야말로 매독을 이해하는 하나의 사고 양식인 셈이다(즉 매독 현상이 화류병이라는 사고 양식에 의해 수동적으로 이해된 것이다). 인식이란 바로 이 사고 양식에 따라 주어진 세계를 지각하는 것을 말한다. 하지만 세계는 주관과 무관하게 주어지고, 객관적으로 주어지는 최초의 세계는 인식하는 사람에게 '혼돈'으로 나타난다. 이 혼돈 속에서 인식은 자유롭게 선택되지만, 사고 양식의 확대, 발전 또는 변경이라는 경험적 발견의 발전이라는 상황에서는 그저 선택되기보다 어떤 일을 초래한다. 예를 들어 화류병으로서 매독의 개념이 병리학적 개념으로 바뀌는 상황을 생각해보자. 이 전환은 연구자가 스스로 만들어낸 것이다. 이것이 과학적 사실의 능동적 측면이다. 이렇게 상황이 바뀌면, 매독은 새로운 사고 양식에 의해 다시금 (수동적으로) 설명된다. 이러한 사고 양식의 전환을 프렉은 '과학의 발전'이라 부른다. 과학의 발전이라는 국면에서 사실의 수동적 측면과 능동적 측면은 불가분으로 연결되어 있다. 하지만 양자 간에는 특징적인 차이가 있다. 수동적 측면이 사고의 선천적 설정에 단순히 따르지만, 능동적 측면은 주관적으로 선택하는 것이다. 이러한 사실은 일상생활 속에서도 일어난다. 이를테면 나에게는 분명히 종교를 선택할 자유가 있다. 하지만 이 선택은 임의로 일어나는 것이 아니라 내가 어느 지역, 어느 가문에서 태어났느냐가 선택의 주요 결정요인으로 작용한다. 마찬가지로 이러한 선택의 강압은 과학에서도 일어난다. 동서고금을 막론하고 많은 사람이 사과가 땅으로 떨어지는 현상을 보았을 테지만, 어떻게 해서 오직 뉴턴만이 만유인력의 법칙을 발견할 수 있었을까? 프렉의 설명에 따른다면, 그것은 뉴턴이 당시의 사회적 상황에 수동적으로 따르면서 능동적으로 사고할 수 있어서 가능한 일이었다. 이 점을 일반화하면, 다음과 같다. 즉 과학적 사실의 수동적 측면은 논리적, 심리학적, 방법론적으로 능동적 측면에 의해 일어난다는 것이다.

이러한 과학적 사실의 인식은 프렉에 의하면 개인적으로 일어나는 일이 아니라 과학자 집단에 의해 일어난다. 다시 말해 과학적 사고란 과학자 집단에서 생겨나고, 집단에 의해 수행되며, 집단 구성원이 지각한 것을 형태화한 것이다. 이러한 집단의 활동을 프렉은 오케스트라의 연주, 축구 경기에 비유하여 설명한다. 오케스트라의 연주를 합주의 의미나 규칙에 대해 고려하지 않고서 단지 개별 악기를 연주하는 것에서만 설명해도 좋은가, 아니 설명할 수 있을까? 마찬가지로 축구 경기를 경기규칙 없이 개인의 능력이나 실력만으로 설명할 수 있을까? 이 물음에 대해 아니라고 부정적으로 대답하는 것은 오케스트라 연주나 축구 경기가 개인이 아니라 집단의 일이기 때문에 그렇다. 집단을 통제하는 규칙은 사고 작용에 대한 사고 양식을 나타낸다. 성공한 모든 적극적 인식이론은 이 사고 양식의 개념 속에서 드러난다. 그렇지 않고 집단의 관심과 관련 없는 생각들은 모두 무시되거나 간과되고 만다. 그리하여 과학적 사실에는 언제나 '사고 집단적' 사고라는 수식어가 붙어 다니는데, 그 이유는 모든 사실이 다음과 같이 사고 집단과 특별한 관계를 맺고 있기 때문이다(247쪽~249쪽). 첫째로 모든 사실은 그 사고 집단의 정신적 관심이 향하는 노선에 따라 생겨나기 때문이고, 둘째로 지각할 때 부딪쳐 오는 저항은 사고 집단 내에서만 작동하고, 모든 참여자에게 사고상의 강압을 가하며, 나아가 직접 체험되는 형태로서 매개되기 때문이며, 셋째로 사실은 반드시 사고 집단의 양식 속에서 표현되어야만 하기 때문이다.
 끝으로 사회적 인식의 성격에 대해서도 간략하게 언급해 둬야만 하겠다.

> "인식한다는 것은 무엇보다도 어떤 주어진 전제조건 아래서 강압적으로 일어나는 결과를 확정 짓는 것을 말한다. 이때 전제조건은 능동적 연결과 일치하고, 인식할 때 집단이 담당해야 할 몫을 형성한

다. 강압적으로 일어나는 결과는 수동적 연결과 같고, 객관적 현실로서 받아들여지는 것을 형성한다. 확정 짓는 작용은 개인이 담당해야 할 몫이다."(156~157쪽)

여기서 프렉은 사회학적 인식의 본성과 인식을 이루는 세 요소에 관해 말하고 있다. 먼저 사회적 인식의 본성은 프렉에 의하면 주어진 전제 조건을 탐구하는 것, 더 정확하게 말해, 전제가 어떻게 변하는지 탐구하는 일이다. 그것은 곧 사고 양식을 탐구하는 것을 말한다. 사고 양식은 처음 과학에 입문할 때 이미 제시되어 있다. 하지만 사고 양식이 개념을 이러저러하게 물들이거나 개념을 이러저러한 방식으로 연결시켜주는 것이 아니다. 오히려 사고 양식은 특정한 방향으로 우리의 사고를 강요한다. 아니 강요하는 것 이상의 일을 한다. 그것은 다름 아닌 우리가 특수한 방식으로 보고 행동하기 위한 정신적 준비태세를 갖추게 하는 것, 준비되어 있음을 나타내는 모든 것을 말한다. 그리하여 과학적 사실이 사고 양식에 의존한다는 것은 이미 말했다. 다음으로 인식을 이루는 세 요소에는 개인, 집단, (인식되어야만 하는) 객관적 현실이 있다. 이 세 요소는 어떤 형이상학적 실체를 의미하는 것이 아니라 각기 다른 관계를 맺고 있다. 각기 다른 관계란 한편으로 집단이 개인들로 구성되어 있고, 다른 한편으로 객관적 현실이 역사적·집단적인 이념의 과정과 관련하여 해명되어야 한다는 점을 말한다. 후자의 객관적 현실이 이념과 관련하여 해명되어야 한다는 것은 위에서 말한 과학적 사실이 사고 양식에 의존한다는 것을 말한다. 여기서는 집단과 개인의 관계에 관해서만 살펴보자. 사고 집단이 개인들로 이루어져 있다고 하더라도, 그것은 단순히 개인들의 총합을 말하는 것이 아니다. 개인은 집단적 사고 양식을 전혀 의식하지 못하고 있거나 거의 의식하지 못한다. 집단적 사고 양식은 거의 언제나 개인의 생각에 무제약적인 압력을 행사한다. 그래서 우리는 집단의 사고 양식과 모순되는 것을 조금도 생각할 수 없다. 이미 사고 양식이 있다는 사실 자체가 곧 '사고 집단' 개념의 구축을 필연적이고 필수불가결한 것으로 만들어준다고 하겠다.

　사고 집단의 형성과 관련하여 프렉은 더 작은 비밀스러운 사적 영역 esoterischer Kreis과 더 큰 공개된 공적 영역 exoterischer Kreis을 구분한다. 사적 영역이란 관련 당사자들에게만 알려진 보다 세분화된 학문 영역(예를 들어 양자론, 중성자론, 쿼크 이론 등)을 말한다. 반대로 공적 영역이란 물리학, 화학, 생물학처럼 더욱 보편적인 학문 영역을 말한다. 하나의 사고 집단은 많은 영역이 서로 교차하면서 성립한다. 그리고 일반적인 개인은 많은 공적 영역에 속하고, 사적 영역에는 거의 ― 아니 전혀 ― 속하지 않는다. 하나의 사고 집단에 속하는 회원들 간에는 단계적 위계질서가 있고, 어떤 한 단계와 다양한 영역을 결합시키는 많은 연결고리가 있다. 여기서 집단 간 또는 집단 내 사고 교류, 즉 '소통'이 일어난다. 집단 간의 소통은 사고 양식에 의해 좌우된다. 사고 양식의 차이가 작을수록 소통은 잘 일어난다. 이와 달리 집단 내 소통에는 횡적으로 일어나는 사고 교류와 종적으로 일어나는 사고 교류가 있다. 횡적 교류란 집단 내 동등한 자격을 갖춘 회원들 간에 민주적으로 일어나는 소통을 말하고, 종적 교류는 스승과 제자처럼 지배-복종의 관계에서 일어나는 소통체계를 말한다. 소통구조가 지배-복종의 관계라면 비밀과 독단이 사고 집단의 삶을 장악할 것이지만, 소통의 구조가 민주적이라면 사고 집단의 이념의 발전과 진보에 기여하게 될 것이다. 이러한 결과가 생겨나는 이유는 종적 인간관계가 스승(엘리트)에 대한 제자(대중)의 무한한 신뢰에 의존하는 반면에, 횡적 인간관계는 집단 내 여론, 즉 '건전한 인간오성'에 의존하기 때문이다. 다른 한편으로 사고 집단의 사적 영역과 공적 영역은 부분집합과 전체집합의 관계를 나타낸다. 다시 말해 사적 영역에는 해당 문제를 풀어가는 '정예화된 전문가' 집단이 있다면, 그 외연에는 비슷한 문제를 풀어가는 '일반적인 전문가' 집단이 있다. 이 일반적인 전문가 집단 밖에 다소 '교육받은 아마추어' 집단이 위치한다. 이 포섭적 구조에서 정예화된 전문가들은 일반적인 전문가들의 인정을 받으려 하고, 일반적인 전문가들은 교육받은 아마추어들의 인정을 받으려고 노력한다. 이러한 인정받으려는 노력은 과학의 종류를 학술지 과학, 편람 과학, 통속 과학으로 구분한 것에서 잘 나타난다. 정예화된 전문가들은 먼저 자신의 연구결과를 학술지에 발표할 것이다. 그러나 학술지 과학은 전문 연구자들의 과학적 발견을 인정하고 통합시켜 주지 못한다. 전문가들의 연구 성과를 인정해 주는 것은 편람 과학이다. 이 점에서 편람 과학과 학술지 과학은 구별되지만, 편람 과학도 여전히 전문 과학의 일부다. 이러한 전문 과학자들의 업적을 널리 홍보하고 일상생활 속에서 활용할 수 있게 하는 것은 통속 과학이다. 이 통속 과학이야말로 전문 과학자들의 연구를 부추기는 원동력이고, 사회적 제약이다. 프렉이 사회적 제약 때문에 과학의 발전이 일어난다고 말하는 이유도 여기에 있다.

과학 사상의 형성에 프렉은 어떤 기여를 했는가?

프렉의 경험적 인식의 배경은 '의학'이다. 과학이론에서 의학은 상대적으로 무시되어 온 분야지만, 프렉이 의학적 사실을 들어 도달한 결론은 그 당시 논쟁의 주도자인 비엔나학파가 도달한 결론과 아주 중요한 차이를 만들어낸다. 프렉은 의학의 역사를 통해 다양한 문제를 예로 들면서도 세부적으로 하나의 증례 연구에 대한 예리한 분석을 시도한다. 그것은 매독 개념의 역사적 발전에 관한 것이고, 그리고 바서만과 그의 동료들에 의한 연구결과에 관한 것이다. 바서만 연구팀은 처음으로 (이른바 '바서만 반응'이라 불리는) 매독의 진단에 대한 도구를 제공한다. 1920년대에 프렉 자신도 여기에 일정 부분 기여했다. 프렉의 연구는 단순히 사회적 인식론의 선구자 이상의 가치를 지닌다. 오늘날 프렉의 『과학적 사실의 기원과 발전』이 출판되고 나서 80여 년이 흘렀지만, 프렉의 책이 여전히 과학사회학의 연구에 신선한 충격을 주고 있음을 우리는 아무리 강조해도 지나치지 않다. 이러한 프렉 사상의 독창성을 우리는 다음과 같이 세 가지로 요약할 수 있겠다.

① 프렉은 근본적으로 과학이론을 사회화한다. 과학이론을 사회화했다는 관점에서 볼 때 과학적 활동의 집단적 성격은 새로운 생각을 다듬고 새로운 생각을 떠올리는 데 결정적이다. 프렉의 관점은 개인주의적인 것이 아니다. 왜냐하면, 새로운 생각의 원천은 특정한 개인의 것일 수 없기 때문이다. 그것은 전적으로 집단의 활동에서 유래한다. 이를 매개하는 것이 위에서 말한 '사고 교류'Denkverkehr다. 프렉은 사고 교류를 집단 내 사고 교류와 집단 간의 사고 교류로 구분했다. 집단 내 교류는 집단을 안정화시키는 기능을 한다. 그것은 집단의 실제적인 사고 양식을 반복적으로 확인해 줌으로써 가능한 일이다. 집단 간의 교류는 집단 외부에서 오는 영향을 제공한다. 이 영향은 변화에서 초래된 것이다. 개인은 여러 사고 집단에 속할 수도 있고, 전혀 다른 집단에 속할 수도 있다. 그래서 각 개인에게는 이와 상응하는 사고 양식이 나타난다. 그래서 한 집단 속에서 각자가 하나의 생각을 서로 다르게 해석한다고 하더라도 전혀 이상한 일이 아니다. 이렇게 하나의 생각에 대한 생각이 각자 다르다면, 여기서 오해가 생겨나는 것은 필연적이다. 이 오해가 사고 양식의 전환을 가져온다. 어떤 의미에서 프렉은 과학적 언어의 전통적 견해를 뒤집어 버린다. 논리실증주의에 의해 '의미의 불변성'은 과학적 인식의 조건 가운데 하나로 간주되었지만, 이제는 제거될 수 없는 오해가 과학에서 변화와 발전의 결정적인 조건이 되는 셈이다. 물론 프렉도 언어의 역할을 과학자들 가운데 사고 교류의 가장 중요한 도구로서 강조한다(프

렉이 처음으로 텍스트의 비교를 통한 내용 분석법을 연구 수단으로 사용했다). 그러나 언어적 소통은 집단의 양식에 따른 협동에 충분한 것이 아니다. 과학에서 협동은 확실하게 형성될 수 없는 실천적 경험을 통해 보완되어야만 한다.

② 프렉은 근본적으로 과학이론을 역사화한다. 그는 과학적 발전을 누적적이고 진보해 간다는 기존의 견해 대신에 끊임없는 사고 양식의 변화로 과학이 발전해 간다는 견해를 채택했다. 과학은 역사적으로 발전되고, 사회학적으로 제약되며, 과학 상호 간에 작용한다. 이 구조의 역동성이 과학의 발전적 힘을 만들어낸다. 그러나 발전을 진보나 진화로 이해해서는 안 된다. 과학의 발전은 사고 양식과 관련 있고, 사고 양식이 바뀌면 이와 관련된 특성이 상실된다. 양식과 관련 없는 것들은 모두 부적절한 것이고, 더는 '자명한' 것이 아니다. 따라서 새로운 인식이 부상하면, 낡은 것은 사라진다. 그러나 프렉은 – 쿤과 달리 – 과학에서 급작스러운 혁명에 관해 말하지는 않았다. 왜냐하면, 생각과 인식의 전제조건은 과학자들이 알아채지 못하게끔 서서히 변하기 때문이다. 그 결과 어떤 '선행 이념' 또는 '근본이념'은 오랜 기간 살아남는다. 그 이유는 선행 이념과 근본이념이 많은 사고 집단의 생성을 연구하는 발견적 지침으로서 기능하기 때문이고, 또한, 새롭게 등장하는 학파의 연구 집단에 의해 받아들여지고 재사용되기 때문이다. 다시 말해 선행 이념과 근본이념은 새로운 사고 양식의 틀 내에서, 그리고 새로운 사고 양식의 바뀐 전제조건에 따라 재해석된다. 이로써 낡은 생각과 새로운 생각이 서로 병합되고, 따라서 사고 양식의 연속성도 보장받게 된다.

③ 프렉은 사고 양식의 틀에서 과학적 사실의 형성을 재해석한다. 과학적 사실은 과학적 활동과 무관하게 주어지는 것이 아니다. 왜냐하면, 사회학적으로 제약되고 역사적으로 발전해 온 사고 양식은 스스로 과학

자의 인식에 부과되기 때문이다. 이 점을 설명하기 위해서는 다시금 프렉이 인식의 능동적 요소와 수동적 요소를 구별한 것에 관해 언급해야만 하겠다. 사고 양식의 전제조건은 집단에 의해 능동적으로 주어진다. 그러나 과학자가 찾는 것은 능동적 '설정'에서 유래하는 수동적 연결이다. 우리가 어떤 전제조건을 이루는 것은 능동적 설정 속에 포함된 수동적 연결을 선택하고 받아들인다. 그리하여 어떤 전제조건이 '자연스럽게' 경험된다. 과학자는 이러한 경험과 관련하여 다만 '수동적으로' 반응하는 역할을 수행할 뿐인데, 사실의 인식 과정을 그는 저항으로 느낀다. 사고 집단이 발전된 사고 체계 내에서 저항과 협동한다면, 이 저항은 보다 분명한 '사고의 힘'으로 성장하여 마침내 지각된 형태로 된다. 따라서 과학적 사실은 '객관적으로 주어지는' 것으로 간주된다 하더라도, 실제로는 사고 양식에 의해 결정된다. 이 점에 관해 프렉은 더는 분명히 말하지 않았지만, 이것이 결코 상대주의적 해석이 아니라는 점만은 분명히 해둬야 하겠다. 왜냐하면, 수동적 요소와 능동적 요소의 연결은 단지 설정된 전제조건에서만 유래하는 것이 아니기 때문이다.

오늘날 '과학기술학'이란 무엇인가?[8]

오늘날 과학기술학STS, science and technology studies or science technology and society이란 과학기술에 대한 인문·사회학적 접근을 통칭하는 용어이자 학문분과를 말한다. 이것은 단적으로 말해 과학기술이 오늘날 인간의 삶과 사회의 변화에 깊숙이 개입해 있음으로 하여 이에 대한 반성이 요구되고 있음을 방증하는 것이라 하겠다. 어쨌든 과학기술학은 영문자의 첫 글자

---

[8] 과학기술학의 형성에 관한 서술은 한국과학기술학회 지음, 『과학기술학의 세계: 과학기술과 사회를 이해하기』(서울: 휴먼사이언스, 2014)에 수록된 송성수의 "과학기술학이란 무엇인가"(15~25쪽)를 참고하였다.

를 따서 STS로 불리는데, 이 말은 이중의 의미를 지니고 있다. 즉 과학기술학이 과학기술이 갖는 사회적 의미를 포착하여 설명하기 위한 학문적 논의를 뜻한다면, 과학기술학이 정립되기 이전부터 이미 사용되었던 '과학기술과 사회'는 과학, 기술, 사회의 역동적 상호작용을 나타내는 것이라 할 수 있다(이 말은 특히 머튼의 『17세기 영국에서 과학, 기술 그리고 사회』에서 유래한 것으로 보인다). 이러한 두 용례는 오늘날에도 여전히 사용되고 있는데, 예를 들어 매사추세츠 공과대학MIT에서는 '과학기술과 사회'라는 이름으로, 코넬 대학교에서는 '과학기술학'이라는 이름으로 제도화되어 있다.

위에서 우리는 프렉의 과학 사상을 '과학지식사회학', '과학사회학', '과학철학' 등으로 표시했는데, 오늘날 과학기술학은 이 모든 분야를 아우르는 학문분과로 자리매김하고 있다. 따라서 과학기술학은 외연적으로 과학철학, 과학지식사회학, 과학사회학, 과학사뿐만 아니라 과학기술정책까지 모두 포함하는 개념이고, 역사적으로는 과학사와 과학철학이 먼저 형성되었고, 다음으로 과학사회학, 기술사회학, 과학기술정책 등이 형성되어 '과학기술학'이라는 우산 속에 모인 것으로 볼 수 있다. 이러한 과학기술학의 발전을 우리는 세 시기로 나누어 고찰한다. 제1세대는 대략 1920년에 태동하여 1960년대까지를 말한다. 이 시기에는 아직 과학기술학 고유의 접근법이 형성되지는 못했지만, 과학기술에 대한 인문·사회학적인 접근이 처음 시도되었다. 이러한 인문·사회적인 접근은 과학사, 과학철학, 과학사회학, 과학기술정책의 분야에서 독자적으로 나타났다. 다시 말해 그 당시의 과학사에서는 과학의 내용에 중점을 두는 내적 접근법이, 과학철학에서는 과학의 본성으로서 논리와 경험을 중시하는 논리실증주의가, 과학사회학에서는 과학제도를 사회학(또는 구조기능주의)의 시각으로 분석하는 것이, 과학기술정책에서는 기초연구→응용

연구→기술개발→상업화로 이어지는 선형모형이 지배적이었다. 이들은 공통적인 개념이나 방법론을 공유하지 않았지만, 과학이 보편적·합리적·자율적이라는 공감대에는 도달해 있었다. 이러한 과학관은 '표준적 과학관' 또는 '계몽적 합리주의'라고 불린다.

제1세대 과학기술학의 경향을 잘 보여주는 사람은 머튼이다. '과학사회학'의 창시자이기도 한 머튼은 '과학자 공동체' 개념을 통해 과학자 사회의 독특한 성격을 설명한다. 이러한 특성을 이해하기 위해 그는 과학자 사회의 독특한 규범 구조에 주목했다. 하지만 1962년 쿤의 『과학혁명의 구조』가 발표되면서 종래의 표준적 과학관도 상당한 타격을 받았다. 쿤은 머튼의 과학 규범 대신에 과학 활동의 안정을 보장해 주는 것이 '패러다임'이라고 규정했다. 과학자는 패러다임을 통해 자신의 탐구 대상과 방법을 기획하고, 탐구결과도 또한, 특정한 패러다임을 통해 평가한다. 여기서 특징적인 것은 종래의 표준적 과학관에서는 사회적 요소가 과학적 인식에 전혀 영향을 미치지 않았지만, 쿤에 의해 사회적 요소들이 과학 활동에는 없어서 안 될 중요한 존재로 간주되기 시작했다는 점이다. 이와 함께 1970년대부터 90년대를 풍미하던 제2세대 과학기술학의 시대가 시작된다. 이 시기는 특히 대량살상무기의 개발과 미소 양극 체제에 따른 위기의식의 고조, 고도의 산업발달로 인한 환경 오염과 생태계의 위기 등으로 인해 과학기술과 사회의 관계에 대한 성찰이 어느 때보다 요구되었던 때다.

이 같은 배경에서 생겨난 것이 '과학지식사회학'이다. 과학지식사회학은 기존의 과학사회학과 달리, 과학제도보다 과학지식에 초점을 맞춘다. 그리하여 과학지식사회학은 과학적 지식이 사회와 무관하게 발전하는 것이 아니라 과학적 지식이 사회적으로 구성된다는 주장을 편다. 하지만 이러한 주장은 앞서 말한 프렉의 과학지식사회학과는 전혀 다른 것이고, 프렉은 이러한 주장의 형성에 어떤 기여도 하지 못했다. 프렉이 과학적 인식의 사고 사회학적 피제약성과 역사적 피구속성을 주장한 반면에, 1970년대에 생겨난 과학지식사회학은 과학에 대한 '사회구성주의'social constructivism를 주장한다. 이러한 사회구성주의적 과학지식사회학 프로그램의 형성에는 많은 지적 요소들이 영향을 미쳤지만, 그중에서도 쿤의 『과학혁명의 구조』가 가장 큰 영향을 미쳤다. 쿤은 과학이 본질적으로 갖는 공동체적·사회적 성격을 강조한다(이러한 쿤의 사고 형성에 프렉이 지대한 영향을 미쳤음을 우리는 앞에서 언급했다). 이렇게 과학적 지식의 구성에는 항상 사회적 요소가 개입한다는 주장과 함께 사회구성주의는 '이미 만들어진 과학'이 아닌 '만들어지고 있는 과학'에 주목한다. 이 말은 과학기술의 변화에는 행위자나 사회집단의 갈등과 협상이 수반되는 복잡한 과정이 매개된다는 점을 잘 보여준다(이로써 '행위자-연결망 이론'이 생겨났다).

 제2세대 과학기술학의 이론적 기반인 사회구성주의는 1990년대에 이르러 과학기술의 인식론적 문제를 천착하면서 상대적으로 실천적 문제의식에는 소홀했다는 비판에 직면하게 된다. 그리하여 사회구성주의는 과학적 사실의 사회적 구성에서 과학기술과 대중, 과학기술과 여성, 과학기술과 공공정책 등으로 연구 범위를 확대해 간다. 이와 함께 2000년대에 들어 제3세대 과학기술학이 등장하게 되는데, 제3세대 과학기술학은 –제2세대가 주로 과학기술과 사회의 상호작용에 관한 이론적 관점에 초점을 맞춘 것과 달리– 과학기술과 사회에 관한 이론과 실천을 통합하려는 방향으로 나아가고 있다. 여기서 핵심은 '구성'construction이 아니라 '참여'engagement다. 그리하여 제3세대 과학기술학은 과학기술정책과 민주주의, 과학기술과 사회운동, 과학기술논쟁과 전문성, 과학의 상업화, 과학기술과 위험, 첨단과학기술의 윤리적 쟁점 등에 주의를 기울인다.

오늘날 과학기술의 발전은 인간의 삶과 사회의 변화에 매우 중요한 기여를 한다. 따라서 우리가 과학기술의 사회적 성격에 관심을 두는 것은 당연한 귀결이다. 과학기술은 이러한 사회학적 관점에서 보면, 출현, 선택, 확산, 효과라는 단계를 거치면서 발전해 간다. 이때 단계마다 과학기술이 다양한 사회적 요소와 영향을 주고받는다는 것이 과학기술학의 핵심적 주장이다. 이 점에서 과학기술학은 과학이 내적 논리에 의해 진보한다는 '과학철학'과 구별된다. 여기서 과학철학과 과학기술학은 묘한 대비를 이룬다. 다시 말해 과학철학이 자연과학의 성과를 분석하고 반성하여 과학적인 개념을 규정하고 과학의 전제를 세우며 방법을 탐구하는 것과 달리, 과학기술학은 과학기술이 더욱 건전한 방향으로 발전할 수 있도록 과학기술과 사회를 재구성하는 데 관심을 기울인다.

하지만 이러한 과학기술학의 형성에는 그 발전의 전사前史가 있으니, 오늘날 과학기술학의 정립에 결정적인 영향을 미친 것은 쿤의 『과학혁명의 구조』이고, 이러한 쿤의 입론에는 프렉의 『과학적 사실의 기원과 발전』이 큰 영향을 미쳤다. 이 점에서 우리는 과학기술학의 정립에 미친 프렉의 선구적 업적을 기억해야만 할 것이다.

이 책의 번역에 즈음하여

프렉의 『과학적 사실의 기원과 발전』은 이미 말했듯이 1935년 스위스 바젤의 벤노 슈바베출판사에 처음 나왔다. 출판 당시에는 논리실증주의에 가려 빛을 보지 못하다가 1962년 쿤의 『과학혁명의 구조』에 언급되면서 새롭게 세상에 알려졌고, 그 중요성을 인정받아 브래들리Fred Bradley와 트렌Thaddeus J. Trenn이 번역하고 트렌과 머튼Robert K. Merton이 편집한 영어 번역본이 1979년 시카고대학교 출판부에서 나왔다Ludwik Fleck, *Genesis and Development of a Scientific Fact* ed., Thaddeus J. Trenn and Robert K. Merton, trans., Fred Bradley and Thaddeus J. Trenn, Chicago: The University of Chicago Press, 1979. 이 영어 번역

본에는 쿤의 머리말Foreword이 수록되어 있다. 머리말에서 쿤은 프렉의 영향력이 자신에게 미친 것보다 훨씬 더 클 것이라고 평가한다. 이렇게 프렉의 영역본이 출판됨으로써 프렉에 대한 재해석이 본격적으로 추진된 것이 사실이다. 그러나 이 영어 번역본에는 상당한 번역상의 문제점이 발견된다. 예를 들어 '사회적 기억'으로 번역될 수 있는 독일어 soziales Gedächtnis를 영어 번역본에서는 society로 번역하고 있다. soziales Gedächtnis를 society로 번역한 것은 의미도 다를 뿐만 아니라 그렇게 번역한 이유도 명확히 밝혀져 있지 않다. 그밖에 번역어 선택에서 부적절해 보이는 것으로 우리는 Bedingtheit을 (conditionality, 또는 conditionedness 대신에) dependence로 번역한 것이라든지, Koppelungen을 (linkages, 또는 couplings 대신에) association 또는 connection으로 번역한 것을 들 수 있다. 이에 프렉이 사용한 용어를 독일어, 폴란드어, 영어로 비교해 볼 수 있는 어휘 목록이 작성되었다.[9] 1980년에는 새퍼Lothar Shäfer와 슈넬Thomas Schnelle에 의해 새롭게 편집된 독일어 편집본이 주어캄프Suhrkamp출판사에서 나왔다(Ludwik Fleck, *Entstehung und Entwicklung einer wissenschaftlichen Tatsachen: Einführung in die Lehre vom Denstil und Denkkollektive*, Mit einer Finleitung herausgegeben von Lothar Shäfer und Thomas Schnelle, Frankfurt am Main: Suhrkamp, 1980). 이 책에서 새퍼와 슈넬이 편집자 서문을 썼고, 거기서 새퍼와 슈넬은 특히 우리에게 잘 알려지지 않았던 프렉의 생애를 자세히 소개하고 있다. 그리고 1986년에는 프렉에 관한 연구서인 『인식과 사실』이 홀랜드의 라이델Reidel출판사에서 나왔다(Robert S. Cohen and Thomas Schnelle ed., *Cognition and Fact: Materials on Ludwik Fleck*, Dordrecht:

---

[9] Robert S. Cohen and Thomas Schnelle ed., *Cognition and Fact: Materials on Ludwik Fleck*, Dordrecht: D. Reidel Publishing Company, 1986, p. xv~xvi.

D. Reidel Publishing Company, 1986). 이 책에는 과학철학과 관련된 프렉의 논문 7편과 1981년과 1984년에 개최된 프렉 관련 세미나에서 발표된 논문 14편이 수록되어 있다.

한국어 번역에 즈음하여 번역자는 1980년에 나온 새퍼와 슈넬의 편집본을 대본으로 삼았다. 본문에는 라틴어 원문이 많이 인용되고 있는데, 라틴어를 번역할 때는 영역본을 참고했고, 번역 후에는 전문가(부산가톨릭대학교 이부현교수)의 감수를 받았다. 이부현 교수의 후의에 감사드린다. 그리고 독일어본에는 참고문헌과 색인이 빠져 있다. 그래서 한국어 번역본에는 영어 번역본을 참고하여 참고문헌과 색인을 추가했다.

끝으로 비교적 분량이 적은 책이지만, 번역 자체는 정말 지난한 작업이었다. 특히 프렉에 관해 우리나라에는 전혀 소개되어 있지 않아 프렉의 의도를 충분히 살릴 수 있는 적절한 번역어를 찾는 데 매우 어려웠다. 프렉은 그 당시 오스트리아-헝가리 제국의 지배하에 있던 폴란드 남부 도시 르뷔브 출신 유대인이다. 그래서 프렉은 독일어를 모국어만큼 유창하게 구사했고, 표현법도 매우 독특하다. 그런 만큼 프렉의 책은 문법적으로 해석되지 않는 부분이 많이 눈에 띈다. 이러한 경우에는 어쩔 수 없이 의미상으로 풀어서 자의적으로 해석할 수밖에 없었다. 아무튼, 이 번역이 우리나라 학문 발전에 기여할 수 있으면 좋겠다. 이러한 간절한 소망과 함께 번역할 수 있는 기회를 제공해 준 한국연구재단과 기꺼이 출판을 허락해 준 한국문화사에도 감사드린다.

2020. 2. 28.
이을상

편집자 서문

루드비크 프렉,
과학이론의 사회학적 고찰방식을 정초하다*

로타르 새퍼, 토마스 슈넬

---

* 나는 루드비크 프렉의 많은 친구와 지인의 절대적인 도움을 받아 그의 생애에 관한 자료들을 수집할 수 있었다. 그중에서도 우리는 먼저 프렉의 미망인인 에르네스티나 프렉 부인Frau Ersestina Fleck, 그의 아들 리자드 아리에 프렉Ryszard Arie Fleck 씨(두 사람은 모두 이스라엘의 페타 티크와Petah Tikwa에 산다), 다음으로 이스라엘에 사는 프렉의 가까운 친구와 동료들, 마르쿠스 A. 크링베르그Marcus A. Klingberg 교수(네스-치오나Ness-Ziona, 텔아비브Tel-Aviv)의 이름을 들고자 한다. 이들의 발의로 이 책의 새로운 출간도 가능했다. 나아가 우리는 발다무스W. Baldamus 교수(버밍햄Birmingham), 다누타 보렉카Danuta Borcka 박사(바르샤바Warszawa), 브라디스라우 쿠니키-골드핑거Władysław Kunicki-Goldfinger 교수(바르샤바), 유진 코공Eugen Kogon 교수(팔켄슈타인Falkenstein), 휴공 코바르지크Hugon Kowarzyk 교수(브로크라우Wrocław), 이레네 릴리Irene Lille 교수(파리Paris), 테레사 말레카Tersa Małecka 박사(바르샤바), 바바라 나르부토비치Barbara Narbutowicz 박사(바르샤바), 야니나 오피엔스카-브라우트Janina Opieńska-Blauth 교수(루블린Lublin), 파르나스J. Parnas 교수(코펜하겐Kopenhagen)), 이레네 루바스즈코Irene Rubaszko(루블린), 에바 스코브론스카-프레스츠치엔스카Ewa Skowrońska-Pleszczyńska 박사(루블린), 미에치스라우 수보토비치Mieczysław Subotowicz 교수(루블린), 마리아 투스즈키에비치Maria Tuszkiewicz 박사(루블린)에게 감사드린다. 그 밖에 위에서 언급하지 않은 많은 사람에게도 고마움을 전한다.

프렉에 관한 연구계획을 후원해 준 폭스바겐 재단과 이 책의 새로운 발간을 호의적으로 받아준 쥬어캄프 출판사Suhrkamp-Verlag에도 감사 인사를 전한다.

루드비크 프렉Ludwik Fleck의 저작, 『과학적 사실의 기원과 발전』 *Entstehung und Entwicklung einer wissenschaftlichen Tatsache* (1935)은 지금까지 거의 알려지지 않았지만, 오늘날 호의적인 상황을 맞이하여 어쩌면 칼 포퍼K. Popper의 『탐구의 논리』*Logik der Forschung* (1934)와 비견될 수 있는 과학이론의 고전적 반열에 올라 있다. 포퍼의 시대를 연 『탐구의 논리』보다 1년 후에 나온 프렉의 이 책은 반대자와 지지자를 함께 갖고 있다. 프렉의 책은 또한, '비엔나 학파'Wiener Kreises가 주장하는 과학이론과 대비되는 저술이다. 논리경험주의자들이 주장하는 정적statischen인[1] 이론 개념과 반대로, 포퍼는 과학적 탐구의 역동적 측면을 강조했다. 하지만 프렉은 여기서 결정적으로 한 걸음 더 나아간다. 다시 말해 프렉은 자명한 것으로 받아들여지는 사실 개념Tatsachenbegriff 자체에 의문을 제기한다. 프렉에게 과학이란 어떤 형식적 구성을 말하는 것이 아니라 본질적으로 연구자 집단이 행하는 하나의 활동이다.

이 '사고 집단'Denkkollektive에 특징적인 사회적·심리적 구조에서 프렉은 근대과학의 현상을 설명할 수 있도록 하는 요인과 규범들을 파악한다. 이러한 접근의 대담성, 과거부터 통용되어 온 과학 개념에 대한 도전을 의사이자 지식사회학자, 철학자인 프렉은 충분히 잘 알고 있었다. 이 책 어디서나 우리는 새로운 것에 대한 인식을 역설하는 프렉의 면모를 볼 수 있을 것이다. 이 책은 매력적인 논문집Essay으로서 매우 파격적이고, 표현법에서도 거침없다. 이 책은 논문집이 늘 그렇듯이, 저자가 무미건조하게 설명하는 독백으로 쓰인 것이 아니다.

프렉은 무미건조한 독백의 방식을 벗어나 과학이론의 전문가들을 향해 다가갈 뿐만 아니라 폭넓은 과학적 관심이 있는 대중이라면 알 수

---

[1] 여기서 논리경험주의란 비엔나학파의 철학적 경향을 말한다. 정적이란 이들이 주로 언어의 논리적·실증적 분석을 천착해 온 것을 꼬집어 한 말이다—옮긴이 주.

있는 '사고 양식과 사고 집단'Denkstil und Denkkollektiv에 관한 자신의 새로운 학설 입문서를 썼다. 이 점에서 프렉의 책은 데카르트가 그 당시에 자신의 새로운 생각을 지식인 세계에 소개했던 『방법서설』Discours de la Methode과 비교될 수 있을 것이다.

프렉의 책이 1935년 스위스 바젤의 벤노 슈바베Benno Schwabe출판사에서 처음 출간되었을 때, 그 성공을 미리 점칠 수 있는 특성은 모두 다 나타나 있었다. 그러나 그 성공을 아무도 눈치채지 못했고, 따라서 이 책이 미친 영향도 미미했다. 영향력에 따라 책의 운명이 결정된다는 잘 알려진 속담도 프렉의 책에는 아무 도움을 주지 못했다. 또한, 비슷한 경우에 흔히 하는 말인 시대에 어울리지 않게 너무 일찍 서둘러 세상에 나왔다는 말조차 아무도 알아주지 않는 이 암울한 상황에는 어울리지 않는다. 그러나 책의 운명이란 인간과 시대가 운명적으로 발전해 가는 흐름과 아주 밀접하게 얽혀 있다는 사실을 우리는 익히 잘 알고 있다. 프렉은 자신의 책에서 과학의 외적 조건을 누누이 설명했건만, 말 그대로 이 과학의 외적 조건을 누구도 받아들이려고 하지 않았다. 프렉은 폴란드 출신의 유대인이다. 이러한 프렉의 존재가 나치가 지배하는 독일에서는 아무런 관심의 대상이 될 수 없었다. 학문의 1차적 수용자인 지적 대중마저 다른 '새로운 것'에[2] 관심을 쏟고 있었다. 비엔나, 프라하, 베를린 등지에 활동하던 독일어권 과학이론의 핵심 인사들은 모두 쫓겨났다. 그중에서 주요 인물을 든다면, 카르납R. Carnap, 포퍼, 헴펠C. G. Hempel, 라이헨바흐H. Reichenbach 등이다. 이들은 모두 망명했다. 이들의 망명은 독일어권에 머물러 있던 과학이론을 영·미국가로 수출하여 더욱 발전시키는 효과를 가져왔다. 하지만 프렉의 책은 이들의 지적 자산에도 끼지

---

[2] 새로운 사실이란 비엔나학파의 언어 분석적 관심을 말한다—옮긴이 주.

못했다. 나치 독일에 의해 프렉은 르뵈브Lwów에 있는 유대인 수용소Getto로 쫓겨났고, 그 후에는 아우슈비츠Auschwitz와 부헨발트Buchenwald에 있는 정치범 수용소Konzentrationslager에 갇혀 살았다. 이것은 하나의 '숙명'이었다. 거기서 살아남았다는 사실 자체가 기적이다. 수용소에서 살아남은 프렉은 1946부터 1957년 사이에 –과학 이론적 연구 활동을 계속했는데도– 우선 폴란드에서 다시금 의학적 연구에 맹렬하게 매달렸다. 이로 인해 방금 말한 과학 이론적 작업은 하나의 소외된 지난날의 일인 양 배제되고 말았다.

루드비크 프렉은 1961년 이스라엘에서 죽었다. 프렉이 죽고 나서 한 권의 책이 시카고에서 출판되었다. 그것은 바로 토마스 쿤Thomas S. Kuhn의 『과학적 혁명의 구조』The Structure of Scientific Revolutions (1962)다. 이 책 서문에서 쿤은 프렉의 책에서 많은 시사를 받았고, 자신의 연구에 나타난 지식사회학적 방향도 이미 프렉의 가르침 속에 들어있었던 것이라고 고백했다. 이 말은 역사적으로 큰 반향을 불러일으켰다. 또한, 쿤의 이 책에 의해 프렉의 생생한 생각이 새롭게 부각되었다 해도 과언이 아니다. 이렇게 쿤의 저작을 통해 시작된 논의에서 루드비크 프렉의 고전적 저작이 등장했다는 점은 두말할 필요가 없다. 여기서 프렉의 저작이 과학이론의 역사에서 차지하는 본래의 위치를 당당히 요구할 수 있다는 것은 확고 불변한 사실처럼 보인다. 프렉의 더 많은 업적을 우리는 본문에서 확인할 수 있을 것이다. 다만 본문에 들어가기 전에 이 서문에서는 다른 것을 서술하기보다 프렉의 생애를 서술하는 것에 더 넓은 지면을 할애할 것이다. 그 이유는 프렉의 생애를 언급한 문헌이 따로 없기 때문이다.

생애와 의학적 업적

루드비크 프렉은 1869년 7월 11일에 폴란드 남부지방인 갈리지아 지방의 르뵈브galizischen Lwów에서 유대계 폴란드인 부모의 아들로 태어났다. 그의 아버지 마우리치Maurycy Fleck는 르뵈브에서 미술상을 경영하는 중산층이었다. 그 당시에 르뵈브를 둘러싼 문화적 상황은 두 개의 요인에 의해 형성되고 있었다. 그 하나는 오랜 기간 폴란드가 분할되어 있으므로 해서 더욱 발달하게 된 폴란드 민족문화인데, 1867년 이후로 오스트리아의 지배 아래에 있었던 갈리지아 지방은 상대적으로 호의적인 조건을 맞고 있었다(Hartmann, 1962). 그것은 다민족국가인 오스트리아-헝가리 제국이 그들의 통치지역에서 어느 정도 문화적 자율을 허용했기 때문이다. 르뵈브에는 시市가 운영하는 유서 깊은 대학인 폴란드식 교육기관이 있었고, 1879년부터 폴란드식으로 교육해 왔다(Dobrowolski, 1960). 다른 하나는 바로 이러한 자유로운 정책으로 인해 독일어권 문화 영역인 이곳 르뵈브에서도 고도의 문화를 받아들일 준비가 되어 있었다는 점이다. 르뵈브의 과학과 문화는 비엔나와 밀접하게 결부되어 있다. 1918년 이후에는 다른 분야에서도 마찬가지로 비엔나와 밀접한 관련 있음이 드러난다.

프렉은 이러한 문화적 풍토에서 자랐다. 1914년에 그는 폴란드 김나지움을 졸업했다. 그는 모국어인 폴란드어 외에도 독일어를 모국어만큼 능숙하게 구사했다. 1914년에 '얀 카지미에츠 대학교'Jan Kazimierz-Universität의 의학부에 입학했고, 1차 세계대전 중에는 군복무로 학업을 일시 중단했다가 마침내 의학 학위과정을 마쳤다.[3]

프렉은 이미 의학공부를 하면서 특별히 미생물 연구 분야에도 관심을 두고 있었다. 1920년에 그는 (르뵈브에서 약 50km 떨어진) 프르체미슬Przemyśl에 있는 유명한 티푸스 전문가인 루돌프 바이글Rudolf Weigl의 감염

---

[3] 실제로 프렉은 1922년에야 학위를 받는다. 그러나 학위를 받기 전인 1920년부터 1923년 사이에 그는 이미 바이글의 조교가 되어 있었다―옮긴이 주.

질병 연구소에 조교로 들어갔다. 1921년에는 바이글이 프렉에게 르뵈브 대학의 의학부에 생물학을 강의하도록 추천했다. 이 제안을 받아들인 프렉은 바이글의 조교로서 그와 함께 르보브 대학으로 자리를 옮겼다. 프렉은 1923년까지 대학에 있었지만, 그 이후에는 1939년까지 대학으로 돌아가지 못했다. 그 이유는 무엇보다도 폴란드, 특히 르뵈브 시의 복잡하게 뒤엉킨 정치적·경제적 상황 때문이었다. 프렉은 대학에 돌아가지 못한 대신에, 1925년까지 르뵈브의 일반 병원 내과에서 박테리아 및 화학 실험을 수행했고, 그다음에는 (1927년까지) 같은 병원 피부병 및 성병을 다루는 부서에서 박테리아 실험을 계속했다. 1927년에 그는 비엔나의 크라우스R. Kraus 교수가 책임자로 있는 혈청치료를 위한 정부기관으로 연구지를 옮길 수 있었다. 그러나 프렉은 비엔나에 오래 머물지 않았다. 다시 르뵈브로 돌아온 그는 1928년까지 풍토병의 박테리아 실험을 관리하는 직책을 물려받았다. 1923년에는 이미 개인적인 박테리아 실험실을 설립하기도 했다. 이 실험실에서 그는 1935년까지 한결같이 연구했다. 공식적인 직위와 관련된 광범위한 일상 업무에도 불구하고, 프렉은 모든 자유 시간을 연구 활동에 할애했다. 연구는 모두 그의 개인 실험실에서 수행되었다. 바이글의 조교로 있던 시절에는 혈청학적·진단학적 발진티푸스 열 연구serologisch-diagnostische Fleckfieberforschung가 핵심 주제였다. 그는 바이글과 함께 피부 반응으로 티푸스를 진단하는 방식을 찾아냈다. 이 방식을 그는 '발진 반응'Exanthin-Reakion이라 불렀다. 그 후에는 매독 진단법을 개선하는 문제, ('낭창 홍반'의) 결핵과 천포창Pemphigus의 결핵을 개선하는 문제에도 참여했다.

그의 주요 관심사는 오늘날 일반적인 혈청학의 문제 제기에도 유효한 것이었다. 1931년에 그는 혈액 표본에서 종래 이론이 예견한 것을 벗어난 백혈구 조합을 관찰했다는 결과를 발표했다. 1939년에 그는 유명한 폴란드 수학자, 슈타인하우스Steinhaus와 함께 그때까지 알려지지 않았던 특정 백혈구 조합체를 처음으로 밝히려 했다. 프렉은 특히 전쟁 후에[4] 다시금 이 문제에 매달린다. 1922부터 1939년까지 프렉은 모두 37편에 달하는 의학 논문을 발표했다. 독일어권에서 그의 논문은 저명한 의학 잡지, 『주간 임상』*Klinische Wochenschrift*, 『중앙 세균학보』*Zentralblatt für Bakteriologie*, 『중앙 면역 연구 및 실험적 치료지』*Zentralblatt für Immunitätsforschung und experimentelle Therapie*, 『질병 연구』*Krankheitsforschung*, 『주간 피부병학』*Dermatologische Wochenschrift* 등에 실렸다.

2차 세계대전이 벌어지고 있는 동안에, 르뷔브는 소비에트화되었다. 의학부도 우크라이나 의학연구소로 분리되었고, 이 연구소에서 프렉은 미생물학 강사 및 부서장으로 임명되었다. 동시에 그는 시의 보건-박테리아 실험실 관리자이면서 그로웨 F. Groër 교수의 주도로 설립된 모자 기구Instituts für Mutter und Kind에서도 근무하는 미생물학과 혈청학의 상담사가 되었다.

나치 독일이 소비에트 연방을 침공하여 르뷔브가 점령당한 1941년 6월의 마지막 날에 프렉은 그 자리를 떠나야만 했다. 그는 아내 및 아들과 함께 르뷔브의 유대인 수용소인 게토Getto에 수감되었다. 게토의 열악한 조건 속에서도 프렉은 연구 활동을 계속해 갔다. 그 당시에 게토 내에는 티푸스가 만연해 있었다. 그런데도 티푸스에 사용할 수 있는 주사제는 하나도 없었다. 이에 프렉은 티푸스환자의 오줌에서 백신을 추출하는 새로운 방식을 고안해 냈다(이 일을 그는 전쟁이 끝나고 나서 공개했다). 독일의 점령지에서 행해진 이 일이 알려지자, 나치 친위대SS는 곧 프렉이 유럽을 대표하는 티푸스 전문가 가운데 한 사람이라는 사실을 알게

---

[4] 2차 세계대전을 가리킨다―옮긴이 주.

되었다. 1942년 12월에 프렉과 그의 가까운 가족들은 체포되어 제약회사 '라쿤'Laakoon으로 이송되었다. 라쿤에서 프렉은 티푸스 주사제를 생산하는 일에 투입되었다. 1943년 2월 초에 그는 아우슈비츠 정치범 수용소로 끌려가 20 블록의 병동에서 '환자를 돌보는 의사'로서 일했다. 프렉은 20 블록의 병동에서 곧 10 블록 뒤에 있는 위생국으로 자리를 옮겨 혈청학 실험실에서 일했다. 아우슈비츠에서 그는 심한 늑막염에 걸렸지만 살아남았다. 1943년 8월에 나치 친위대는 부헨발트의 강제수용소KZ Buchenwald에 티푸스 주사제를 추출하기 위한 실험실을 설립했다. 그것은 특히 좀더 생산적인 방식으로 티푸스 주사제를 추출하기 위한 것이었다. 1944년 1월에 프렉은 이곳으로 이송되었는데, 그것은 베를린에 있는 나치 친위대 경제관리청(본부)의 명령에 따른 것이었다.

실험실은 수용소의 50 블록에 설치되어 있었다. 이곳에는 또 다른 유명한 의사(폴란드인 치에피에로브스키Ciepielowski 박사와 프랑스인 바이츠Waitz 교수) 외에 몇몇 유명인사와 이름이 알려지지 않은 의학적 소양을 갖춘 많은 사람이 일하고 있었다. 이 점에 관해서는 오이겐 코공Eugen Kogon이 말해주었다. 코공은 이 연구 그룹이 일으킨 태업 운동에 관해서도 보고했다(1946). 즉 프렉과 그의 동료들은 나치 친위대 모르게 아무 효과도 없는 주사제를 추출하는 데 성공했다. 그 중 상당량을 나치 친위대에 공급했다. 그리고 소량의 효과 있는 주사제를 생산해서 수용소에 수감된 사람들에게 사용했다. 프렉 자신이 살아남았듯이, 그의 부인과 아들도 전쟁에서 살아남았다. 그의 아들은 부헨발트 강제수용소 내에서 지하조직을 이끌던 공산주의자를 구출하기도 했다. 그 외에 프렉의 다른 친지들은 모두 전쟁 기간 중에 목숨을 잃었다.

1948년에 프렉은 IG염료공장의 소송 건으로 뉘른베르크Nürnberg에 갔다. 거기서 그는 부렌발트 강제수용소 46 블록에 수감된 죄수들에게 인위적으로 티푸스를 미리 감염시켜 놓고, 다음으로 이들에게 IG염료공장에서 개발한 다른 새로운 티푸스 주사제의 성능을 실험했다는 사실에 대해 전문가로서 증언했다.

  1945년 4월 11일 프렉은 부헨발트 강제수용소에서 석방되었다. 석방된 후 몇 달도 지나지 않아 프렉은 병원 근무를 위해 폴란드로 돌아올 수 있었다. 그는 루블린Lublin으로 갔다. 그곳에서 그는 1945년 11월에 전쟁 후 처음으로 문을 연 폴란드 대학인 마리 쿠리 스크로도브스카 대학Marie Curie-Skłodowska-Universität의 의학부 의학 미생물학과 주임교수가 되었다. 1946년 그는 브로크라우Wroclaw에서 루드비크 히른츠벨트Ludwik Hirszfeld 교수의 지도로 교수자격시험을 통과했다. 1947년에는 그 사이에 '의과대학'Akademie für Medizin으로 독립된 학부 조교수로 지명되었고, 1950년에는 정교수로 승진했다. 프렉은 바르샤바Warszawa에 있는 '모자'국Instituts 'Mutter und Kind'의 미생물학과 면역학 분과의 요청을 받아들여 자신의 연구 가능성을 획기적으로 개선하기 위해 이 대학에는 1952년까지만 재직했다. 1954년에 프렉은 먼저 폴란드 과학 학술원의 교신 회원이 되었고, 다음으로 정회원으로 선출되었다. 1년 후에 그는 학술원 의장에 선출되어 학술원의 기능을 조정하여 학술원의 네 번째 분과인 의학부를 설치했다.

  이 시기에 프렉은 염증 상황과 스트레스 상황에서 백혈구가 취하는 행태行態 문제에 연구 활동의 중점을 두고 있었다. 전쟁 전에 그는 이미 통상적인 예측을 벗어난 백혈구 조합을 혈액 속에서 관찰한 적이 있었다. 1939년에 그는 이 관찰로 특정한 백혈구의 조합 덩어리가 밝혀질 것이라는 예측을 발표했었다. 전쟁 후에 공개된 보고서에서 프렉은 실제로 1942년에 이러한 현상을 처음 발견했다고 언급했다. 1942년 당시에는 그 상황을 자세하게 언급하지 않았다. 위에서 언급했듯이 프렉은 그때 르뵈브의 유대인 수용소인 게토에 있었다. 강제수용소에 감금되어 있으면서도 그는 –자신의 발표에 따르면– 백혈구에 대한 자신의 관찰을 계속할 수 있다는 가능성을 버리지 않았다. 전쟁이 끝나고 루블린에서도, 바르샤바에서도 그는 백혈구의 응집 현상을 많은 조력자의 도움을 받아 상세하게 조사했다. 그는 이것을 백혈구학Leukergie이라 불렀다.[5] 그것은 실제로 모든 염증 상황에서 나타나는, 그리고 감염, 임신, 심각한 혈액손실이나, 그 밖의 다른 스트레스 상황에서 나타나는 일종의 방어기제를 말한다. 이 상황에서 하얀 피 덩어리인 백혈구Leukozyten는 둥글게 뭉쳐져 세포학적으로 동종同種인 점액질 그룹을 형성한다. 백혈구학에서 백혈구는 고도로 향상된 수준의 글리코겐과 인산염을 지니고 있고, 특히 고도의 운동 능력과 식세포 활동을 드러낸다. 백혈구학의 진단을 프렉의 계승자들은 '프렉 테스트'Fleck-Test라고 불렀다. 이로써 백혈구학은 곧 염증이나 감염된 대상에 대한 빠르고 조기에 발견할 수 있는 일반적인 증명 방식임이 판명되었다. 한편으로 프렉은 더 나아가 무엇보다도 특수한 백혈병 상태와 특수한 감염원 및 염증 상태 사이에 어떤 관련이 있는지 연구하기 위해 애썼다. 여기서 그는 이미 전쟁 전에 그랬듯이, 수학자 슈타인하우스와 함께 다시 일했다. 왜냐하면, 그는 무엇보다도 연구결과에 통계학적으로 완성하고 싶었기 때문이다. 다른 한편으로 그는 특정한 병을 앓고 있는 사람에게서 세균을 잡아먹는 백혈구 덩어리의 특수한 효과에 관해 밝히는 것을 목표로 하기도 했다.

  서구에서는 폴란드 의학에 대해 거의 주목하지 않았기 때문에, 백혈구학은 대체로 폴란드에서만 유일하게 받아들여지고 있다. 그런데도 백혈구학은 의학의 전문 분야로 인정받는 현상이다. 또한, 전후의 시기에는

---

5 백혈구학: 염증과 감염을 유발하는 백혈구의 응집 현상을 연구하는 것을 일컫는 말이다—옮긴이 주.

미생물학에서의 관심도 미국의 영향을 받아 새로운 기계적·분석적 도구의 발달로 가능해진 분자생물학적·생화학적 접근에 집중되고 있다. 이 환원적 설명에 대해 프렉은 부정적 입장을 취한다. 프렉의 출발점은 면역학적 방어 과정에 관여하는 서로 다른 요소들의 상호작용을 관찰하는 것이었다. 그는 기계적·분석적 설명 대신에 통합적·종합적 서술을 추구했다. 백혈구학에 대한 서구의 무관심(오직 몇몇 의학사전에서만 백혈구학이라는 개념이 다뤄지고 있다)과는 반대로 폴란드에서 백혈구학은 연구의 중심 주제일 뿐만 아니라 다른 분야와 연계되어 다루어지는 하나의 문제 영역이다. 소비에트 과학자들이 백혈구학에 관심을 보임에 따라 60년대에는 모스크바Moskau와 알마아타Alma-Ata에서도 백혈구학에 관한 많은 학위논문이 나왔다. 최근에는 텔아비브Tel-Aviv 대학의 한 연구팀이 여러 병원과 협력하여 대규모의 백혈구 연구를 진행했고, 백혈구학의 도움을 받아 바이러스나 세균에 의한 감염과 다른 형태의 염증을 조기에 구별할 수 있는지 밝히려는 동물 실험이 행해졌다. 이러한 연구의 배경에는 병원에서 의사들이 결단 내리는 과정에서 하나의 처치 방법으로서 백혈구학 검사를 적용할 수 있으리라는 희망이 깔려있다.

이러한 자기 연구의 본래 주제인 백혈구학 외에도, 프렉은 전후 시기에 일련의 다른 물음이지만 해결해야 할 필요가 있는 실제적인 문제에도 매달려야 했다. 그것은 무엇보다도 디프테리아의 유발자와 방어에 관한 연구와 백혈구, 매독의 바서만 진단 및 이미 말한 티푸스에서 진단과 면역화에 관한 연구였다. 1946년부터 1957년까지 12년간 프렉은 왕성한 의학적 연구 활동을 보여준다. 루블린과 바르샤바에서 프렉은 20명의 과학자와 7명의 기술자들로 구성된 조력집단을 활용했다. 이 시기에 그는 약 50명의 박사논문과 교수자격논문을 지도했다. 87편의 의학논문을 폴란드 저널, 프랑스 저널(『상 Sang』, 『파스퇴르 재단 연보Annales de l'Institut

Pasteur』), 영국 저널(『란셋 The Lancet』), 미국 저널(『생물학 및 의학에 관한 텍사스 보고서 Texas Reports on Biology and Medicine』, 『미국 의학협회 저널 Journal of the American Medical Association』, 『병리학 총서 Archives of Pathology』), 스위스 저널(『주간 스위스 의학 Schwiezer Medizinische Wochenschrift』『혈액학의 완성 Acta Haematologica』『혈액 뉴스 Vox Sanguins』)에 발표했다. 덴마크, 프랑스, 소비에트 연방, 미국, 브라질 등지로 회의와 강연을 위한 여행도 다녔다. 1951년에 프렉은 과학지도자 2급 국가 포상을 받았고, 1955년에는 폴란드 독립을 기념하는 공식 십자 훈장을 받았다.

1957년에 프렉은 새로운 전기轉機를 맞이한다. 한편으로 그의 건강상태가 급격하게 나빠지기 시작했다. 이미 1956년에 겪은 심장마비 이후에 또 일종의 림프절에서 시작하는 암인 악성 림프종양 판정을 받았다. 다른 한편으로 프렉은 부인과 함께 이 해에 이스라엘로 이주했다. 폴란드 과학자 세계에서 확고하게 다져진 그의 지위인데도, 그는 부인과 함께 아들 가까이로 가고자 이주를 결심한 것이다. 그의 아들은 이미 전쟁이 끝나자마자 팔레스타인에 정착했다. 이스라엘은 프렉에게 네스 치오나에 있는 '이스라엘 생물학 연구 재단'Israel Institute for Biological Research 내에 자리를 만들어주고, '실험 병리학 분야'의 관리자로서 그의 연구 활동을 계속하도록 허용했다. 이 시기에 나온 그의 마지막 저술은 다시금 백혈구학의 문제를 다루고 있다. 1959년에 프렉은 예루살렘에 있는 '히브류 대학'의 의학부 미생물 '방문교수'로 임명되었다. 그러나 히브류어를 말하지 못하는 어려움과 점점 나빠지는 건강상태 때문에 그의 활동은 이미 극도로 제한될 수밖에 없었다. 1961년 6월 5일 루드비크 프렉은 64세의 일기로 네스 치오나에서 별세했다. 사망 원인은 심장마비의 재발이었다.

과학이론의 정립

프렉은 '단지 의학자'Nur-Mediziner일 뿐인 사람이 아니다. 그는 자기 분야에서 충분한 자격을 갖추고 있었을 뿐만 아니라 보편적인 교육을 받은 교양인이 단지 전문가일 뿐인 사람보다 더 높이 평가받는 환경 속에서 자랐다. 그래서 프렉은 의학을 연구하면서 의학 외에도 특히 철학을 공부했다. 20대와 30대에 그는 밤 시간을 규칙적으로 철학, 사회학, 과학사 강의를 듣는 것에 바쳤다. 이 시기에 프렉의 문헌 선택은 –오늘날 우리가 대체로 확신할 수 있는 한에서– 우연이라기보다 체계적이었던 것으로 보인다. 무엇이 프렉에게 체계적으로 영향을 미쳤는지 확신하기는 어렵다. 그 당시의 르뷔브에는 여러 분야에서 뛰어난 일련의 전문 학자들이 학생들을 가르치고 있었다. 특히 스테판 바나흐Stefan Banach 외에 휴고 슈타인하우스Hugo Steinhaus가 속한 바나흐 학파Banach-Schule의 수학자들은 전쟁 전후에 프렉과 함께 일하기도 했다. 생물학은 스타니스와프 쿨친스키Stanisław Kulczyński와 요즈드프 헬러Józdf Heller가 가르쳤고, 생화학은 야코프 파르나스Jakóf Parnas가 대표적이다. 의학 분야에는 특히 미생물학자 바이글과 소아과 의사 그로웨어가 유명하다. 르뷔브의 학문 풍토는 학제적이라고 말할 수 있다. 막강한 힘을 가지고 조직된 토론서클도 여럿 있었다. 여기에는 특히 다양한 분야의 젊은 과학자들이 규칙적으로 함께 참여하고 있었다. 이 서클에 프렉도 참석했다. 그밖에 프렉은 르뷔브의 철학자들과도 활발하게 교류했다. 1895년부터 1930년까지 철학 분야를 대표하는 사람은 프란츠 브렌타노학파Franz Brentano-Schüler에 속하는 카지미에르츠 트바르도브스키Kazimierz Twardowski였다. 브렌타노학파에 속한 사람들은 거의 모두 다음 세대의 폴란드를 대표하는 잘 알려진 철학자들이다. 이들 중에서 우리는 먼저 카지미에어츠 아주키에비츠Kazimierz Ajdukiewicz, 와디샤와 타타르키에비츠Władysław Tatarkiewicz, 타데우스츠 코타르빈스키Tadeusz Kotarbiński를 들 수 있다. 또한, 논리학자 우카시에비츠J. L. Łukasiewicz도 르뷔브 대학 출신이다. 트바르도브스키의 제자들을 필두로 당시 폴란드에서 비엔나학파Wiener Kreis로부터 강한 영향을 받은 신실증주의적 흐름의 '르뵈브-바르샤바' 학파Lwów-Warszawa-Schule가 생겨났다 (Zamecki, 1977 참조). 비엔나학파는 학제적 접근에 많은 관심을 두고 있었고, 이와 상응하는 많은 토론거리도 제공해 주었다. 여기에 프렉도 규칙적으로 참여했다. 프렉이 자신의 책에서 반대 의사를 분명히 한 비엔나학파의 철학에 대한 그의 신뢰는 아마도 트바르도브스키 학파와의 관계에서 나온 것으로 추측된다.

프렉이 발표한 최초의 과학이론은 1926년 『르뵈브 의학사 애호가 협회』Gesellschaft der Freunde der Medizingeschichte in Lwów에 수록된 "의사의 사고를 결정짓는 몇몇 특수한 특징들"Über einige besondere Eigenschaften des ärztlichen Denkens이라는 제목의 글이다. 이 논문은 의학 연구의 특수 사례가 프렉의 새로운 개념 정립에 얼마나 많은 도움을 주었는지 입증해 준다. 이렇게 프렉이 의학 연구에 도움을 청하게 된 이유는 종래에 물리학과 천문학에서 이따금 논의되어 온 사례 연구와 반대로, 의학이 과학이론적으로 아직 전문미답의 신천지였기 때문이다. 그뿐만 아니라 의학에서 일어나는 이론적-실험적 계기와 치료적-실천적 계기의 유형적 결합이 처음부터 이 연구의 협동적이고 학제적, 집단적 주장의 주목을 받았기 때문이기도 하다. 종래의 개념 일반에서 특징적인 연구를 주제화하는 한에서, 연구는 바로 집단적 개념에서 만나는 천재적인 혁신자에 따라 방향이 정해질 것이다. 이렇게 과학적 활동의 사회적 측면이 밝혀지기만 한다면, ―비록 개인적으로 이룬 업적의 위상이 연구의 전과 후에 얼마나 달라졌는지 우리는 쿤의 작업에서 알 수 있다 하더라도― 연구는 전혀 다른 영역으로 이행하게 될 것이다.

프렉은 다른 자연과학의 분야와 달리, 의과학적 개념을 다루는 유형학Typik에서 언급될 수 있는 의학의 특수성을 두 개로 본다. 그 하나는 의학의 인식론적 관심이 합법칙적이고 '규범적인' 현상을 지향하는 것이 아니라 규범을 벗어난 유기체의 병든 상태를 지향한다는 점이다. 따라서 질병 현상 속에서 드러나는 규칙성을 공식화하는 것, 질병의 실체를 규정하는 일은 오직 개별적 관찰을 고도로 추상화함으로써만 가능하다는 점이다. 그래서 의학에서 개념화는 이따금 **통계적으로** 일어난다. 다른 하나는 이와 반대로 의학의 인식 목표가 먼저 인식 자체를 확장하는 것이 아니라 매우 실용적이라는 점이다. 따라서 개념, 유형과 접근방식, 간단히 말해 관찰된 병변을 이론적으로 밝히기 위해 계산해 넣은 모든 것은 **불변적이고** 매우 직접적인 성과물로 나타난다. 그래서 의학에서 추상적으로 말하는 것은 이따금 불충분한 것으로 판명된다. 이러한 의학의 특수성이 의사의 사고 속에 들어있는 특정한 특징을 조건 짓는다. 공식적으로 규정된 질병의 실체는 고도의 허구임을 보여준다. 학교에서 배운 교과서적 지식과 실제로 관찰되는 것 사이에는 커다란 간극이 있다. 여기서 우리는 프렉이 논리적 경험주의자들의 사실 개념에 의문을 갖게 되는 지점이 있음을 본다. 구체적인 질병 상태에서 보이는 수많은 특수성은 의사들이 가진 개념을 끊임없이 바꿀 것을 요구할 뿐만 아니라 저 특수성이 종래의 정립된 질병 정의에 대해 '하위 유형'Untertypen을 규정하라고 요구함으로써 지금까지 모범적 설명에 안주해 왔던 의사들의 인식이 점진적으로 발전해 갈 방향을 제시해 준다. 이에 대한 징표로서 프렉은 의학에서 사용되는 수많은 '부과적' 이름과 '유사' 이름을 든다. 그러나 이러한 성과에도 불구하고 종종 의학적으로 풀어야 할 새로운 문제가 생겨난다. 그것은 완전히 형성되지 않은 개인의 질병을 어떤 방식으로 서술할 수 있는가 하는 문제다. 그래서 이 새로운 문제는 질병의 정의를 새롭게 모색해야 한다는 필요성을 제기한다. 이 질병의 정의가 어떤 방향으로 전개될지는 단지 그 질병의 관찰, 즉 새로운 문제를 찾는 것에만 달려있는 문제가 아니다. 오히려 여기에는 논리적 관점에서 '숙고될 수 없는 것'이라고 불릴지 모를 요소들, 즉 연속적으로 일어나는 새로운 문제들과 생각 속에서 직관적으로 '예감되는 것들'이 작용한다. 그러나 이 '직관'은 그 뿌리를 다만 지금까지 의학이 발전해 온 과정에 둘 수 있을 따름이다. 이로써 새로운 질병의 정의도 역사적으로 선행자들에게 원천을 두고 있다고 하겠다.

또 다른 측면에서 프렉은 의학이 왜 고도의 특수한 변화를 겪었는지에 대해 설명해 준다. 의학도 다른 학문 분야에서와 마찬가지로 의료 현상을 인과관계에 따라 설명한다. 그러나 여기서 의학의 인과적 설명은 생물학과 같은 다른 전문 분야에서 설명하는 것보다 훨씬 더 큰 어려움을 겪는다. 하나의 질병은 이중의 관점에서 오는 구체적 계기에 의존한다. 질병은 시간 속에서 진행된다. 이때 질병은 자기 자신만의 특유한 시간 흐름을 가진 유기체의 삶 기능을 변화시켜 버린다. 이렇게 각자의 질병 상태가 다르게 관찰되는 것을 일차원적으로 충분히 정초할 수 있다는 전제가 적어도 의학에서는 성립하기 어렵다. 그래서 질병 상태는 여러 시각에서 고찰되어야만 한다. 화학에서 원자론으로 어떤 현상을 설명하거나 물리학에서 에너지론으로 어떤 현상을 설명하듯이, 다른 학문 영역에서도 그 영역 전체를 포괄하는 접근법의 형성이 가능하다. 그러나 의학에는 하나로 통일된 고찰의 가능성이 전혀 없다. 질병 현상을 각기 다르게 개념화할 수밖에 없다는 필연성은 여기서 질병의 이론적 이념이 지닌 '통약불가능성'(niewspółmierność, 1927: 61)을 나타낸다.

과학이론을 하나로 통일시키는 일은 오직 추상화로만 도달할 수 있다. 다양한 시각에서 질병 상태를 볼 때 각 항목이 서로 경쟁하는 것은 불가피하다. 이론을 하나로 통일시키려는 소망과 불가피하게 경쟁하는 언표를 구체적으로 나타내려는 필연성 사이에는 끊임없는 긴장 관계가 형성된다. 이 긴장 관계에서 프렉은 의학적 사고를 본다. 의사들이 인식하는 것은 끊임없는 흐름과 같다. 이 흐름 속에서 언제나 특정한 방법적 이념과 지배적인 관점에 대한 주도적 생각이 다시금 만들어진다. 그러나 이 관점은 언제나 다만 새로운 방향으로 역동적으로 나아가는 특별한 일시적인 개념화일 뿐이다.

이 최초의 과학이론 발표에서 프렉은 먼저 어떤 학문분과의 **각 내적 구조**를 탐구한다. 실제로 진행된 의학적 조사와 설명에서 그는 **시기마다 특수한 관점**이 생성된다는 점을 알게 되었다. 나타났다 사라지는 과정을 장악하는 방향에서 그는 계속 병존하는 '통약 불가능한 사고의 관점' (stanowisko myślowy, 1927: 61)과 이 관점의 역사적 관계를 보게 되었다.

두 번째의 과학이론 작업인 독일어로 쓴 짧은 논문 "'현실성'의 위기에 관하여"(Zur Krise der 'Wirklichkeit', 1929)에서 프렉은 의학을 넘어 자연과학 전반으로 자신의 진술을 일반화시킨다. 여기서 그는 자기 생각을 두 방향에서 전개한다. 한편으로 그는 본래 한 시기를 특징짓는 관점을 묻고, 이 물음을 자신이 처음으로 생각해 낸 것임을 상기시킨다. 여기서 '양식적' 사고, '생각의 양식', '사고 양식'이라는 개념이 처음으로 만들어진다. 다른 한편으로 프렉은 자연과학의 대상과 인식 활동, 사회적 범위 사이의 관계에 대해 체계적으로 연구한다. 즉 프렉은 자신의 과학적 분석을 '사회화'하는데, 이것이 프렉의 두 번째 논문의 본래 주제다. 모든 인식 활동에는 다음과 같은 세 종류의 사회적 요소가 영향을 미친다. ① '교육의 중요성'이다. 지식은 대부분 인식하는 것에서 생기는 것이 아니라 학습하는 것에서 나온다. 학습 과정에서 모든 인식이 계속 일어나는 것과 더불어 인식 내용도 동시에 알게 모르게 바뀐다. ② '전통의 부담'이다. 새로운 인식은 언제나 기존의 알려진 것에 의해 만들어진다. ③ '일련의 인식 행위의 영향'이다. 한번 개념적으로 형성된 것은 개념의 작용 공간을 언제나 거기서 구축된 개념에 한정시키고 있다. 우리는 오직 인식 행위의 사회적·문화적 조건을 고려할 때에만 왜 자연과학적 현실 외에 자연과학과 경쟁하는 엄청나게 많은 '현실'과 마주해야 하는지 이해할 수 있게 될 것이다. 모든 개인과 마찬가지로 모든 사회적 집단도 자신의 특유한 사회적 현실을 활용한다. 따라서 사회적 활동으로서 인식 행위는 사회적 활동을 실행하는 개인의 사회적 전제와 관련 있다. 이에 따라 모든 '인식'은 자신만의 '생각 양식'을 형성하고, 이로써 인식이 문제를 파악하고, 인식하려는 목적을 향하게 된다. 그러나 문제의 선택은 대상을 관찰할 때 문제를 보는 특수한 방식도 결정한다. 그리하여 알려지는 '진리'는 인식의 의도된 목적에 상대적이다.

그러나 인식 행위는 그 문화적·사회적 전제와 결부되어 있을 뿐만 아니라 거꾸로 인식 행위가 사회적 현실에도 영향을 미친다. 인식 행위가 오랫동안 살아온 어떤 집단과 관련된 활동으로 만들어진 것이라면, 그것은 사회조직과 마찬가지로 자신의 고유한 법칙성에 따를 것이고, 그리고 이를 통해 인식에 관여하는 인간에게는 그가 하는 다른 인식 활동과의 한계도 정해질 것이다. "'주관'도, '객관'도 자립적으로 존재하는 것이 아니다. 모든 존재는 상호작용에 기초하고, 상대적으로 존재한다."(1929: 426)

여기서 프렉은 모든 의심스러운 것에 대해 분명히 하려 했기 때문에, '절대적 현실'에 –점진적으로– 도달 불가능하다는 점을 공식적으로 확인했다. 인식이 계속됨에 따라 인식 그 자체가 다시금 현실을 바꿔 놓는다.

이렇게 간략하게 언급된 20년대 후반에 나온 프렉의 두 논문은 자신이 이론적으로 새롭게 발견한 것을 폭넓게 담고 있다. 이 새로운 발견을 프렉은 1935년에 나온 책에서 상세하게 논의했다. 또한, 같은 시기에 쓴

몇몇 논문에서는 관점을 바꿔가면서 자신의 생각을 더욱 발전시켰다.⁶

1935년에 발간된 단독 저서, 『과학적 사실의 기원과 발전』

프렉의 책은 두 개의 복합적인 주제를 다루고 있다. 그 하나는 의학의 역사를 통해 본 하나의 증례 연구, 말하자면 매독 개념이 발전해 온 과정을 추적하는 일이고, 다른 하나는 이 증례 연구에서 나온 인식론적 귀결을 탐구하는 일이다. 이 두 주제 영역은 다시금 둘로 나뉜다. 그래서 이 책은 모두 네 개의 장으로 구성되어 있다. 1장에서 먼저 프렉은 멀리 중세시대까지 소급되는 오랜 시간에 걸쳐 생성된 매독 개념의 기원을 탐구한다. 2장에서 처음으로 매독 개념에 대한 인식론적 평가를 내리는데, 그 핵심은 무엇보다도 사회학적 인식 구조의 특징을 미리 구상하는 인식의 역사적 조건을 찾아내는 일이다. 이렇게 오랜 연구 기간을 거친 후에야 비로소 프렉은 이른바 의학적 사실이 얼마나 역사와 문화에 의존적인지를 분명히 밝힐 수 있게 된다. 이 점은 각기 다른 시기에 나타나는 인식 표상 간의 응집력과 연관성을 분명하게 밝혀주는 이른바 전승된 선행 이념Präideen의 도움으로 비로소 이해될 수 있다. 3장에서 프렉은 매독 개념이 발전해 온 마지막 국면, 즉 20세기 초에 일어난 바서만A. Wassermann과 공동연구자들이 행한 집단적 노력을 분석한다. 이들은 매독을 진단하기 위한 시험을 처음 실시했다. 4장에서는 이들의 연구 활동을 인식론적으로 평가한다. 여기서 프렉은 한편으로 인식의 집단적 구조를

---

6 여기서 우리는 이 논문들에 대해 자세히 언급하지 못한다. 이 논문은 프렉의 다른 문헌들과 마찬가지로 전후에 독일어로 번역되어 자료집에 수록되어 있다.*

* 이 논문들은 R. S. Cohen & T. Schnelle(ed.), *Cognition And Fact: Materials on Ludwik Fleck*(Dordrecht: D. Reidel Publishing Company), pp. 39~158에 수록되어 있다. 특히 본문에서 언급된 두 논문은 "Some Specific Features of the Medical Way of Thinking"(pp. 39~46), "On the Crisis of 'Reality'"(pp. 47~57)라는 제목으로 수록되어 있다. ─옮긴이 주.

분명히 밝히고, 다른 한편으로 집단적 구조와 과학 외적 요인 간의 관계를 밝히고 있다. 역사적 부분에서 나타나는 반개인주의적 인식 개념의 재건을 위해 프렉은 어떤 도구도 사용하지 않는다. 프렉은 아직 생소한 지식사회학과 민족사회학의 개념을 빌려와 이와 부합하는 개념적 도식을 발전시켰을 뿐이다. 이 개념적 도식이야말로 의학적 증례 연구를 통해 획득한 개념을 보편화하는 데 유용한 것이다. 다만 이 인식론적 부분은 다음과 같이 프렉 사상의 근본 특징에서 서술되고, 오늘날 우리의 문제의식과도 밀접한 관련이 있어야만 한다.

관찰 및 '사고 양식과 결합된 형태지각'

프렉은 개인주의적 인식론individualisitische Erkenntnistheorie이[7] 과학적 인식을 단지 허구적이고 적절치 못한 개념으로 몰아갈 뿐이라는 가정에서 출발한다. 과학은 인간이 협동하여 행하는 그 무엇이다. 따라서 개인의 경험주의적이고 사변적인 논증 외에 사회적 구조와 개인을 묶어주는 과학자의 논증이 우선 고려되어야만 한다.

프렉은 방금 말한 인식의 특징을 설명하기 위한 개념적 도구로서 **사고 집단**Denkkollektivs과 **사고 양식**Denkstils이라는 개념을 만들었다. 사고 집단이란 전문 과학자들로 구성된 공동체의 사회적 통일을 가리키는 말이고, 사고 양식은 과학자 집단이 사회적 통일 위에 자신의 인식 구조물을 쌓아올리는 사고상의 전제를 가리키는 말이다. 이 구조에서 다음과 같은 인식론적 개념이 나온다. 인식이란 그 자체로 성립될 수 있는 것이 아니

---

[7] 여기서 '개인주의 인식론'이란 종래의 철학적 인식론, 즉 주관과 객관이 만나는 (개인의) 의식 분석을 천착하는 인식론적 탐구를 가리키는 말이다. 이에 반해 프렉이 말하는 인식이란 일종의 '지식 형성'을 가리키는 말이고, 특히 과학적 지식이 형성되는 역사적·사회적 영향을 분석하는 일이다. 이 일을 프렉은 인식론의 주요 임무로 보고 있다—옮긴이 주.

라 오직 대상에 관해 미리 내용적으로 결정된 제약 조건 아래서만 가능하다. 이러한 전제는 프렉에 따르면 선천적a priori인 것이 아니다. 오히려 인식은 오직 활동적인 사고 집단의 사회적·역사적 산물로서만 이해될 수 있다.

프렉은 아무 전제 없이 고찰하고 관찰하는 것과 같은 일이 결코 있을 수 없다는 점을 자신의 박테리아 연구에서 증명한다. 언제나 결단과 ―특히 사고 양식과 관련 있는― 습관이 함께 작동한다. 결단과 습관은 가능한 특성을 규정하는 일과 이미 관련되어 있다.

아무 전제가 없는 관찰이란 프렉에 의하면 심리학적으로 무의미한 일이고, 논리적으로는 장난감에 지나지 않는다. 따라서 무전제의 관찰은 제거해 버리는 것이 최선이라고 프렉은 말한다. 1차적으로 논리적 경험주의자들이 말하는 사실 개념을 공격하기 위해서는 형태심리학에 대한 이해가 필요하다. 인식의 연관에서 관찰은 프렉에 따르면 특히 두 유형으로 나타난다. 이때 중요한 것은 변화의 도수Skala에 주의해야 한다는 점이다. 말하자면 관찰이란 처음에는 불분명하게 처음으로 본다는 것이고, 다음으로 발전된 직접 형태를 지각한다는 것이다(235쪽). 따라서 직접 형태를 지각하는 것은 순수 관찰이 아니다. 형태지각은 오직 어떤 영역에서 자신의 고유한 경험으로 실천적·이론적으로 소개된 것에 따라서만 관찰할 수 있다. 과학적 의미에서 관찰할 수 있는 사람은 이 형태지각 능력을 실천적으로 습득한 사람과 전문가들뿐이다. 이 능력이 점점 고양되면, 당연히 잃는 부분도 있기 마련이다. 말하자면 모순되는 것을 볼 수 없다는 점이 그것이다. 다시 말해 지향된 지각을 위한 성향은 다른 종류의 것을 지각할 수 있는 능력을 희생시킴으로써 획득된다. 그래서 모든 사고 양식의 근저에는 지향된 지각을 위한 준비가 되어 있다고 프렉은 생각한다. 형태지각은 '순수한 사고 양식의 요건'이다. 이와는 반대로, 처음에 불분명하게 본다는 것은 그 자체로 아직 아무 양식도 갖춰져 있지 않고, 방향도 정해져 있지 않은 혼돈의 상태에 놓여 있다는 말이다. 말하자면 이 단계에서는 아직 확정된 것이 아무것도 없고, 아무런 사실도 나타나지 않는다. 사실 또는 실재란 슬그머니 다가오거나 직접 나타나는 것이 아니다. 오히려 지각된 것의 사고 집단에 대한 특수한 관계가 생겨나야만 비로소 사실 또는 실재가 주어진다. 지각된 것은 사고 집단 속에서 어떤 형태 없이 자의적으로 보는 것에 대한 **저항**으로서 경험된다.[8] 이 저항이 집단 구성원에게는 '직접 경험되는 형태'로 매개되는 것임이 틀림없다. 프렉은 사실 개념에 들어있는 필연성을 자신의 개념어로 '사고상의 강제'Denkzwang라고 특징짓는다.

---

[8] 여기서 우리는 독일어 어휘의 의미를 숙고해 볼 필요가 있다. 지각을 가리키는 독일어 wahrnehmen은 '참을 취하다'(wahr-nehmen)는 뜻이고, 지각은 대상(Gegenstand)에 의해 일어난다. 대상이란 주관과 '대립해 있는 것'(gegen stehend)을 말한다. 이 관계에서 대상이 우리에게 알려지는 1차적 현상이 '저항'(Widerstand)으로서 체험되는 것은 당연한 일이다. 이러한 프렉의 파악 방식은 근본적으로 '현상학'에서 착안한 것으로 사료된다. 저항의 체험은 특히 셸러(M. Scheler)의 경우에 잘 나타난다. 셸러는 후설(E. Husserl)의 현상학에서 의식의 '노에시스-노에마' 구조를 일종의 저항 체험이 일어나는 것으로 보고, 이 구조에서 '본질직관'의 방법에 관해 말한다(이을상, 『가치와 인격』, 서울: 서광사, 1996, 31~58쪽 참조). 셸러의 본질직관과 위에서 말한 프렉의 형태지각은 같은 사고구조를 하고 있다. 다시 말해 셸러가 의식의 노에시스-노에마 구조에서 사상(Sache) 그 자체의 본질을 직관하는 것과 프렉이 사고 양식에 의해 형태지각에 이르는 것은 같은 구조다. 이 책 167쪽 주128에서 셸러의 『지식사회학』에 관해 언급한 것을 볼 때, 프렉도 셸러의 현상학에 대해 충분히 알고 있었던 것으로 짐작된다. 그리고 프렉이 모든 사고 양식의 근저에 '지향된 지각 준비성'을 마련해 둔 것은 브렌타노(F. Brentano)의 '지향성' 개념에 영향을 받은 것으로 사료된다. 물론 본문 중에서 브렌타노에 대한 프렉의 직접적인 언급은 없지만, 이 책의 편집자는 브렌타노의 철학에 대한 프렉의 이해가 깊었다고 보고 있다. 이와 같이 프렉이 브렌타노의 철학에 대해 조예가 깊고, 현상학의 의식이론도 또한, 브렌타노로부터 유래했다는 공통점에서 볼 때 '저항'의 의미를 현상학적으로 해석하는 것에는 무리가 없어 보인다. 브렌타노의 철학에 관해서는 F. Brentano, *Vom Ursprung sittlicher Erkenntnis*(이을상 옮김, 『도덕적 인식의 기원』, 서울: 지만지, 2016)를 참조할 것—옮긴이 주.

프렉은 실증주의적 사실 개념을 비판하기 위해 형태심리학의 통찰을 활용했다. 그런 한에서 그는 비트겐슈타인, 포퍼 및 그밖에 동시대를 살았던 많은 선구자와 어깨를 나란히 한다. 프렉이 관심을 둔 것과 그의 독창성은 모든 관찰을 이론화하려는 논리경험주의자들의 테제를 넘어서는 것들이다. 그는 형태지각에서 본질적으로 연구의 집단적 기초를 다진다. 그리하여 프렉은 눈앞에서 진행되고 있는 개인주의적 맥락 너머로 이 형태심리학적 통찰을 끌고 간다.

연구의 집단적 본성

과학적 사실의 발전에는 1차적으로 개별 과학자의 사고에 닻을 내리지 않은 요인들도 작용한다. 이 점을 프렉은 자신의 의학적 증례 연구에 따라 증명할 수 있다. 다시 말해 사회, 역사적 상황, 문화와 결합된 불변적인 생각들을 프렉은 중요하게 보고 있을 뿐만 아니라 이러한 생각을 개별 연구자가 의도한 것, 검사의 기술에 따라 발견되고 가공된 것들보다도 더 중요한 것으로 보고 있는 것처럼 보인다. 간단히 말해 프렉은 이 증례 연구에서 본질적으로 과학이 하나의 집단 과정으로서 파악된다는 점을 발견했다. 그래서 그는 1906년에 바서만-반응이 발견된 이후 여러 해 동안 계속된 그 역사적 발전을 분석하면서, 그 업적이 결코 바서만 개인에게로 돌아가서는 안 된다는 점을 확신했다. 오히려 바서만은 매독 관련 연구 집단의 책임자였을 뿐이다. 연구 집단의 많은 구성원이 그의 작업에 참여해서 많은 기여를 했다. 이때 어떤 사람은 다른 사람이 할 작업의 기초를 놓기도 한다. 그래서 개인적 기여를 각자의 몫으로 나눈다는 생각은 머지않아 완전히 사라지게 된다.

연구 노력에서 구체적인 성과가 나온다는 사실은 일반적으로 오직 사고 집단의 과학적 작업의 개념에 의해서만 이해될 수 있다. 이러한 진술과 함께 프렉은 한 걸음 더 나간다. 일반적으로 연구 활동을 시작할 때 설정된 가설은 본래 목표에 도달하지 못한 결과에는 영향을 미치지 않는 법이다. 따라서 마침내 바서만 그룹이 벌인 연구 활동의 결과로서 주어진 것이 처음부터 바서만의 머릿속에 미리 주어져 있었던 것은 아니다. 그것은 오히려 연구 집단의 활동 속에서 끊임없이 발전해 온 것이다.

1906년에 시작된 바서만, 브룩C. Bruck, 나이서M. Neisser의 처음 작업은 반응에 나타나는 특수한 항원 검사가 문제였던 것이 분명하다. 매독 항원 검사가 본래 설정된 목표였다. 그러나 처음 작업에서는 겨우 15~20%만이 긍정적 결과를 나타냈다. 두 번째 실험에서 언급된 매독 항체 검사가 마침내 바서만 반응의 고유한 발견과 발전을 불러왔다. 매독 항체 검사가 처음에는 설정된 목표를 충족시킬 수 없을 정도로 연구 집단에 의해 강한 배척을 받았다. 처음에 15~20%밖에 안 되었던 긍정적 결과가 나중에 실시한 두 번째 방법에서는 어떻게 70~90%라는 높은 결과를 나타내게 되었을까? 이것은 익명의 공동연구자들의 헌신적 노력이 없었다면 결코 설명될 수 없는 일이다. 공동연구자들은 기술적 조작과 보조 장비를 통해, 시약을 많이 사용하거나 적게 사용함으로써, 반응시간을 길게 하거나 짧게 해줌으로써, 때로는 엄격하게 때로는 덜 엄격하게 시험 결과를 읽어냄으로써 마침내 검사와 진단에 필요한 최적의 적합성에 도달할 수 있었다.

이러한 종류의 발전은 오직 집단에 의해서만 일어날 수 있다. 하나의 같은 기반 위에서 일하는 공동연구자들은 공통의 근거를 개인적으로 변형시켜 가면서 검증한다. 이 검증 과정에서 소득 없는 노력이 계속되겠지만, 연구 집단은 오로지 유망한 결과가 나올 때까지 변형된 검증 작업을 묵묵히 계속해 간다. 그래서 프렉은 이 연구 과정을 우연의 일치, 잘못된 경로, 오류로 점철된 지그재그 선으로 표시한다. 여기서 과학자들은 자신의 수중에 있던 작업의 본래 토대를 서서히 인식론적으로 변화시켜 간다. 앞서 실험을 인식론적으로 따져보는 이 회고적인 과정에서 집단은 변화에 대해 전혀 눈치채지 못한다. 스스로 작성한 연구내용의 변화는 집단 내의 개인들조차도 알아보지 못한다. 발견된 결과와 이 결과를 실제로 이론적으로 서술하는 것에 기초를 둔 연구는 처음에 문제를 형성한 후에 잠정적인 연구의 종결로 이어지는 직선을 긋는다.

이러한 프렉의 접근은 진보 사상Fortschrittsdenken에 대한 암묵적 비판을 담고 있다. 지금까지 진보에 대한 평가는 한 번도 없었다. 프렉에게 인식의 진보는 **사고 양식의 집단적 발전**이다. 이 발전을 통해서는 과학의 연구대상에 담겨 있는 전제가 바뀐다. 그래서 이것은 통상적인 말의 의미에서 볼 때 '진보'가 아니다. 어떤 수준에서도 특정한 사고 양식이 다른 사고 양식보다 가치 있다는 것을 나타낼 수 없다. 오히려 인식은 사고 양식에 따라 그때마다 다르게 나타난다. 그리하여 사고 양식의 변화에서 중요한 것은 양적 비교가 아니라 다소 동일한 인식 체계다. 전제가 바뀌면, 인식도 변한다. 발전에 의해 이 확실한 토대가 발아래서 떨어져 나가면, 새로운 것이 덧붙여진다. 하지만 그 외에 다른 것은 이제 더는 알려질 수 없다.

사고 양식의 집단적 발전에는 다음과 같이 세 가지 종류가 있을 수 있다고 프렉은 말한다.

① 사고 양식의 보완
② 사고 양식의 확대
③ 사고 양식의 변경

경험적 발견은 이따금 그것이 사고 양식의 보완, 확대 또는 변경과 관련 있는지 없는지에 따라 그 비중과 효과가 달라진다.

과학의 외적 요인들

프렉은 연구의 집단적 특징 외에 또 다른 특성, 즉 과학 외적 요인들에 의해 연구가 결정된다는 점을 증례 연구에 따라 논증한다. 따라서 바서만 반응의 형성은 처음부터 그러한 외적 요인들에 의해 조종되고 있었던 것이다. 다시 말해 외적 요인들이 일반적으로 집단적 연구를 작동시킨다. 면역학 분야에서 일어난 시민 경쟁으로 인해 정책당국은 연구 자원을 이 문제 영역으로 돌렸고, 이에 상응한 강조 조치가 취해졌다. 바서만 반응을 이렇게 강력한 혈청학적 연구 활동에 일반적으로 이용할 수 있었다는 사실을 −1927년에 나온 매독의 혈청진단에 관한 종합보고서에는 약 1500건의 증례가 수록되어 있다− 프렉은 다만 매우 심오한 사회적 요구와 정세를 배경으로 설명하려고 한 것으로 보인다. 여기에 과학적 설명 이전에 사용되었던 윤리적으로 강조된 화류병花柳病, Lustseuche으로서 매독이라는 관념은 전혀 영향을 미치지 않는다. 이렇게 매독에 대해 특별히 도덕적으로 강조하는 것은 프렉에 의하면 연구 활동에 미친 효과 면에서는 그다지 높게 평가될 수 없다. 결핵의 경우에는 이미 수백 년 전부터 훨씬 더 큰 피해를 보았지만, 그런데도 결핵은 매독과 견줄만한 투자를 확보하는 데 실패했다. 그 이유를 프렉은 결핵이 유감스럽게도 저주받은 불명예가 아니라 일찍부터 '낭만적인' 질병으로 잘 알려져 왔기 때문이라고 추측한다.

'사회적 분위기'가 혈청학의 좁은 사고 집단에 동기를 부여하고, 사고 집단은 끊임없이 증가하는 연구자의 수, 구성원들 간의 상호관계를 통해 하나의 집단 경험을 만들어낸다. 이러한 사회적 주문과 결합된 정책당국의 기대와 자신의 연구를 공적으로 정당화하려는 엘리트 연구자들의 의무감이 보편적 성공의 유효한 요인으로서 집단적으로 압박을 가한다.

그렇다고 프렉이 연구 활동에 참여하는 개인의 업적을 폄하하려 한 것은 아니다. 그것은 다만 고립적인 개인을 과학의 고유한 담당자로 인정할 수 없고, 하물며 연구과학Forschungswissenschaft의 담당자로 받아들일 수 없다는 뜻이다. 프렉은 집단의 이념 및 사회와의 관계에 어떤 일관성을 부여할 수 있고, 그 관계에서 과학 외적 요인이 파악될 뿐만 아니라 충분한 동기와 능력을 겸비한 개인 연구자도 대등한 관계에서 알려질 수 있다고 생각한다.

지식의 역사적 성격

지식의 사회적 조건에 관해 말하는 것은 역사적 조건을 배제하는 것이 아니라 오히려 포함한다. 프렉은 자신을 논리적 경험주의자들의 과학에 관한 무역사적 이해를 반대하는 -뒤앙P. M. M. Duhem과[9] 비교될 수 있는 - 발전 사상Entwicklungsgedanken의 강력한 옹호자라고 표현한다. 그리하여 프렉은 -뒤앙을 전혀 몰랐지만- 뒤앙과 비슷한 결론에 도달했다.

매독 개념의 형성에 관한 탐구를 하면서 프렉은 근대 자연과학의 개념이 -개념의 발전에 호소하지 않고서는 결코 이해될 수 없는- 바로 역사적으로 생겨난 산물임을 보여줄 수 있었다. 비록 바서만과 그의 연구 집단이 처음에는 전혀 다른 목표를 세웠다고 하더라도, 그들의 작업이 진행되는 동안에 오래된 사회적 소망, 즉 매독에 걸린 사람의 피가 '오염되었다'라는 사실을 증명하려 했다는 점이 새롭게 자리 잡게 되었다. 이 증명이 연구 집단의 성과를 가져왔다. 과학적 개념은 경험적 물질의 관찰에 근거하여 생겨났을 뿐만 아니라 그 기원을 먼 과거로 소급하여 파악하려는 이념에 근거하여 생겨난다. 프렉은 지식 표상을 그 역사적 발

---

[9] 뒤앙(1861~1916): 프랑스의 물리학자・과학사가. 열역학과 열화학에 업적을 남겼고, 중세 과학사 연구를 통해 '과학사'라는 학문의 정립에 기여했다—옮긴이 주.

생 연관에서 파악한다. 이러한 지식 표상을 파악하는 도구로서 프렉은 '근본이념'Uridee 또는 '선행 이념'을 소개한다. 이들 근본이념 또는 선행이념이라는 개념은 시간적으로 멀리 떨어진 과거 시기에 생겨나 어떤 사고 양식의 변화에도 불구하고 살아남은 표상들이다. 새로운 시기의 지식 표상이 지난날의 지식 체계와 결합하게 됨으로써 저 개념은 개념이 생성된 근원과 관련된 정초 관계를 상실한다. 새로운 시기에는 개념이 그 사고 양식에 따라 달리 해석된다. 따라서 각 시기마다 나타나는 개념의 가치는 바로 개념의 내용이 언제나 새롭게 이해된다는 점에 있고, 따라서 개념이 연구를 규제하는 발견적 기능을 떠맡고 있다는 점에 있다. 프렉은 자신의 의학적 증례 외에도 특히 근대적 파악에 앞서 오래전에 형성된 자연과학적 연구의 선행 이념으로 기능하는 고대의 원자론, 원소라는 관념과 그 화학적 조합, 질량 보존의 원칙에 관해서도 언급한다. "근본이념은 현대적 이론을 발전시킨 역사적 토대로서 고찰되어야만 하고, 이러한 이론의 형성은 사고 사회학적으로 정초되어야만 한다."(132-133쪽) 프렉은 과학이론의 발전을 기술하기 위해 다윈의 진화론 개념을 빌려와서 설명한다. 그는 '사고 양식의 변화'(134쪽)에 관해 '적응'될 수 있거나 '부적응'될 수 있다고 말한다. 이 적응 또는 부적응이라는 표현은 진화론에서와 비슷하게 시간적 목록Zeitindex에 따라 이해되어야만 하고, 이론은 또한, '구축된 폐쇄적인 사고 체계의 한계 내에서' 적합하다거나 부적합하다고 말해질 수 있다. 낡은 이론이나 이념은 사라진 종의 고고학적 유물에 비견되는 '화석적 명제'로 불린다. 이 전일론적 holistischen 입장에서는[10] '체계의 효력'을 위해 참과 거짓을 따지는 말의

---

10 전일주의holism: 전체는 부분의 합과 부분 간의 관계적 활동으로 구성되고 유지된다고 보는 견해를 말한다. 전일주의에 반대되는 말이 '환원주의'이고, 환원주의는 대상을 부분으로 나누어 이들로부터 전체를 이해하는 방식이다. 따라서 전일주의

적절성이 받아들여지지 않는다.

프렉은 근본적으로 이 전일론적 입장을 옹호한다. 왜냐하면, 이론적인 근본 전제는 전제가 형성되는 관련성에 따라 고찰되어야 하기 때문이다. 그뿐만 아니라 모든 사실은 또한, 다른 것과 체계적으로 연관되어 있어야 하기 때문이다. 모든 발견은 "불변적인 상호작용에 의해 동일한 비중이 유지되는 사실의 활동" 속에서 결과를 만들어내는 것, 아니 "구축된 사고 집단의 세계 전체를 새롭게 창조하는 일"이다(250쪽).

'돌연변이'와 비교될 수 있는 사고 양식의 변화는 이미 지난 시기에도 똑같이 구성되었던 것과 같은 것의 갑작스러운 혁명적 변화를 나타낸다. 사고 양식이 다른 사람들 사이에서 이해된다는 것은 불가능한 일이다(151쪽). "낱말은 서로 번역될 수 없고, 개념은 우리와 어떤 공통점도 지니지 않게 된다."(307쪽) 혁명적 갈등의 측면이 프렉에게는 전혀 핵심이 아니다. 프렉이 주제로 삼는 것은 사고 양식의 보완과 발전이고, 특히 그 속에서 과학 혁명이 파악될 수 있어야 한다. 여기서 특징적인 두 국면의 구별이 일어난다. 그 하나는 이론의 '고전' 시기이다. "이 시기에는 오직 엄밀하게 적응된 사실만이 나타난다." 다른 하나는 '복잡성'의 시기이고, 이 시기에는 의식 속에서 예외가 드러난다(139쪽). 그래서 프렉은 전적으로 "이념이 전개되는 숙명적 과정 속에서 이를 장악하려는 자신의 고유한 역사적 법칙성"을 확립하려고 한다. 과학론적 인습주의 wissenschaftestheoritische Konventionalismus는[11] "이른바 인식론적 채택과 인습이

에는 (환원주의로는 볼 수 없는) 구성요소에는 없던 성질이 전체 구조에서 나타나는 현상을 볼 수 있다는 장점이 있다—옮긴이 주.

[11] 과학적 사실을 역사적·사회적 전망에서 고찰하는 방식을 프렉은 '인습주의'라 불렀다. 여기서 인습이란 옛날부터 전해오는 폐습을 가리키는 것이 아니라 사실을 과학 외적 요인인 역사적·사회적 전망에서 고찰함으로써 과학적 사실을 의미상으로 제약하여 파악하려는 것이다—옮긴이 주.

문화사적으로 제약받는다는 점을" 고려해야만 하므로 의미상으로 제한을 받는다(109쪽).

이 역사적·사회적 전망에서는 사실관계가 절대 생겨나지 않는다. 프렉은 오히려 모든 경험 과학이 이 사실관계를 문제 삼는다고 강조한다. 프렉이 그랬듯이, 우리도 사고 양식적으로 특수하게 내리는 결정을 '자유로운' 또는 '능동적인 연결'이라 부르자. 그러면 경험 과학의 태도는 최소한의 능동적 연결에서 최대한의 '수동적 연결'을 찾아 노력한다는 점에 의해 드러날 수 있을 것이다. 경험 과학은 필연적으로 능동적 결정의 상호관계로서 나타난다. 연구자가 찾는 것은 더욱 능동적인 설정의 자의성에 대한 그들의 저항이다. 왜냐하면, 그래야만 설정된 개연적 사실성에 대해 연구자는 '수동적으로' 느낄 수 있기 때문이다. 이 사실성에 의해 연구자의 인식은 구체적인 형태로 나타난다. 따라서 인식 활동의 일반적인 방향은 "**최소한 자의적으로 일어나는 사고 속에서 가장 강력한 사고에 의한 강압, 즉 필연**을 확보하는 일이다."(239쪽. 저자 강조)

그러나 이러한 인식 목표를 향한 운동은 단순히 지식을 축적하는 것이 아니다. 따라서 "여기서 우리는 단순히 지식의 증대에 대해 언급할" 수 없다.(237쪽) 새로운 것을 발견할 수 있으려면 사고 양식이 변해야만 하고, 또한, 사고 양식과 결합된 '착각의 조화'Harmonie der Täuschungen가 분쇄되어야만 한다. 프렉은 일관되게 자신의 집단주의적 접근에서 과학의 역사적 기록을 파악한다. 이 역사 과정은 본질적으로 개별 연구자의 업적 달성과 관련이 있다. 연구자가 달성해야 할 이 업적은 종종 사실이 형성되는 과정과 아무 관계 없는 '합리화'의 결과일 뿐이다. 프렉에게 이념은 과학자 집단이 행하는 사고 거래에서 생겨난다. 따라서 이념은 아마도 쿤의 개념에 따라 충분히 계승된 '기념비적' 역사관보다 근대의 조직화된 탐구의 이념형에서 더 잘 정당화될 것이다.

사고 집단 속에 들어있는 것

프렉은 연구 공동체의 **구조**를 분석하기 위해 젊은 과학자들을 교육시켜야 한다는 말의 중요성을 잘 알고 평가한 최초의 사람인 것처럼 보인다. 업무 영역에 입문하면서 제일 먼저 사고 양식이 어떻게 작동하는지가 알려진다. 즉 동료와 정체성, 일하는 방식과 문제 제기, 이론적 장비와 실험적 응용은 예시적 운용의 시범을 보거나 모방하는 구체적인 교육의 국면에서 각자가 스스로 획득해야 한다. 프렉은 어떤 한 분야에서 초보자가 따르는 교과서를 바로 연구자 집단의 제도라고 이해하고, 제도의 분석에 부합하는 주의를 기울인다. 이와 별도로 집단 내에서 비로소 자신의 동료들이 인정하는 실천적 경험을 쌓는 일도 중요하다.

프렉이 연구를 수행한 '혈청학 공동체'에서는 바서만 제자인 시트론J. Citron이 쓴 교과서 『면역 진단학의 방법과 면역치료』*Die Methoden der Immunodiagnostik und Immunotheraphie* (1907)가 거의 '교리문답서'Katechismus의 반열에 올라 있다. 이를 통해 "바서만 반응이 소개되었고, 이 소개는 당연히 독일식 의례에 따라" 일어났다. 우리는 면역학의 주요 업적이 집단을 결속시키는 고유한 '접합제'가 될 것으로 기대한다. 그러나 프렉은 과학 이전과 이후의 사고에 속하는 일련의 요인을 혈청학 공동체를 만들어 공동체의 활동을 지속적으로 규정하는 정체성의 징표로서 파악한다. 시트론은 과학적으로 낡은 방식에서 '감염 질병'에 관해 말한다. 유기체란 바꿀 수 없는 한계를 지닌 그 자체 폐쇄적인 하나의 자립적인 실체이고, 외부에서 유발자가 들어와 유기체를 병들게 한다는 생각은 질병을 일으키는 악마라는 관념과 유사한 허구다. 그 당시 생물학은 '역동적 체계'의 개념에 이미 과학 이전에 있었던 질병과 건강의 개념을 재형성하도록 허용하는 도구를 제공했다. 같은 맥락에서 '면역성'에 대한 시트론의 이해도 '화학적 착각의 시기'에서 유래한 것이라고 볼 수 있다. 독성,

양수체, 보체와 그 상대격인 해독, 반보체 등으로 양극화되는 개체화는 새롭게 생겨나는 면역학의 검증을 위해 필요한 원시적 개념을 나타낸다.

이러한 프렉의 확신이 이미 특수한 사실의 근본 개념에 적합한 것이라면, 그것은 시트론의 입문서에 규정된 일반적인 방법론적 구성요소에도 적합해야 하고, 그리하여 예를 들어 독립적인 사례로 과대평가된 통제방식의 역할에도, —특이성의 개념에 이르기까지— 분명한 질병의 실체 체계 속에 들어있는 적응으로서 진단적 활동에도 모두 적합한 것이어야만 한다. 공동체가 스스로 요구하는 이러한 과학적 엄밀성의 기준을 전체적으로 문제 삼는 측면을 프렉은 "혈청학 공동체의 사고 양식이 지닌 본질적 구성 요소"라고 부른다. 이 기준이 공동체 활동의 방향을 정하고, 그리고 활동의 방향을 특수한 전통과 관련시킨다. 그것은 공동체의 문제성을 불필요하다거나 관계없는 것으로 만들어버리지 않는다. 프렉의 의미에서 그것은 실제로 연구를 위한 본질적 구성요소다. 그것은 '진리 또는 오류'와 전혀 관계가 없다. "우리는 견해를 조장하고, 충족하기도 한다. 또한, 견해는 다른 견해에 의해 추월당하기도 하는데, 그 이유는 견해가 틀렸기 때문이 아니라 생각이 발전했기 때문이다."(194쪽)

그래서 어떤 연구 활동 분야에 입문한다는 것은 일찍이 비판적인 과학적 사고를 불러일으키는 교화 교육Indoktrination의 성격을 띤다. 과학에서도 직물, 예술, 종교에서와 전혀 다를 바 없는 도제 기간이 '순수 권위적인 생각의 암시'에 의해 특징지어진다. "그래서 모든 교훈적인 소개는 언어적으로 '이끌어주는 것Hinein-Führung, 즉 부드러운 강압이다."(252쪽) 이 특수한 의존관계가 사고 집단에는 구성적 요소다. 그것은 특히 스승과 학생 간의 관계에서 유효하다. 그것은 개인 간의 관계가 아니다. 프렉에게 그것은 엘리트와 대중의 관계, 즉 한편으로는 전문가에 대한 신뢰를, 다른 한편으로 여론의 의존성을 반영한 것들이다. 사람들 사이에서 이렇게 만들어진 공통성이 다시금 '사고 연대성의 감정'을 강화시킨다(255쪽). '전통, 교육, 습관'을 프렉은 "**양식에 적합한 준비를 갖추도록, 즉 지향된 제한적인 지각과 행위를 위해 준비를 갖추도록 환기**"되는(224쪽) 요인이라 부른다.

프렉에 의하면 습관이란 자신의 실용적 과학 개념을 구성하는 불가결한 요소인 저 '경험'을 점차로 획득해 가는 것을 말한다. 초보자라면 누구나 반드시 이러한 경험을 한다. 그것은 절대 헛갈리지 않는 개인적인 경험이고, 그러한 한에서 경험은 인식의 "비합리적이고 논리적으로 정당화될 수 없는 요소"(240쪽)를 나타낸다. 자신의 고유한 활동 방식을 집단 내 다른 연구자들의 활동 방식과 비교하는 것을 넘어 비로소 사회학적으로 매개된 사고상의 강압을 경험하고, 이로써 과학적 사실의 인식과 같은 것이 생겨난다. 여기서 흔히 말하듯이 누구나 겪는 부정적 경험이 바로 경험 속에 긍정적으로 들어간다. "그리고 잘못된 많은 연구와 이로 인해 생겨난 오류는 또한, 과학적 사실을 구축하는 건축자재에 속한다."(242-243쪽)

의견 체계의 견고화 경향

사고 양식의 내적 폐쇄성과 그 '견고화 경향', 사고 집단의 구조는 사회학적으로 특징지어야 할 동일한 사태의 두 측면이다. 문제 영역의 전문가와 과학적 일반성을 구분하는 것, 다시 말해 아직 소개되지 않은 영역과 달리, 소규모의 사적인 모임esoterischen Zirkel을 확립하는 것은 사고 집단의 정체성을 나타내는 1차적 핵심이다. 이 사적 영역을 둘러싸고 과학적 지식을 공유하는 '교양인'들로 구성된 더 큰 공적 영역exoterischen Kreis이 자리 잡고 있다. 사적 영역과 공적 영역 간에는 특수한 소통의 형식이 역할 한다. 사적인 전문가들의 유능함에 대한 신뢰가 공적 지식의 토대를 이룬다. 공적 지식은 문제를 교양인들도 이해할 수 있도록 단순화시킨다. 다시 말해 세부적인 논의를 벗어나 문제를 일반화시킨다. 그러나 사적 지식은 거꾸로 공적 지식에 다시금 의존한다. 공적 지식은 통속적 여론으로서 사적 지식과 대립하면서, 사적 지식을 합법화시키는 원천으로서 기여한다. 스승-학생의 관계를 프렉은 엘리트와 대중 관계를 반영한 유사 관계로 파악한다.

하나의 지적 의존성은 과학 공동체 내에서 동등한 지위를 갖는 사람들 간의 관계를 만든다. 왜냐하면, 우리는 "초개인적 이념에 기여하는 어떤 사고 연대성"(255쪽)에 호소하기 때문이다. 프렉은 모든 '집단 내의 사고 교류'가 어떤 의존하려는 특별한 감정에 의해 지배된다고 말한다. "사고 집단의 일반적 구조는 **집단 내의 사고 교류가 그 사회학적 사실로 인해 … 사고 형성의 강화를 불러온다**는 점이다. 회원에 대한 신뢰, 여론에 대한 의존성, 동일한 이념의 생성에 기여하는 동등한 수준의 구성원들이 지닌 사상적 연대성 등이 모두 동일한 지향 목표를 향한 사회적 힘이다. 이 사회적 힘이 모든 공통된 특수 분위기를 만들어내고, 언제나 사고 형성에 강력한 연대성과 양식에 따르려는 의지를 부여한다."(255쪽)

이러한 과정을 통해 사고 집단은 안정화되고 사회적 통일로서 마무리된다. 그러면서 '의견 체계'Meinungssysteme도 구축된다. 이 의견 체계가 대상 영역을 포괄적으로 설명하려는 요구를 불러온다. 이러한 사고 양식이 강할수록, 집단 구성원들에 대한 힘은 더욱더 암시적인 것이 된다. 집단 구성원이 필연적으로 전제에 의존한다는 점을 속이려고 더 많은 '암시적 힘'을 가지고 싶어 한다면, 그들은 '착각의 조화'Harmonie der Täuschungen에 빠지게 될 것이다. 그래서 집단의 구조를 유지하는 데 필요한 결과를 거의 강제로 조정한다는 점은 전혀 놀랄 일이 아니다. 모순된 사실 간의 갈등이 해소된다거나 단순히 사고 양식에 적합한 것으로서 바꿔 해석된다면, 그리고 초기의 어려움이 후기 국면에서 완전히 해소될 수 있는 것으로서 상반된 사례가 설명된다면, 그때 모든 시도는 사고 양식을 증명하는 것으로 이어지고, 이로써 사고 양식의 강화도 불러올 것이다. 새롭게 부과되는 세부 내용과 발견되는 모든 사실에 의해 의견 체계는 자신의 정당화 요구를 새롭게 논증한다. 집단이 스스로 안정을 도모해 가듯이, 사고 양식과 의견 체계도 모순되는 모든 것에 맞서 '견고화의 경향'을 발전시킨다. "의견 체계의 견고화 경향은 의견 체계가 어느 정도 일관성을 지닌 것으로 고찰되고, 자립적이고 양식이 돋보이는 형성물로 고찰되어야만 한다는 점을 증명한다."(153쪽)

프렉은 이러한 방식의 과정에 대한 설득력 있는 증거로서 과학책에 수록된 그림을 든다(148쪽, 300, 303, 306쪽). 이 그림은 실제로 관찰한 것과는 전혀 일치하지 않는다. 언제나 –그때마다 사고 양식에서– '중요하지 않고' 사소한 것은 사상되고, '중요한 것'은 강조되는 해부도가 그려져 왔다. 그림은 객관적 관계를 보여주고 있지만, 그 관계는 사고 양식에 따라 편집된 것 외에 결코 다른 것일 수 없다.

사고 양식을 변화시키는 요인들

도대체 이 견고성과 안정화에 대한 구조적 경향에서 어떻게 근대과학의 특징인 과학적 연구의 변화와 역동성이 생겨나는가? 바꿔 말해 사고 양식의 변화는 원칙적으로 어떻게 일어날 수 있는가?

모든 과학자는 자신의 특수한 사고 집단 외에 적어도 일상적인 생활 세계라는 공적인 전체 집단에도 속하고 있다. 그러나 과학자는 원칙적으로 다른 과학적 사고 집단과 비과학적인 사고 집단의 구성원이 될 수도 있다. 이 경합적인 개인의 방향 설정은 과학적 연구 활동 기간에 단순히 희석되어 버리는 것이 아니다. 오히려 반대로 개인의 방향 설정은 집단의 사고 교류 속에 함께 흘러 들어간다. 집단 구성원 사이에서 가공되는 이러한 정보가 사고 양식의 변화를 불러온다. "모든 집단 간의 사고 교류는 사고 가치의 전환 또는 변화를 초래한다."(259쪽)

이렇게 말하는 것 속에는 언어의 기능에 대한 논제, 즉 언어적 표현과 그 의미의 관계에 대한 논제가 들어있다. 프렉의 흥미로운 통찰 중의 하나가 바로 이 점이다. 프렉은 언어의 의미를 하나의 제도로서 인식한다. 제도는 언어적 이해를 통해 과학적 인식을 전달할 수 있고, 이로써 과학적 인식을 재생산할 수 있다. 그뿐만 아니라 제도는 모든 소통에 나타나는 '잘못 이해하는 것'(=의미를 바꾸는 것)를 통해 과학의 발전을 위한 적극적인 기능을 수용한다. 논리적 경험주의자들의 이상적 언어는 바로 이 의미 전환을 은폐시켜 버렸다. 논리적 경험주의에는 '의미의 불변성'이 요청된다. 프렉에게는 이 요청을 분쇄해 버리는 것이 일상 언어뿐만 아니라 과학 언어를 위해서도 필요하다. 집단 간의 사고 교류에서 일어나는 개념의 의미 전환은 매우 심각한 것이어서 역사적으로 서로 달리 생겨난 집단 구성원들 사이에서는 더는 아무것도 이해될 수 없게 만들어 버린다. 여기서 프렉은 통약불가능성이라는 제목으로 파이어아벤트 P. Feyerabend와 쿤 H. Kuhn의 이론에서 엄격하게 추구된 모든 것을 이미 다 말해 두었다.

공공의 임무와 관심 속에서 수행된 과학적 연구 성과를 확산시키는 것은 그 성과가 보편적으로 이해될 수 있는 표현이 필요하다. 다시 말해 성과의 확산은 공적 영역을 지향하는 경향을 띤다. 이와 함께 통속화는 어떤 방식으로든 (전문화된) 과학이 담당해야 할 몫이다. 프렉은 –통속화가 연구자의 의식 속에서는 언제나 경멸적으로 평가된다 하더라도– 통속화에 중요한 기능을 부과한다. 통속화에서 이른바 '일상적인 사고 집단의 개인화'가 일어나고, '많은 특수한 사고 집단에 보편적 의미를 주는 자'로 간주되어야만 하는 '공통감각'common sense이 나타난다. 물론 과학의 통속적 서술이란 썩 좋은 표현은 아니다. 왜냐하면, 우리는 이 통속적 서술이 과학적 결과를 희석해 표현하는 것으로 생각하기 때문이다. 이에 반해 프렉에 따르면 모든 과학적 서술에 앞서 일상세계의 표상이 과학의 통속적 서술에서 중요한 역할을 한다. 그래서 예를 들어 이론의 변화가 일어나고 일상세계에서 생겨나는 생각들이 필요하다면, 객체와 객체의 영역을 확인하기 위해 다른 견해가 옹호되어야 한다. 프렉에 의하면 새로운 발전 가능성은 사고상의 강압이 해제될 때 생겨난다. 다시 말해 집단 간의 교류에서 다른 것을 의미할 가능성이 통찰됨으로써 용어의 의미가 바뀐다면, 그때 새로운 발전도 가능하다. 그러나 이러한 상황에서는 바로 공적이고 통속적인 생각을 소급해서 파악하는 것이 강하게 요구된다.

마찬가지로 프렉은 통속적 지식에서 궁극적인 규범, 또는 이른바 '확실성, 단순성, 직관성과 같은 이상적 가치'가 구성되는 것을 본다. 어쨌든 전문가는 지식의 이상으로서 이 가치에 대한 믿음을 통속적 지식의 표상에서 끌어낸다(269쪽).

과학의 통속적 서술 외에도 프렉은 본래 전문화되어 있는 과학을 그 문헌에 따라 학술지 과학Zeitschriftenwissenschaft, 편람 과학Handbuchwissenschaft, 교과서 과학Lehrbuchwissenschaft이라는 세 유형으로 구분한다. 학술지 문헌은 프렉에 따르면 잠정적이고 개인적인 내용들로 채워져 있다. 단편적인 문제, 자료의 우연성, 특수한 기술적 배열이 학술지 논문의 언어로 표현된다. 여기서 '우리'라는 말이 종종 발견되는데, 이것은 위엄을 나타내는 복수Plural maiestatis가 아니라 그저 평범한 복수Plural modestiae를 가리키는 말일 뿐이다.

이에 반해 개별성이 사라지고 비개인적인 확실히 진술하려는 감정 속에 살고 있는, 정돈된 전체 체계 속에서 서술하는 일은 편람 과학의 과제에 속한다. 편람 과학은 학술지에 수록된 개별 연구를 단순히 종합한다고 해서 생겨나는 것이 아니다. 오히려 학술지 과학을 짜깁기해서 편람 과학이 만들어진다. 여기서 개별 연구가 편람 과학의 뼈대를 제공한다(276쪽). **학술지 과학과 편람 과학 사이에는 긴장 관계가 있고, 이 긴장 관계에 따라 과학의 역동성이 파악될 수 있다.** 그래서 학술지 과학은 한편으로 편람에 받아들여지기 위해 노력한다. 이 노력은 편람에서 천명되는 지배적인 사고 양식과 연결 맺으려는 것과 같다. 그리하여 학술지 문헌 속에는 이미 다음과 같은 점이 표현되고 있다. 그것은 집단에 의해 검증되고 집단에 수용되는 것이야말로 비로소 탐구의 일시적이고 잠정적인 국면을 객관적인 확실성으로 고양시킬 수 있다는 점이다(275 이하).

다른 한편으로 편람의 지식은 생산적 업적에서 나타난다. 왜냐하면, 생산적 업적은 인식 상태에서 그때마다 연구하는 주인공 뒤에 가려져 있기 때문이다. 여기서 동시에 학술지 문헌과 편람 과학 사이의 긴장 관계도 나타난다. 이 긴장 관계에서 제도화된 연구의 상호 역할 속에 있는 심리학적·사회학적 요인이 파악된다. 체계화하려는 계획, 바로 편람의 지식은 프렉에 의하면 "사적인 사고 교류, 즉 전문가들 간의 토론에서 상호 간의 이해와 상호 간의 잘못된 이해(오해)를 통해, 상호 간의 양보와 상호 간의 고집 부리기를 통해" 생겨난다. "두 생각이 서로 논쟁하게 되면, 모든 선동적 힘이 작동할 것이다. 그러면 거의 언제나 제3의 생각이 승리한다."(276쪽) 편람의 지식에서 사고 양식은 사고상의 강압으로 농축되고, 이 강압에서 과학의 규범적 계기가 분명히 드러난다. 편람의 지식에서는 "달리 생각될 수 없는 것, 등한시되거나 지각되지 말아야 할 것을 규정하고, 거꾸로 이중의 탐구 노력"이 규정된다(281쪽). 그리하여 과학은 실제로 각자의 역할을 분담하는 제도화된 과정으로서 일어난다. 그리고 이 과정에는 최고의 연구자와 그의 연구 성과를 표준적으로 서술하는 것 간의 차이도 포함되어 있다. 이러한 사실에 힘입어 과학의 역동성도 생겨난다. 생산적인 연구자는 반드시 편람의 지식이 요구하는 기준과 관계한다. 동시에 편람에서 서술하고 있는 것은 언제나 이미 개별적인 연구를 넘어선 것임을 알아야 한다. 그래서 생산적인 연구자는 −나중에 공식적으로 교과서에 나타난 생각이 학술지 문헌에 수록된 1차적 연구에 들어있는 것임을 알게 되더라도− 일반적으로 승인된 것을 따라야 한다. 이렇게 서로 다른 과학 집단들 간에 소통하라는 압력이 있기 때문에, 소통에서 드러나는 의미 전환이 또한, 강압적으로 일어나고, 이 의미 전환이 인식을 확대시켜 가는 기능을 떠맡을 수 있게 된다.

보완 및 발전 가능성에 대한 전망

프렉은 자신의 의학사적 증례 연구에서 과학적 연구라는 완전히 새로운 개념으로 나아간다. 이로써 새로운 종류의 물음이 제기되고, 기존의 문제 제기가 새로운 형식을 받아들인다는 점도 함께 추구된다. 그래서 프렉은 대체로 역사와 과학이론 간의 관계를 규정하는 기저를 문제 삼는다. 역사의 정밀조사를 통해 과학의 '구조'에 관한 진술을 할 수 있는가? '어떻게 존재했는가?'wie es war의 물음에서 '어떻게 존재해야만 하는가?'wie es sein soll의 물음을 추론할 수 있는가? 과학에 대해 서술적이지만 다른 것과 결합되지 않는 이론화의 스킬라Skylla와 엄격하지만 내용이 없는 이론화의 카리브디스Charybdis 사이에서[12] 프렉은 어떻게 처신해야 할

---

[12] 스킬라와 카리브디스는 그리스 신화에 나오는 괴물의 이름이다. 호머의 『오디세이』에서 오디세우스 일행이 세이렌에게서 빠져나오자마자 스킬라와 카리브디스를 만난다. 스킬라는 대단히 아름다운 여인이었지만 키르케에 의해 머리가 여섯 달린 뱀으로 바뀌게 되어 자신이 살고 있는 바다 위를 지나가는 선원들을 잡아먹는다. 또한, 스킬라 인근에는 카리브디스라는 괴물이 살고 있는데, 그는 자신이

까?

프렉은 자신의 접근법을 '비교 인식론'vergleichenden Erkenntnistheorie이라고 밝히고 있다. '체계적이고, 입증된, 적용될 수 있는, 명백한' 종합으로서 '지식'은 당연히 어떤 견해를 표명하기에 앞서 모든 집단에서 자명한 것으로서 받아들여져야 한다. 그러나 '명백하고', '입증된' 것으로서 생각되는 것은 그때마다 바뀔 수 있고, 따라서 사례별로 분석되어야만 한다. 어떤 사고 양식의 '합리성'을 내용적으로 충족시킨다는 것은 오직 비교 연구를 통해서만 이루어질 수 있다. 프렉은 자신의 접근법이 지닌 장점을 다름 아닌 폭넓은 적용 가능성에 있다고 본다. 그것은 "미개인들과 원시인들, 어린아이들, 정신병자들이 생각하는 것을 서로 비교하고 일관되게 연구하는"(172쪽) 것을 허용한다. 이러한 적용 가능성은 다른 과학적 사고 집단에도 마찬가지로 허용된다. 비교 인식론에 의해 종래의 고찰방식과 대비되는 (경험을 최대한으로 활용하는) '최대화'가 일어난다. 이에 프렉은 '최대한의 경험 요청'을 '과학적 사고의 최상 법칙'으로 간주하고, 이에 과학론을 복속시킨다. "보다 세부적이고 보다 강압적으로 연결되어 있음을 지각하도록 허용하는 사고의 원리가 우위를 차지해야 한다."(129쪽) 여기서 분명히 프렉은 후에 라카토스Lakatos, 1971가 과학사와 과학이론 간의 관계에 대해 형성한 것과 비슷한 사고 도식Denkschema을 떠올리게 한다. 라카토스는 과학적 합리성 이론에 우위를 부여하는 사고 도식을 정립했다. 이것은 과학사에서 나온 보다 많은 사건을 '합리적'으로 나타낼 수 있음을 가리키는 말이다.

사는 바다에서 하루 세 번 소용돌이를 일으킨다. 이렇게 험난한 바다를 오디세우스는 배를 통째로 침몰시킬 수 있는 소용돌이 괴물 카리브디스를 피하고, 일부만을 희생시키는 스킬라를 택해 무사히 통과한다. 흔히들 '진퇴양난'을 의미하는 말로 "Between Skylla and Charybdis"라는 표현이 사용되고 있다—옮긴이 주.

이로써 더 많은 비교 연구를 진행하라는 요구가 생겨난다. 최신 혈청학에 기초하여 프렉이 재구성한 것의 적합성을 검증하기 위해서 뿐만 아니라 특히 프렉이 밝힌 '법칙'–예를 들어 과학이 일상적인 생각과 멀어질수록 능동적 연결이 차지하는 몫은 점점 더 커진다는 법칙–을 시험적으로 검증할 수 있으려면 비교 연구가 필요하다. 그러나 능동적 연결과 함께 수동적 연결도 직접 늘어난다. 능동적 연결과 수동적 연결의 체계가 많은 차이를 보일수록, 한 사고 집단 내의 의견차는 줄어든다. 프렉은 또한, 이 연관에서 과학을 확장해 가는 것과 함께 언급되지 않던 자유로운 공간이 줄어들고, 따라서 사실 인식의 분석이 '오류의 분석'으로 이행된다는 점을 지적한다(223쪽).

프렉의 책은 어느 방향에 따라 –한편으로 더 많은 역사적 연구를 통해, 다른 한편으로는 체계적 분석을 통해– 연구가 일어날 수 있고, 일어나야만 하는지에 대해 많은 자극을 준다. 체계적 분석의 중심에 진리 개념이 자리 잡고 있다. 이러한 진리의 지각을 프렉은 과학적 사실에서 파악한다. 지각은 사고 양식과 결부된 강압으로서 경험되고, 직접 체험되어야만 하는 '형태'로서 경험된다. 프렉은 자신의 지식사회학적 고찰 방식에서 사실관계도, 진리 개념도 제거하지 않을 것이다. 그러나 진리 개념은 사고 집단의 구조를 토대로 재형성되어야만 한다. 프렉의 책은 이에 대한 밑그림을 제공하고 있다. 하지만 그것은 쉽게 조화될 수 있는 일이 아니다. 문제를 양식에 따라 풀어가는 가운데 '진리'는 유일한 방식으로 풀 수 있는 '단순한' 것이다(246쪽). 그래서 여기서 임의로 주어지는 것은 가장 강력하게 제한된다. 이로써 진리의 보편적 특징이 이해된다. 왜냐하면, 진리의 보편적 특징은 같은 집단에 속하는 각기 다른 개인이 동일한 것으로 경험하는 유일한 해결책이기 때문이다. 사고 양식에 호소한다고 하여 진리는 '주관적'인 것이 되지 않는다. 그러나 진리는 사고 양식에 대해 상대적이고 전문적이며 사적인 것으로 나타난다. 다른 한편으로 프렉은 진리의 이상, 자명성, 엄밀성이 공적인 집단, 즉 공통감각에서 나온다고 말한다. 아니 진리의 이상, 자명성, 엄밀성이 일반적으로 지식의 통속적 서술에 속하는 것이라고 프렉은 말한다. 이 말은 사적 영역과 공적 영역 사이의 관계가 그 자체로 아직 다의적이며, 체계적인 정밀검사가 있어야 한다는 점을 보여준다.

'통속 과학'이라는 제목 아래서 프렉은 마침내 다음과 같은 측면에 관해 언급한다. 그것은 전문가의 역할이 의문시되고 과학자의 정당성이 일찍이 사회에 대한 책무로 간주되던 곳에서 비로소 오늘날 통속 과학의 의미가 등장하는 것처럼 보인다는 점이다.

그리하여 프렉은 45년 전에 이미 근대과학이 지닌 많은 결정적인 문제를 천착했다. 그 문제들은 대체로 오늘날에야 비로소 알려졌고, 따라서 현실성을 띠게 된 것들이다.

이미 언급했듯이 1935년에 무명의 폴란드 출신 유대인의 저서가 처음 출간되었을 때, 이를 받아들이는 조건은 결코 호의적이지 않았다. 그런데도 프렉은 성공한 저자였다. 20명이 프렉의 책에 대한 서평을 썼다. 이 서평은 지리적으로 널리 분포된, 독일, 스위스, 오스트리아, 영국, 이탈리아, 폴란드, 네덜란드, 스웨덴, 벨기에의 잡지에 수록되었다. 하지만 이 잡지 중에 과학이론과 관련된 잡지는 없었다. 14개의 서평은 의학 전문 잡지에 실렸고, 5개는 대중잡지와 일간지에 실렸다. 다른 하나는 종합 비평지에 실렸는데, 1937년 벨기에의 철학 전문 잡지인 『과학철학과 신학 비평』 Revue des Sciences Philosophiques et Theologiques에서 언급된 것이 그것이다. 하지만 프렉의 이 책이 어떤 경로로 그 당시에 이스탄불에 머물고 있던 한스 라이엔바흐 Hans Reichenbach의 손에 들어갔는지는 알 수 없다.

라이헨바흐가 프렉의 공로로 돌리는(Reichenbach, 1938: 224쪽 주석) 유일한 언급이 프렉의 주제와 아무 관련이 없다는 점은 전혀 놀랄 일이 아니다. 프렉의 저서가 르뵈브에 널리 퍼져 있었다는 것은 의심의 여지가 없다. 그러나 트바르보브스키 학파Twardowski-Schule는 프렉을 설명하는 데 아무런 관심도 보이지 않았다.[13] 그 후에 2차 세계대전이 발발했고, 프렉은 유대인 수용소에 갇힘으로써 자기 업적을 스스로 확산시킬 기회를 모두 잃고 말았다.

프렉의 책에 대한 최초의 언급은 전쟁이 끝나고 프렉이 죽은 후 1962년에 많이 인용되는 쿤 T. S. Kuhn의 저작, 『과학혁명의 구조』 서문에 나타난다(Kuhn, 1962: IX). 쿤은 프렉을 하버드 대학교의 '연구자 협회'Society of Fellows에서 우연히 언급한 것으로 보인다. 과학사학자인 쿤에게 프렉의 지식사회학적 고찰방식은 한마디로 말할 수 없는 엄청난 암시를 주었다. 한편으로 프렉이 말한 사고 집단과 사고 양식의 구조와 다른 한편으로 안정화 요인과 변화 요인에 의한 시대 구분은 쿤과 상당한 차이를 보인다. 그러나 이러한 차이가 있다고 하더라도, 프렉을 쿤의 대부로 비유하는 것은 충분히 용납될 수 있을 것이다. 쿤 입장과 사상의 원천, 프렉과의 유사성에 대한 강한 논의에도 불구하고, −특히 쿤의 책, 『과학혁명의 구조』 본문 중에는 프렉에 대한 언급이 전혀 나타나고 있지 않기 때문에 − 쿤의 프렉에 대한 관계는 지금까지 전혀 다뤄지지 않았다. 그런데도 쿤의 언급을 넘어 많은 사람이 프렉을 다루기 시작했다.

처음으로 확실하게 프렉의 책에 주목한 사람은 1966년 발다무스W. Baldamus였다. 사회과학에서 발견의 역할에 초점을 맞춘 그의 논문은 6년 후에 비로소 간행된다. 발다무스의 논문(1977)과 『사회학적 추론의 구조

---

[13] 르뵈브 대학의 트바르도브스키 학파에 속하는 이레나 담브스카(Irena Dąmbska)가 짧게 언급한 몇몇 예외도 있지만, 그것은 전혀 의미가 없다(Dąmbska, 1937).

』The Structure of Sociological Inference(1976)는 프렉에 대한 폭넓은 주의를 환기시켰다. 여기서 발다무스는 특히 '오도와 우연'Irrwege und Zufälle에 의한 지식의 진화라는 프렉의 개념을 사회과학에서 매우 큰 성과를 거두도록 했다. 그 후 발다무스 연구 활동은 과학적 개념이 새로운 사고 양식에서 역사적으로 살아남는다는 프렉의 개념과 관련된 것이고(Schnelle/Baldamus, 1978), 공적 지식 및 사적 지식에 관한 프렉의 개념과 관련된 것이었다(1980).

새퍼Schäfer는 이론의 역동성이라는 주제에 관한 프렉의 의미에 관해 언급하고(1977), 의학사적 증례 연구와 집단적 인식에 대한 프렉의 새로운 개념을 어떻게 결합할지 보여준다(1980).

이와 별도로 미국에서는 트렌T. J. Trenn과 머턴R. K. Merton에 의해 두 번째로 프렉에 대한 재발견이 일어났다. 이 재발견으로 프렉의 책이 영어로 번역되어 몇 달 전에 시카고대학교 출판부University of Chicago Press에서 출간되었다(1979). 이 번역본에는 쿤의 머리말이 실려 있다.

동독DDR D.의 비티히D. Wittich는 프렉에 대한 마르크스적 해석을 내놓았다. 프렉의 고국인 폴란드에는 루블린의 철학자 즈디 스와프 카코프스키Zdzisław Cackowski가 쓴 프렉에 대한 간략한 전기(Rubaszko, 1979)와 방법론에 관한 논문(Pirożnikow, 1979)이 있다. 이 논문이 프렉의 인식론적 연구를 언급한 폴란드에서 나온 최초의 간행물이다.

프렉의 이 책을 다시 발간함으로써 45년 전에 과학이론의 표지석을 놓았던 프렉의 다양한 생각이 오늘날 다시금 주목받게 되고, 또한, 실질적 논의가 일어나기를 바란다.

참고문헌

Baldamus W.(1966), *The Role of Discoveries in Social Science*, University of Birmingham Discussion-Paper. Erneut in T. Shanin(ed.), *The Rules of the Game*, London, 1972, S. 276~302.

_____(1976), *The Structure of Sociological Inference*, London.

_____(1977), *Ludwik Fleck and the development of the sociology of science*, In P. R. Gleichmann, J.Goudsblum, H. Korte(eds.), *Human Figurations*. Essays for/Festschrift für Norbert Elias, Amsterdam.

_____(1980), D*as exoterische Paradoxder Wissenschaftsforschung. Ein Beitrag zur Wissenschaftstheorie Ludwik Flecks*. Zeitschrift für Wissenschaftstheorie, in Druck.

Cackowski Zdzisław(1979), *Ludwik Fleck. Filozoficzne ślady w Lublinie*. Annales Universitatis Mariae Curie-Skłodowska, Sectio I: Philosophia et Sociologia 3.

Dąmbska J.(1937), *Czy intersubiektywne podobieństwo wrażeń zmysłowych iest niezbednym założenem nauk przyrodniczych?* Przegląd Filozoficzny 40: 288~294.

Dobrowolski Marian(1960), *PolnischeGelehrte und ihr Beitrag zur Weltwissenschaft*. Warszawa.

Duhem Pierre(1906), *La Théorie physique, son object, sa structure*. Paris. Deutsch neu hrsg. von Lothar Schäfer, *Ziel und Struktur der physicalischen Theorien*, Hamburg 1978.

Feyerabend P. K.(1965), "Reply to Criticism. Comments on Smart, Sellars and Putnam". In Cohen und Wartofsky (eds.), *Boston Studies in the Philosophy of Science* 2: 223~261.

_____(1970), "Against Method. Outline of an Anarchistic Theory of Knowledge". In: *Minnesota Studies in the Philosophy of Science* IV:

17~130. Deutsch als: *Wider den Mehodenzwang, Skizze einer anarchistischenErkenntnistheorie*, Frankfurt, 1976.

Fleck Ludwik(1927), "O niektórych swoistych cechach myślenia lekarskiego". *Archiwum Historji i Filosofji medycyny oraz Historji Nauk Przyrodniczych* 6: 55~64.

_____(1929), "Zur Krise der 'Wirklichkeit'", *Die Naturwissenschaften* 17: 425~430.

_____(1979), *The Genesis and Development of a Scientific Fact*. Ed. by T. J. Trenn and R. K. Merton, Chicago.

Hartmann Karl(1962), *Hochschulwesen und Wissenschaft in Polen. Entwicklung, Organisation und Stand 1918~1960*. Frankfurt/M., Berlin.

Kogon Eugen(1946), *Der SS-Staat. Das System der deutschen Konzentrationslager*. Zuerst 1946, München 81977.

Kuhn Thomas S.(1962), *The Structure of Scientific Revolutions*. Chicago 1962, 21970. Deutsch als: *Die Struktur wissenschaftlicher Revolutionen*, Franfurt 1967, 21976.

Lakatos Imre(1971), "History of Science and its Rational Reconstruction", In Cohen und Buck(eds.), *Boston Studies in the Philosophy of Science* 8. Deutsch als: Die Geschichte der Wissenschaft und ihre rationalen Rekonstruktionen, in W. Diederich(Hrsg.), *Theorien der Wissenschaftsgeschichte*, Franfurt 1974.

Merton Robert K.(1977), "The Sociology of Science —An Episodic Memoir", In R. K. Merton, J. Gaston(eds.), *The Sociology of Science in Europe*, Carbondale, Edwardsville.

Pirożnikow Ewa(1934), Problemymetodologiczne w pracach Ludwika Flecka. *Annales Universitatis Mariae Curie-Skłodowska*, Sectio I: Philosophia et Sociologia 3.

Popper Karl R.(1934), *Logik der Forschung*, Wien.

Reichenbach Hans(1938), *Experience and Prediction. An Analysis of the Foundations and the Structure of Knowledge*, Chicago.

Rubaszko Irena(1979), Prof. Dr. med. Ludwik Fleck. *Annales Universitatis Mariae Curie-Skłowdowska*, Sectio I: Philosophia et Sociologia 3.

Schäfer Lothar(1977), Theorien-Dynamische Nachlieferungen, Anmerkung zu Kuhn-Sneed-Stegmüller. *Zeitschrift für philosophische Forschung* 31: 19~42.

_____(1980), Über den wissenschaftlichen Status medizinischer Forschung. Fallstudie und Rekonstruktion nach L. Fleck. In: Engelhardt, Spicker(eds.), *Philosophy and Medicine*, vol. VIII: Technology, Science and the Art of Medicine, Dordrecht Holland, in Vorbereitung.

Schnelle Thomas und W. Baldamus(1978), "Mystic Modern Science? Sociological Reflections on the Strange Survival of the Occult within the Rational Mechanistic World View", *Zeitschrift für Soziologie* 7: 251~266.

Wittich Dieter(1978), "Eine aufschlußreiche Quelle für das Verständnis der gesellschaftlichen Rolle des Denkens von Thomas S. Kuhn", *Deutsche Zeitschrift für Philosophie* 26: 105~113.

Zamecki Stefan(1977), *Concepcja Nauki w Szkole Lwowsko-Warszawskiej*. Wrocław, Warszawa, Kraków, Gdańsk.

머리말

우리의 고찰에는 특히 의과학적 사실이 적합하다. 왜냐하면, 의과학적 사실은 역사적으로나, 내용적으로도 아주 풍부하게 형성되었고, 그리고 인식론적으로도 아직 쓸모없는 것이 아니기 때문이다.

사실(Tatsache)이란 무엇인가?

사실은[1] 덧없이 사라지는 이론과 반대로 과학자의 주관적 생각과 독립해 있는 고정·불변한 것을 가리킨다. 이러한 사실은 개별과학의 추구 목표이고, 사실에 이르는 방법의 비판이 곧 인식론의 탐구 대상을 형성한다.

그런데도 인식론은 대개 근본적인 오류를 범하고 있다. 인식론은 거의 예외 없이 일상생활이나 고대 물리학[2]에서 통용되던 낡은 사실을 유일

---

[1] 예를 들어 매독이라는 질병을 보자. 그것은 일찍이 '화류병'으로 낙인찍혔고, 근대에 이르러 유발자(스피로헤타 팔리다)에 의해 감염된다는 사실이 밝혀졌고, 이를 진단하는 방법이 바서만 반응에 의해 알려졌다. 여기서 매독은 화류병인가, 감염 질병인가? 도대체 하나의 사실로서 매독이란 무엇이란 말인가? 매독을 화류병이라 부르는 것은 윤리적 관점에서 매독을 보았기 때문이고, 매독이 세균 감염으로 유발된다는 생각은 의학적으로 증명된 사실이다. 매독의 증상은 하나지만, 이렇게 보는 관점에 따라 증상이 달리 해석된다는 것은 그만큼 사실에 접근하기 어렵다는 점을 방증한다. 이 점에 착안하여 프렉은 진정으로 사실에 이르는 데는 사고 사회학적 접근법이 필요하다고 역설한다. 바로 이러한 접근법이 프렉의 과학사회학이다. 이에 따르면 (과학적) 사실이란 한 과학자 집단 내에서 사고 교류를 통해 만들어지는 사고 양식을 말한다. 이렇게 하나의 사고 양식에 의해 만들어진 개념이 이른바 '사실'이다. 우리는 통상 사실을 일상생활 속에서 통용되는 언어적 전통을 말한다. 그러나 예를 들어 우리가 통상 '빵'이라 부르는 햄버거와 케이크는 다른 것이다. 이것은 단순히 언어상의 차이일까? 그 의미를 정확하게 알려면 무엇보다도 그것이 만들어진 역사적·사회적 맥락에 따라 이해해야만 한다. 이러한 사고 사회학적 접근법을 통해 알려지는 것이 바로 '사실'이다―옮긴이 주.
[2] 고대 물리학이란 옛날부터 통속적으로 통용되어 온 물리 현상, 예를 들어 해가

하게 확실한 것, 탐구할만한 가치가 있는 것이라고 고찰한다. 그래서 인식론적 탐구 초반에 이미 소박한 가치평가가 일어나고, 그 결과 우리는 피상적인 성과밖에 달성하지 못한다. 더욱이 우리는 더는 인식이 일어나는 기제Erkenntnismechanismus, 예를 들어 정상적인 사람이 두 눈을 가지고 있다는 사실에 대한 비판적 통찰에 이르지도 못한다. 사람이 두 눈을 가지고 있다는 것이 우리에게는 너무나 자명한 사실이고, 보는 것을 우리는 거의 지식이라 생각하지 않는다. 그뿐만 아니라 이 인식 작용에 우리가 능동적으로 참여하고 있다고도 더는 느끼지 않는다. 우리는 다만 '존재' 또는 '실재'라 부르는 우리와 무관한 어떤 힘에 따라 완전히 수동적으로 활동한다고 느낄 뿐이다. 이 느낌 속에서 우리는 통상 의례적이거나 습관적인 행동을 기계적으로 하는 사람인 양 행동한다. 이러한 행동이 우리에게 더는 자유로운 활동이 아니다. 우리는 정해진 대로 행동해야만 하고, 달리 행동하지 못하도록 강압 받는다. 대중 활동에 참여하는 사람들의 행동에서 유추해 보는 것이 좋겠다. 증권거래소를 우연히 방문한 사람을 생각해보라. 그는 주가 하락에 따른 두려움을 실제로 존재하는 외적인 힘으로 느낀다. 그는 또한, 자신이 흥분하고 있다는 사실을 군중 속에서 전혀 의식하지 못한다. 마찬가지로 그는 군중을 흥분시키는 데 자신이 일조하고 있다는 사실조차 전혀 눈치채지 못한다. 그래서 일상생활 속에서 통용되고 있는 오랜 사실이 인식론적 탐구에는 전혀 적합하지 않다. 고전 물리학적 사실에도 우리가 잘못 알고 있는 실천적 습관과 이론적으로 아무 쓸모 없는 것이 달라붙어 있다. 그래서 나는 먼 과거에서 찾지 않아도 되고, 또한, 인식론적 목적을 위해 아직 한 번도 사용된 적이 없는 어떤 '보다 새로운 사실'이 우리의 편견 없는 탐구

동쪽에서 뜨고 서쪽으로 진다든지, 지구가 우주의 중심이라는 등의 관념을 말한다 —옮긴이 주.

의 근본 원칙에 잘 부합된다고 생각한다. 이를 위해 우리는 의학적 사실을 특별히 사용할 수 있을 것이다. 우리는 이러한 의학적 사실의 중요성과 응용 가능성을 결코 부정할 수 없다. 왜냐하면, 의학적 사실은 역사적으로도, 현상학적으로도 매우 풍부하게 형성되었기 때문이다. 그중에서도 나는 가장 잘 증명된 의학적 사실 하나를 골랐다. 그것은 매독에 대한 이른바 바서만 반응Wassermann-Reaktion의 관계다.

그리하여 매독이라는 이 경험적 사실은 어떻게 생겨났고, 무엇으로 구성되어 있는가?

1934년 여름, 폴란드 르뷔브Lwów, Polen에서

01

오늘날 통용되는 매독 개념은 어떻게 생겨났는가?

신비적–윤리적, 경험적–치료적, 병리발생학적–병인학적 질병의 실체,
그리고 이 질병의 실체가 생겨난 역사적 추이

매독학Syphilidologie이 형성된 역사적 기원을 우리는 15세기 말까지 공백 없이 역으로 추적할 수 있다. 매독학은 다소 차이가 나는 구체적인 질병(오늘날 우리가 말하는 이른바 **질병의 실체** Krankheitseinheit)에 관한 서술을 포함한다. 이 서술은 –질병의 실체를 정의하고 표현하는 법이 아주 많이 변했다 하더라도– 우리의 매독 개념과 역사적으로 일치한다. 그동안 매독이라는 질병 증상도 마찬가지로 참 많이 변했다. 우리가 역으로 추적해 본 15세기 말경에는 매독에 대한 인식이 오늘날 관점에서 볼 때 전혀 발전했다고 볼 수 없을 만큼 미분화된 혼돈상태에 빠져 있었다. 그 당시에는 매독이 다소 전염되는 피부 증상과 함께 나타나는 만성 질환, 흔히 생식기에 나타나는 질환으로 알려져 있었다.

이 원시적인 질병 덩어리 속에는 매독 외에도 다양한 질병의 실체가 함께 들어있었다. 이 질병의 실체들은 세기가 바뀌면서 각기 다른 질병

의 실체로 구체화되었는데, 그 속에는 오늘날 우리가 한센병, 옴, 그리고 피부, 뼈, 선腺에 나타나는 결핵, 천연두, 진균성 피부염, 임질, 연성하감,¹ 아마도 서혜鼠蹊, 사타구니 림프 육아종이라 부르는 것들을 포함해서, 오늘날에는 이미 '특수' 질병으로 분류되지도 않는 많은 피부병과 그밖에 일반적으로 체질질환이라 부르는 것들(예를 들어 통풍)도 들어있었다.

15세기 유럽에는 정치적 혼란 상태가 계속되었고, 전쟁, 기근 외에 수많은 지역을 엄습한 무더위와 홍수 같은 자연재해가 만연했다. 이것은 모두 각종 전염병과 질병을 엄청나게 자주 발생시키는 원인이 되었다.² 이렇게 전염병과 질병이 너무나 자주 발생했고 또한, 아주 무서운 고통을 주었기 때문에, 연구자들도 이 점에 주목하게 되었고, 마침내 매독학이라는 사상의 발전도 일어났다.

무엇보다도 하나의 특수한 상황, 즉 천문학적인 별의 배열이 매독학 사상, 또는 적어도 매독학 사상의 요소들을 생겨나게 하는 데 기여했다. "저술가들은 대부분 사투르누스Saturnus와 주피터Jupiter가 1484년 11월 25에 스콜피온Skorpion의 지시를 받고 마르스Mars의 집에서 동침한 것이 화류병花柳病, Lustseuche의 원인을 제공했다고 가정한다. 자애로운 주피터가 나쁜 별인 사투르누스와 마르스에 의해 정복되었고, 성의 분화를 관장하는 스콜피온의 지시는 왜 생식기가 새로운 질병의 첫 번째 공격점이 되었는지 설명해 준다."³

---

1 연성 하감Ulcus molle: 무른 궤양을 가리키는 말로 대개 외부생식기에 무통반으로 시작하나 확대되어 고름집을 형성한 후에 통증성 궤양을 초래하고 인접한 가래톳 형성을 수반한다—옮긴이 주.
2 I. Bloch, *Ursprung der Syphilis*, 1901 und 1911, Bd. I. S. 138. Bass, *Grundriß der Geschichte der Medizin*, 1876, S. 259. Hergt, *Geschichte, Erkenntnis und Heilung der Lustseuche*, 1826, S. 47 und 56.
3 Bloch, l. c. I. S. 26.

그 당시에는 천문학이 학문의 주도적인 역할을 담당했다는 점을 고려한다면, 우리는 매독의 기원에 관한 천문학적 설명이 동시대의 연구에 얼마나 설득력 있는 영향을 미쳤는지 쉽게 짐작할 수 있을 것이다. 우리는 또한, 거의 모든 고전의 저자가 별자리에 따라 매독의 발생을 설명했고, 그것도 처음으로 가장 중요한 전염병의 '원인'causa을 설명한 것으로 알고 있다. "더욱이 이러한 상태는 여기서 대체로 생식기에 1차적인 영향을 미친다. 그리하여 질병은 생식기에서 온몸으로 퍼져나간다. **이러한 방식으로 생겨나지 않는 질병은 하나도 발견되지 않았다.** 그러나 나는 이러한 현상이 생식기와 이 질병 간의 모종의 유비Analogiam에 의해 일어난다고 생각한다. 그것은 점성술사들이 주장하듯이, 천문적 효과에서 유래한 것일 수도 있다. 그것은 곧 1484년 23도度에 있는 스콜피온의 세 번째 좌座에서 사투르누스와 주피터가 서로 겹치는 합슴에서, 그리고 바로 그때 우연히 등장한 다른 항성들의 동시적 배열에서 발생했을 수도 있다. 오랜 시간의 흐름 속에서 많은 질병이 생겨나고, 낡은 질병은 죽어서 사라진 것처럼 보인다. 이 점에 관해서는 나중에 자세히 살펴볼 것이다. 이 질병의 기원은 별자리의 위치[星位]로 추적해 들어가 봐야 밝혀지겠지만, 아무튼 질병은 특히 생식기를 관장하는 스콜피온의 별자리에 의해 끊임없이 조성되고 있다."[4]

오직 사회적 기억 속에 부착된 관계만이 양식적으로 설명되고, 발전될 수도 있다. 이러한 방식에서 천문학은 매독의 성병적 특징을 처음으로 천문학적 '종차'differentia specifica로 규정하는 데 기여했다. 질병이 죄로 가득 찬 쾌락의 향유에 대한 징벌이고, 성교가 특별한 윤리적 의미를 지닌다는 종교적 가르침은 마침내 매독학을 지탱하는 근본 지주를 완벽하게

---

[4] De morbo Gallico, Benedicti Rinii Veneti, *Tractatus*, S. 18.

확립했고, 성교에 특별히 윤리적으로 강조된 특징을 부여했다. "어떤 사람은 이 질병의 근원을 신과 관련시켰는데, 신은 인간이 간통죄를 피하기 바랬기 때문에 인간에게 매독이라는 질병을 앓게 했다는 것이다."[5]

필요가 연구를 조장하는 법인데, 전염병은 연구를 조장하는 실질적 내용도 주었다. 그 당시에 지배적 과학이었던 천문학과 신비한 심정 상태를 창조한 종교가 저 사회 심리적 분위기를 만들어냈다. 이러한 분위기는 새롭게 정의된 질병의 실체를 심정적으로 강조하는 성병의 특징을 수 세기에 걸쳐 다른 질병과 분리하고, 또한, 끊임없이 고정해 왔다. 이로써 매독은 숙명적이고 죄로 가득 찬 질병이라는 오명을 뒤집어쓰게 되었다. 오늘날에도 매독은 여전히 광범위한 사회적 영역에서 이러한 오명을 뒤집어쓰고 있다.

이러한 매독학Syphilidologie의 근본이념, 즉 매독의 성병적 본성에 관한 이론이나[6] 매독을 **단순히 쾌락을 쫓는 전염병**花柳病, Lustseuche katexochen이라 보는 이론이 우리에게는 만연해 있는 것처럼 보인다. 화류병이라는 생각에는 오늘날 우리가 매독이라 부르는 질병뿐만 아니라 임질, 연성 하감, 서혜 림프 육아종 등 매독과 관계없는 다른 성병도 모두 포함된다. 그러

---

[5] Antonius Musa Brassavola, De morbo Gallico, Tractatus, cit. nach Bloch, l. c. I. S. 17.

[6] '성병morbus venereus'이라는 말은 베텐코트(J. Bethencourt, 1527)에 의해 소개된 것이 분명하지만, 질병의 성병적 본성은 이미 그전부터 강조되어 왔었다. 비드만J. Widmann, 『수두水痘, 그리고 널리 알려진 이름으로 프랑스인의 병이라 불리는 질병에 대한 논고』Tractatus de pustulis et morbo qui vulgato nomine mal Franzos appellatur 1497에서는, "따라서 감염의 위험을 피하기 위해서는 종기에 걸린 여인, 심지어 종기에 감염된 적이 있는 남자와 얼마 전 성교한 건강한 여인과도 성적 접촉을 삼가는 것이 중요하다."(A. Geigel, S. 11)라고 적혀 있고, 알메나J. de Almenar, 『프랑스인의 질병에 대한 소책자』de morbo Gallico libellus 1502에서는 "남자들은 감염된 사람과 가깝게 접촉하는 것을 삼가야만 하고, 특히 감염된 여인과의 성적 접촉을 삼가야만 한다. 왜냐하면, 이 병은 쉽게 감염되기 때문이다."(A. Geigel, S. 11)라고 적혀 있다.

나 이러한 생각을 불러온 사회 심리학적·역사적 토대는 너무 강력한 것이었기 때문에, 다른 영역에서 일어난 과학적 발전이 이 다양한 질병의 명확한 차이를 충분히 갈라놓기까지는 무려 4백 년이 걸렸다. 이렇게 우리의 사고는 경직되어 있었다. 이러한 사고의 경직화 경향은 이른바 어떤 경험적 관찰도 이념을 구축하고 고정하는 데 기여하지 못했다는 점을 증명한다. 하나의 이념을 구축하고 고정하는 데는 오히려 심리적인 것과 전통에서 유래하는 심오한 특수 요인이 함께 작용했다.

매독학은 15세기 말에 생겨나 16세기에 이르러 정립되기 시작했다. 이러한 매독학의 인식을 결정하는 최초의 요소는 단 하나만 있는 것이 아니다. 첫째로 다른 사회적 계층으로부터 유래하고 다른 시대적 기원을 지닌 –위에서 말한 체질적 설명, 천문학적 설명, 종교적 설명이라는– 세 개의 다른 이념이 상호작용했다. 이념의 상호작용, 즉 서로 협력하고 반목하는 이념이 비로소 질병의 실체로서 매독을 오늘날 수준에서 정의하도록 만들어주었다.

두 번째 이념은 약리적 평가를 이용한 의학적 실험연구자들에게서 파생된 것이다. 슈도프Karl Sudhoff는 다음과 같이 서술한다. "확실히 몇 세대에 걸쳐 수십 년간 실험해 온 결과, 수은 연고를 바른 한 집단에서 병세가 상당히 호전되었다. 아니 완치되었다. 이 집단이 다른 만성 피부질환을 지닌 집단들과 구분된다는 것을 우리는 알았다.

이 치료적 발견은 또한, 내부의 전문가들 사이에서도 받아들여졌다. 우리는 14세기 중반에 처음 일반적으로 수은 연고를 발라 치료에 사용할 수 있는 이 만성적 피부질환–여러 종류의 옴, 즉 '총체적 옴'Scabies grossa으로 알려진 만성적 습진과 유사 피부질환–이 포괄적으로 언급된 것을 보았다."[7]

수은의 사용은 오래된 금속요법에 뿌리를 둔 것이다. 그래서 슈도프는 수은의 사용을 매독 사상을 형성하는 유일한 본래 원천이라고 생각했다. 그러나 나에게는 이러한 생각이 부적절해 보인다. 첫째로 우리는 매독에 관한 오래된 문헌을 알고 있다. 거기서 매독이라는 질병의 실체가 언급되고 있었지만, 수은은 대체로 언급되고 있지 않았다. 둘째로 수은은 많은 다른 질병, 예를 들어 옴, 나병 등에도 애용되던 치료 수단이다. 셋째로 수은의 치료 효과만을 기준으로 삼는다면, 우리는 임질, 연성 하감과 같은 다른 성병을 매독과 연관 지어서는 안 된다. 왜냐하면, 이들 다른 성병은 수은에 의해 전혀 영향을 받지 않기 때문이다. 따라서 수은에 의한 치료 효과는 내가 볼 때 단지 매독 인식을 위한 부차적인 요소일 뿐이다.

그런데도 우리는 매독 치료에 매우 광범위하게 사용되는 수은의 중요성을 오해해서는 안 된다. 예를 들어 다음과 같은 말이 전해지고 있다. "치료에 주로 사용되는 금속은 살아 있는 은$_{argentum\ vivum}$인 수은이다." 그리고 "개별 물질은 여러 금속과 섞여 있지만, 수은과 가장 많이 섞여 있다. 비록 나는 염화제2수은보다 황화제2수은을 더 많이 사용하지만 말이다."[8] 특히 수은 치료 중에 독이 든 침을 흘리는 것을 사람들은 치료 효과로 간주했고, 이로써 매독의 독이 '배출되는 것'이라고 생각했다. 이러한 독물의 배출은 "주로 가래를 통해 이루어지고, 매독의 치료 효과를 높이는 데는 수은보다 더 뛰어나게 작용하는 것이 아무것도 없다."[9]

매독 치료에 수은의 사용은 전통적으로 행해져 온 자명한 사실이다.

---

[7] 총체적 옴이란 매독을 가리키는 옛 이름 중의 하나이다. 이미 14세기에 매독의 진단이 이루어졌다는 슈도프의 견해는 일반적으로 인정되지 않았다. 어쨌든 매독이라는 질병에 대한 논의는 15세기 말에 비로소 생겨났다. Sudhoff, *Der Ursprung der Syphilis*, 1913, S. 13 und 14.

[8] De morbo Gallico, Fran. Frizimelicae, Tract. S. 33.

[9] Ibid. S. 33.

물론 거기에는 중독의 위험이 개재해 있기는 했지만, 그런데도 "수은은 고상하고, 여러 분야에서 유용하고, 필수적인 것"이라고[10] 생각되었다. 세월이 흐를수록 수은의 효과는 점점 더 널리 알려졌고 일반화되었다. 수은은 매독 진단의 '보조도구'ex juvantibus로도 사용되었다.

그러나 19세기까지 수은은 매독의 개념을 규정하는 과정을 만족스럽게 충족시켜 줄 수 없었다. 화류병이라는 이념에 따라 우리는 매독을 일반적으로 임질, 연성 하감 및 이들의 합병증과 같은 다른 성병을 모두 포함해 생각해 왔지만, 다른 성병들은 나중에 —생식기에 발생하는 국소局所 병이면서 오늘날 전혀 '특수하지 않은 것'으로 간주되는 귀두염과 함께— 병리발생학적, 병인학적으로 볼 때 매독과 전혀 다른 것으로 밝혀졌다. 매독을 제외한 다른 성병들은 수은에 의해 영향받지 않는다. 따라서 두 관점, 즉 수은이라는 관점과 화류병이라는 관점을 하나로 합치려면, 우리는 "수은이 많은 경우에 화류병을 치료하지 못했고, 오히려 악화시켰다."라는 점을 해명해야만 한다.[11] 그래야만 운신의 폭이 넓어진다. 수은이라는 이념은 본래 단지 이른바 체질적 매독의 인식, 즉 보편화되고 일반화된 매독의 발병 단계에만 영향을 미쳤다. 매독이 생식기에 나타나는 단계에서는 수은으로 고친다는 생각으로 접근할 수 없었다. 따라서 초기 단계의 성병에는 수은이라는 이념으로 접근할 수 없었다. 거기서는 화류병이라는 생각이 지배하고 있었다.

그래서 다음과 같은 두 관점, 즉 ① 윤리적-신비적인 질병의 실체인 '화류병'과 ② 경험적-치료적 질병의 실체라는 두 관점이 나란히, 또는

---

[10] Methodus de morbo Gallico, *Prosperi Borgarutii*, 1567, S. 178.
[11] Hergt, *Geschichte, Erkenntnis und Heilung der Lustseuche*, Hadamar, 1826. 이 책에는 특징적으로 다음과 같은 헌정사가 들어있다. "수은과 수은산화물, 수은염이 고통당하는 사람에게 준 지대한 공로 때문에, 저자는 가장 마음속 깊은 곳에서 우러나는 존경을 담아 수은에 경의를 표하는 바이다."

함께, 또는 서로 반목하면서 형성되고 발전해 왔다. 우리는 이 두 관점 중에서 어느 한쪽을 일관되게 두둔하지 않을 것이다. 두 관점은 서로 갈등하면서도 뒤섞여 있다. 이론적인 요소와 실천적인 요소, 선천적인 요소와 순수 경험적인 요소가 서로 뒤섞여 있다. 양자의 결합은 논리적 규칙에 따른 것이 아니라 심리학의 법칙에 따라 일어난다. 심정적으로 강조된 선천적인 것 앞에서 경험적인 것은 대체로 무릎을 꿇는다.

심지어 의사들조차도 대체로 매독의 존재를 의심했다. 16세기 문헌에서는 "따라서 적지 않은 사람들이 매독과 같은 것이 없다고 진술하고 있다. 매독은 다만 우리 시대의 특정 사람들이 상상하는 속에만 있을 뿐"이라는 주장이 제기되었다. "왜냐하면, 우리가 매독이라 부르는 것은 다양한 조건에 의해 구성된다고 그들은 말하기 때문이다."[12]

---

[12] Bernhardinus Tomitanus, *De morbo Gallico, libri duo*, S. 66. 토미타누스Tomitanus는 다음과 같은 질병의 역사에 반대 증거를 제시했다고 믿는다. '22살의 다혈질적인 젊은이'가 파두아Padua에서 부지런히 공부하면서 순결한 삶을 살아왔다. 나쁜 친구가 그를 '매혹적인 매춘부'meretrix perpulchra에게 데리고 갔다. "다음날 성기 표피가 아프기 시작했지만, 그는 대수롭지 않게 생각했다. 그 다음날에는 통증이 더 심해졌다. 마침내 상처를 조사해 보니, 성기 귀두의 다른 부분도 조금 괴사했고, 괴사가 시작된 부분은 매우 붉어져 있는 것을 알았다. 2주일 후에는 허벅지에 종기가 생겨났다. 병원에서 의사가 이 종기를 깨끗하게 떼어냈다. 3개월 후에는 모든 관절이 아프고 머리카락이 빠지기 시작했으며, 얼굴이 망가지고 살이 빠지고 형색이 푸르죽죽해지고 맥이 풀리고 움직이기조차 힘들었다. 마음이 우울해지고, 한숨이 나오고, 아무 일도 할 수 없게 되었다. 어느 완연한 봄날에 그는 의사의 충고에 따라 준비된 구아이아쿰Guaiacum을 마시고 완전히 치료되어 퇴원했다." 토미타누스는 회의적인 사람들에게 다음과 같이 말했다. 옹호자들은 이러한 원인으로 생긴 이 질병이 전에도 자신을 괴롭혔던 것들 가운데 하나인지, 아니면 전혀 들어보지 못한 새로운 것인지 묻는 모순율에 따르는 방식modo Paradoxorum으로 말하고 있다고 말이다. '신성한 관찰', '단순히 결정적 시각視覺'을 말한다는 소박한 희망을 품고 이 이야기를 듣는다면, 우리는 곧 실망하게 될 것이다. 위의 경우는 적어도 순수한 것이 아니다. 매독의 잠복기는 24시간이 아니다. 연성 하감의 경우에는 24시간이 가능하다. 화농의 종기도 연성 하감의 증상이지, 매독의 증상은 아니다. 반대로 위에서 서술한 석 달 후에 나타나는 2차 증상은 연성 하감의 증상이 아니다. 그것은 물론 매독의 증상일 수 있겠지만, 다른 질병도 거의 비슷하게

심지어 19세기 말에도 매독의 존재를 의심하는 사람들이 있었다. 조제프 헤르만 박사Dr. Josef Hermann는 상당히 오랫동안(1858~1888) 비엔나 비덴에 있는 제국 왕실 병원의 수석 외과의사 및 매독 분야 담당 과장 Primararzt und Vorstand der Abteilung für Syphilis am k. k. Krankenhaus Wieden im Wien을 지낸 사람이다. 그는 1890년경에 『체질적 매독이란 없다』*Es gibt keine konstitutionelle Syphilis*라는 소책자를 발간했다.[13] 그의 생각에 따르면 매독이란 "결코 인간의 혈액을 통해 전염되는 병이 아니고, 완전히 치유될 수 있다. 치유 후에 남아있으면서 영원히 영향을 미치는 것도 아니며, 생식이나 유전에 의해 증식되는 것도 아닌 단순히 신체 부위에 나타나는 질

'구체화되지 않고' 발병한다. 당시의 가장 보편적인 매독 치료제인 구아이아쿰의 추출decoctum Guaiaci은 단지 의사가 매독을 의심했다는 사실을 암시할 뿐이다. 치료 효과가 검증된 것은 아무것도 없다. 왜냐하면, 구아이아쿰의 추출은 오늘날 우리가 매독이라 부르는 것에 대한 특별한 치료제가 아니기 때문이다.
　질병의 역사 전체는 신비로운 화류병(순결, 유혹, 생식기를 괴롭히는 처벌, 일반적인 질병, 구아이아쿰 추출에 의한 시료)의 노석석이고 박연한 상像을 그려내고 있다. 이 상을 우리는 오늘날 의학적 언어로 번역할 수 없을 것이다. 이것은 우리에게 결코 '순수한 경우'가 아니다. 연성 하감+매독의 혼합 감염 또는 연성 하감+성병의 경우와 무관한 다른 질병도 3개월 후에는 비슷한 증상과 비슷한 일련의 결과를 나타낸다(이에 대한 자세한 논의는 이 책 248-249쪽 주9를 참조할 것).
[13] Dr. J. Hermann, *Es gibt keine konstitutionelle Syphilis*, Hagen I. W. 헤르만은 학파를 형성했고, 그의 사상은 많이 인용되었다. 이러한 헤르만의 견해는 나이서(Neisser, 1879)가 임질 유발자를 발견한 지 12년 후에, 듀크레이(Ducrey, 1889)가 연성 하감의 유발자를 발견한 지 2년 후에 발표되었다. 헤르만은 자신의 이론 토대를 다음과 같은 사실에 두고 있다. 그것은 다른 사람이 체질적 매독환자로 판정한 환자의 분비물에서 수은이 발견되었고, 마찬가지로 수은에 중독된 거울공장 노동자들도 다양한 일반 증상을 나타내면서 부분적으로 유사한 증상을 나타냈다는 사실이다. 이 수은 중독에서 헤르만은 체질적이고 유전적이며 다형적인 질병을 보았다. 헤르만은 수은 없이 자신의 환자를 치료했다. 그래도 결코 재발되지 않았고, 단지 새롭게 감염되고 어쩌면 재감염되는 것을 보았을 뿐이라고 주장했다. 따라서 이러한 헤르만의 생각은 결코 단순한 오류가 아니라 '수은 이전의 시기'로 돌아가라는 요청을 실천하는 하나의 폐쇄적인 의미 체계를 나타낸 것이라 하겠다.

병일 따름이다. 매독은 하감이나 임질로서 나타나고, 하감과 임질이라는 이 두 원시적 질병의 직접적인 결과로서 나타난다." 이에 반해 인간의 사회생활과 세대 전체에 심각한 영향을 미치는 많은 형태의 질병이 있다. 그러나 이 일반적인 질병 현상이 모두 절대적으로 매독이 아니며, 예외적으로 수은 치료나 다른 치료를 병행함으로써 낫기도 한다. 헤르만에게 매독은 여전히 오래된 화류병을 의미하지만, 일반적 증상 없이 나타나는 국소적인 발병일 뿐이다. 일반적으로 매독의 발병은 반드시 혈액 속에 매독이 존재함을 '최상의 전제로' 삼아야만 한다. "그러나 매독 혈액이 있다는 것은 하나의 독단적 학설이고, 이를 입증할 희박한 증거조차 우리는 댈 수 없다." "우리는 또한, 미래 어디서도 매독을 앓는 사람의 혈액 속에서 매독의 징후를 나타내는 흔적조차 발견하지 못할 것이다." 이렇게 헤르만은 서술했다.

그의 견해는 당시의 수준으로 평가해 볼 때 시대에 좀 뒤떨어지는 것으로 생각되지만, 그렇다 하더라도 이 국외자가 다음과 같은 이유에서 우리의 연구에는 특히 중요하다. 즉 그는 매독과 수은이 얼마나 서로 강하게 연결되어 있는지 입증해 주고 있기 때문이다. 그리고 의사들은 늘 매독 증상의 다형성多形性, Pleomorphie 때문에 곤경에 처하게 되는데, 이러한 곤경에서 질병의 실체를 확인하는 엄격한 수단으로서 일반적으로 '피검사에 대한 요구'가 어떻게 생겨났는지 그는 입증해 주고 있기 때문이다.[14]

그래도 매독 개념은 여전히 불분명하고 불완전하다. 매독 개념에 접근

---

[14] (1850년경의) 시몬Simon에게는 "이른바 오늘날 화류병이라 불리는 것이 옛날 나병이라 불린 것의 특수한 변종에 지나지 않는다. 나병은 15세기 말의 특별한 상황에서 걷잡을 수 없이 번성했다." Simon, *Ricords Lehre von der Syphilis*, Hamburg, 1851, S. 3.

하는 두 길이 서로 갈등을 빚고 있다. 일반적으로 사고 양식이 전환되는 과정에서 윤리적-신비적인 근본이념이 마력을 잃을수록, 그리고 고찰되어야만 하는 현상이 세분화될수록, 이 갈등은 더 크게 느껴졌을 것이 틀림없다.

개념을 최종적으로 확립하여 불변적·객관적 존재, 의심할 수 없는 '실제적 사실'로서 나타내기에는 매독 개념이 아직 흔들리고 있었고, 동시대의 지식 구조의 틀 안에서 거의 관계를 맺지 못했고, 융합되지도 못했다.

몇몇 주요 영역을 고려하지 못함으로써 특히 매독 지형도의 지적 아름다움이 훼손되었다. 여기에는 일반적인 질병 현상처럼 보이는 성병과 일반적인 질병 현상을 나타내지 않거나 드물게 일반적인 질병 현상을 나타내는 성병(임질) 간의 차이가 전혀 언급되고 있지 않았다. 그뿐만 아니라 유전적 매독과 매독에 걸린 사람이 낳은 자식에 대해 대수롭지 않게 평가하는 문제, 잠재적 매독과 매독이 재발되는 수수께끼, 그리고 소모증Tabes,[15] 진행성 마비, 낭창Lupus, Scrophulosis[16] 등과 같은 다양한 종류의 질병과 매독의 관계도 전혀 언급되고 있지 않았다. 바야흐로 다방면에 걸쳐 세부적으로 구축된 지식과 실험의 시대가 도래했다. 역사는 예방접종, 재접종, 면역 관계에 대한 풍부한 실험과 관찰을 기록하고 있다. 그러나 실험이 분명하게 고안되었더라면, 언제나 '옳은' 성과를 냈을 것이라고 생각하는 사람이 있다면, 그것은 잘못이다. 실험은 새로운 방법을 생겨나게 하는 맹아로서 의미가 있지만, 증명으로서는 가치가 전혀

---

[15] 극도의 영양 부족으로 몸이 허약해지고 전염병에 대한 저항력이 약해지는 증상—옮긴이 주.
[16] 피부발진이 마치 늑대에 물린 자국과 비슷하다고 하여 붙여진 이름이다—옮긴이 주.

없다. 임질, 매독, 연성 하감을 모두 동일하다고 알고 있는 사람(**동일론**, Identitätslehre)과 '화류병'을 몇몇 질병의 실체로 해체하려는 의사들 사이에서 논쟁이 일어났다. "많은 의사들, 특히 앙드레John André와 슈베디아우어Franz Xaver Swediauer는 임질의 진물과 하감의 고름을 토대로 두 질병을 감염시키는 병원균이 동일하다는 점을 확인하려 했다. 이를 위해 고안된 실험을 몇 번 실시한 후에, 그들은 임질의 독이 때때로 하감을 일으킬 수 있고, 거꾸로 하감의 독이 임질을 일으킬 수도 있다고 말했다. 이 생각에 많은 사람이 동조했다. 프리체Johann Friedrich Fritze는 임질과 하감이 물론 발생적으로는 별개의 것이 아니지만, 종적으로는 다르다고 생각했다."[17] 즉 많은 유기체의 경우에 병원균이 "너무 약해서 하감을 일으키지 못하지만, 임질을 만들어낼 만큼은 충분히 강하기" 때문에 차이가 난다는 것이다. 헌터John Hunter는[18] 건강한 사람의 생식기 표피에 임질 고름을 주사하여 전형적으로 매독에서 나타나는 궤양 상태를 만들었다. 그는 임질과 매독의 동일성을 주장했지만, 연성 하감과 경성 하감을 구분했고, 경성 하감만이 매독에 귀속되어야 한다는 주장을 폈다(**이원론**, Dualitätslehre). 이로부터 유사 매독 이론, 즉 매독을 닮았지만 원칙적으로는 매독과 다른, 경성 하감의 징후가 앞서 나타나지 않는 질병 이론도 생겨났다.

다른 학파는 임질의 독과 매독의 독을 구별했지만, 임질을 대체로 체질적 발병의 초기 단계로서 고찰했고, (매독학의 영향을 받아) '임질병'Tripperseuche이라고 불렀다. (리코드P. Ricord처럼)[19] '유니테리언학파'Unitarier[20]와 동시대의 다른 학파는 매독과 임질을 확실히 구별했다.

---

[17] Hergt, l. c. S. 78. 여기서 의사란 18세기에 살았던 의사를 말한다.
[18] John Hunter, 1728~ 1793.
[19] Philippe Ricord, 1800~ 1889.

그러나 이들은 연성 하감과 경성 하감의 동일성을 주장하면서, 하감을 일으키는 일반적인 단계에 필요한 일반적으로 매독을 발병시키는 특수한 소질에 관해 말했다. 결론적으로 이 **새로운 이원론**neue Dualitätslehre은[21] 임질을 매독과 구별했을 뿐만 아니라 하감도 매독과 구별했다.

이 모두는 다양한 성병을 각각 구별하는 문제에 관해 언급하고 있지만, 여전히 매독 개념을 둘러싼 문제 전체, 예를 들어 소모증과 진행성 마비에 대한 매독의 관계에 관해서는 언급하지 않고 있다. 이 문제는 19세기 후반과 20세기에 들어 병리발생학과 병인학이 발전할 때까지 전혀 다루어지지 않았다.

그러나 18세기 내지 19세기 전반기의 관점을 순수 이론적으로 고찰해보면, 우리는 다음과 같이 언급할 수 있을 것이다.

여기서 우리의 관심을 끄는 것은 단순히 매독과 바서만 반응 Wassermannreaktion[22] 간의 관계를 언급한 개념으로서 매독의 개념이다. 매독 개념 자체는 많은 다른 개념과 결합된 언표로 규정된다. 따라서 우리가 서술한 다양한 매독의 개념을 살펴보자. 즉 ① 화류병의 개념, ② 경험적-치료적 매독 개념(수은), ③ a) 유니테리언, b) 이원론, c) 동일론의 실험적-병리학적 매독 개념 등에 관해 살펴보자. 이 개념은 모두 다만 형식적 구조에 따라 서술되었을 뿐이고, 그 문화사적 관계와 무관하게

---

20 유니테리언학파: 18세기에 이신론의 영향을 받아 그리스도교의 교리를 반삼위일체론적으로 해석한다. 즉 이들은 신이 하나라는 유일신 신앙, 즉 단일신론 Unitheolism을 주장하여 예수를 하느님이라고 믿지 않기 때문에, 삼위일체 신앙을 갖는 주류의 그리스도교와 교리적 차이가 있다—옮긴이 주.
21 이 새로운 이원론에는 두 개의 변종, 즉 프랑스적 이원론과 독일적 이원론이 있다.
22 바서만 반응: 매독의 혈청학적 진단에 사용하는 검사법으로 1906년 독일의 세균학자 바서만A. von Wassermann 등이 당시에 알려진 보체결합반응을 이용하여 매독의 혈청진단법을 연구한 것에서 유래한 이름이다. 바서만 등은 선천성 매독에 감염된 태아의 간 추출물을 항원으로 사용했는데, 이때 반응이 양성으로 나타나면 매독으로 판정되었다—옮긴이 주.

서술되어 있다. 그래서 하나의 인습적 개념의 정의를 둘러싼 논쟁이 불가피해 보인다. 이들 개념을 정의하는 관점은 처음에는 관찰에 의지하다가 점차로 실험에 의지하는 경향을 보인다. 물론 관찰이나 실험이 단순히 잘못되었다고 말할 수는 없다. 우리는 매독을 이러저러하게 정의할 수 있지만, 채택된 정의는 반드시 결론과 부합해야만 한다. 따라서 이러한 측면에서는 많은 융통성이 있는 것처럼 보이고, 채택된 후에는 강력한 결합이 뒤따라 나오는 것처럼 보인다. 이러한 생각은 잘 알고 있듯이, 인습주의를 나타낸다. 예를 들어 매독을 단순히 화류병이라고 정의하는 것은 자의적이다. 여기서 우리는 당연히 임질, 연성 하감 등도 매독에 포함시키고, 이에 대한 실질적인 치료를 부정하며, 아마도 합리적 치료 일반까지 부정할 것이다. 그리고 우리는 수은의 효용성에서 출발하는 하나의 정의를 구축할 수 있다. 그뿐만 아니라 우리는 오늘날 1기 매독, 2기 매독이라 부르는 단계에 대한 매우 실질적인 치료 개념을 획득할 수 있을 것이다. 그러나 이 관계에서는 3기 매독이 배제되고, 매독 외의 다른 질병도 모두 배제된다. 유니테리언 학파 등은 매우 복잡하게 뒤엉킨 인습을 받아들였을 것이지만, 끝으로 여기서 우리는 그들의 요청에 부합하는 서술만을 함께 나타낼 수 있을 뿐이다.

그래서 이 형식적 관점에서 우리는 채택을 좌우하는 이른바 임의의 결합과 이 결합이 강압 때문에 생겨나는 것임을 본다. 능동적이고 임의로 이루어진 결합 가운데 하나를 택하려는 의도로서 사고 경제학 Denkökonomie을 인정하는 사람은 마흐E. Mach의 이론에 기초한 사람이다.[23]

---

[23] 후천적으로 a posteriori 고찰되는 견해는 특히 우리가 그 견해에 익숙해졌을 때, 종종 경제적인 것처럼 보인다. 스스로 새로운 설비를 경제적으로 갖춰 얻는 것에 의해 투자비용을 특정한 기간 내에 회수할 것이라는 약속을 하지 못한다면, 기존의 설비가 언제나 기획된 새로운 설비보다 훨씬 더 경제적이다. 견해의 지속은 제한적이기 때문에, 견해를 비싸게 변경하는 것은 거의 언제나 비경제적이다. 나

첫째로 이러한 형식적 관점은 이른바 인식론적 채택과 인습이 문화사적으로 제약받는다는 점을 전혀 고려하지 않은 것이다. 아니 고려했다 하더라도 그 효과가 극히 미미했을 뿐이다. 16세기에는 신비적-윤리적 매독 개념을 자연과학적·병리발생학적 개념으로 자유롭게 변경시킬 수 없었다. 한 시대에 형성된 모든 –또는 많은– 개념 사이에는 서로 영향을 주고받는 양식에 따른stilgemäße 결합이 존재한다. 따라서 우리는 하나의 사고 양식Denkstil에 관해 말할 수 있다. 이 사고 양식이 모든 개념의 양식을 규정한다. 역사는 개념의 정의를 둘러싸고 격렬한 싸움이 일어날 수 있음을 시사한다. 이 싸움은 논리적으로 같고 가능한 인습이 왜 가치 있는 동일한 것으로 받아들여지지 않는지, 그리고 논리적으로 동일하고 가능한 인습이 어떻게 공리주의적 근거와 무관하게 받아들여질 수 있는지 증명해 준다.

둘째로 이념이 전개되는 숙명적 과정 속에는 이를 장악하려는 자신의 고유한 역사적 법칙성, 다시 말해 이념의 숙명을 관찰하는 사람에게 나타나는 특유의 보편적인 인식사Erkenntnisgeschichte 현상이 확고하게 자리 잡고 있다. 예를 들어 많은 이론이 두 시기를 경험한다. 그것은 먼저 모든 것이 뚜렷하게 결정되는 고전적 시기와 다음으로 마침내 예외가 알려지는 두 번째 시기다. 또는 많은 이념은 그 합리적 근거보다 훨씬 앞서 생겨났고, 합리적 근거와 전혀 무관하게 생겨난 것으로 보인다. 나아가 몇몇 이념의 흐름을 짜 맞춰 하나의 특별한 현상을 만들어내기도 한다. 끝으로 인식의 영역이 더 체계적일수록, 그리고 세부적이고 다른 영역과의 관계에서 내용이 더 풍부해질수록, 생각의 차이는 점점 줄어든다.

우리가 이 일반적인 문화사적 관계와 특수한 인식사적 관계를 고려한

는 아주 작은 무의미한 문제를 제외한다면, 사고 경제학이 어떤 때 실천적으로 결단했는지 의심한다.

다면, 인습주의는 상당히 유의미하게 제한될 것이다. 임의의 합리적 채택 대신에 방금 말한 특별한 조건들이 나타날 것이다. 그런데도 우리는 언제나 (개인심리학과 집단심리학을 모두 포함하는) 심리학적으로도, 역사적으로도 설명할 수 없는 또다른 연관을 인식 내용에서 발견한다. 그래서 이 연관이야말로 '참된' '사실적'이고 '현실적'인 관계라고 추측된다. 이것을 우리는 수동적 연관이라 부른다. 이와 반대되는 다른 것은 능동적 연관을 나타낸다. 우리가 말하는 매독의 역사에서 모든 성병을 '화류병'이라는 공통된 개념 속에 하나로 묶어 두었던 것은 문화사적으로 설명되는 **현상의 능동적 결합**이다. 반대로 수은의 치료 효과를 위에서 인용한 "수은은 때때로 성병을 치료하지 못하고, 심지어 증상을 악화시킨다."라는 문장에 한정시켜 본다면, 그것은 인식 작용과 관련된 **수동적 결합**을 서술한 것이다. 나아가 이 수동적 결합은 화류병의 개념 없이 홀로 형성될 수 없었다는 점도 분명하다. '화류병'이라는 개념 자체는 능동적 요소와 수동적 요소를 모두 포함한다. 다른 모든 개념도 마찬가지다.

능동적-수동적 결합과 이 결합의 불가분적 연결성 외에 매독 개념이 발전해 온 지금까지 역사에서 유일한 실험이 갖는 한정적 의미를 우리는 —실험, 관찰, 기량 그리고 개념의 개조로 이루어진 영역에서 일어나는 경험과 비교해 볼 때— 쉽게 통찰할 수 있을 것이다. 헌터J. Hunter가 실시했던 것과 같은 영웅적인 주요 실험조차 아무것도 증명해 주지 못할 때가 있다. 왜냐하면, 헌터의 실험 결과는 오늘날 우리가 볼 때 우연이나 오류로 평가될 수 있고, 그렇게 평가되어야만 하기 때문이다. 접종 분야에서 보다 큰 경험이 머지않아 헌터보다 나은 것을 가르쳐줄 것이라는 점을 오늘날 우리는 잘 알고 있다.

그러나 실험과 실험으로 알게 된 경험들 사이에는 아주 중요한 차이가 있다. 실험이 단순히 묻고 대답하는 것이라고 해석될 수 있다면, 경험은 지적 훈련의 복잡하게 착종된 상황이라고 이해되어야 한다. 이 착종된 상황은 인식하는 것 사이의 상호작용, 즉 이미 알려진 것과 알아야만 하는 것 사이의 상호작용에 근거한다. 그러나 물리적·심리적 기량의 습득, 어떤 관찰과 실험의 양적 축적, 가소적인 개념의 개조 능력은 분명히 형식 논리적으로 통제될 수 없는 상황을 형성한다. 그리고 위에서 언급한 상호작용도 인식 과정의 형식 논리적 고찰을 전혀 하지 못하게 한다.

그래서 어떤 사변적 인식론도 존재 이유Daseinsberechtigung를 잃게 된다.[24] 그리고 인식은 유일한 예나 몇몇 예에서 추론되는 것이 아니다. 많은 것을 경험적으로 탐구하고, 인식 작용 속에서 발견하는 일은 여전히 타당하다.

다시 우리의 주제로 돌아와 매독 개념의 오랜 역사에 관해 살펴보자. 여기서 우리는 매독 개념을 오늘날 형태로 완성시킨 별개의 두 사상에 관해 언급해야만 하겠다. 그 하나는 (넓은 의미에서) 병리발생학적 질병의 실체로서 매독 개념이고, 다른 하나는 특수한 병인학적 실체로서 매독 개념에 관한 것이다.

매독에 관한 병리발생학적 사상, 즉 관련 질병을 일으키는 기제Mechanismus에 관한 견해는 매독에 관한 최초의 저술에서 이미 언급되었다. 그것은 거의 모두 질병학Dyskrasie-Lehre이라는 의미에서 더럽혀진 나쁜 체액의 혼합에 관한 학설이었다. 이 학설이 의학 전체를 지배해 왔다.

---

[24] 여기서 프렉은 칸트의 '선천적 종합판단', 논리실증주의의 '메타언어'에 대한 포괄적인 비판을 담고 있는 듯하다. 칸트의 경험은 감각 직관을 가리키는 말이고, 논리실증주의에서는 경험을 언어 분석에 한정하여 사용한다. 이에 반해 프렉은 경험 개념을 이런 사실, 저런 사실을 비교·유추하는 능력이라는 의미에서 사용한다. 이러한 프렉의 경험에 (인식론적으로) 중요한 것은 바로 수동적 연관과 능동적 연관이고, 이러한 연관은 오직 사고 사회학적으로 탐구된다. 그 결과 하나의 사고 양식과 사고 집단이 생겨나고, 이에 대한 연구야말로 이 책에서 프렉이 궁극적으로 밝히려 했던 주요 과제다—옮긴이 주.

그러나 이 학설은 단순히 약 10개의 조합 가능성만 허용했고, 이 10개의 조합으로 모든 질병을 남김없이 설명해야만 했다. 그래서 질병학이라는 이 학설은 본래 아무 의미도 없는 어구語句에 불과하다. 이 국면을 상세히 서술하는 것은 이 글의 범위를 넘어선다. 그러나 다음과 같은 하나의 중요한 상황, 즉 체액이 혼합되어 있다는 일반적인 학설에서 매독이라는 질병도 더럽혀진 혈액 때문에 생겨났다는 생각이 나왔다는 점만 강조해 두어야겠다.

'피를 바꾼다alteratio sanguinis'라는 말은 모든 일반적인 질병에서 애용되는 설명 구절이었다.[25] 그러나 다른 질병에서 피를 바꾸는 것은 시간이 지남에 따라 점차로 그 의미가 퇴색되고 말았지만, 유독 매독의 경우에만 피를 바꾼다는 것이 내용적으로 점점 더 풍부해졌다.

먼저 우리는 다음과 같은 구절을 읽는다. "우울한 피sanguis melancholicum는 독소에 의해 감염되어 있어서 영양을 공급하는 물질로 적절히 전환될 수 없고, 쓸모없는 여분의 노폐물이 된다. 특히 뼈나 근육, 신경 계통이 우울한 피로 영양을 공급받고 있을 때, 노폐물이 크게 증가하며, 그 노폐물이 축적되는 곳에서 노폐물은 이미 언급한 고통의 원인으로 작용하는 일이 발생한다."[26] 이것은 매독에 걸린 사람의 경우에 뼈가 쑤시고 아프다고 말하는 것을 설명해 주는 대목이다. 또는 "유행성 출혈열을 앓고 있는 동안, 공기 중에 은밀하게 퍼져 있던 나쁜 성질이 심장 자체, 호흡기와 혈액 등에 침투하여 이들을 감염시킨다."[27] 또는 "특히 매독에 걸린 사람의 피는 약간의 자연적 본성을 제외하고는, 좋은 상태에서 나쁜 상

---

[25] 우리는 Thomae Sydenham, *Opera medica*, Venetiis, 1735, S. 3에서 다음과 같은 구절을 본다. "그러나 특히 열병들은 … 피의 징표가 확실하게 변화하기 때문에, 구별되는 여러 이름을 갖는다."
[26] Bartol. Montagnanae, *iunioris de morbo Gallico consilium*, S. 3.
[27] Ibidem.

태로 전환된다."[28] 또는 "아픈 부위를 절개했을 때 피하에 상처 딱지와 궤양이 있다는 점이 확실히 식별된다. 그 원인은 실제로 독소에 의해 감염이 일어나 과도하게 뜨겁고 걸쭉해진 피 때문이다."[29] 또는 "매독을 앓고 있는 사람 중에서 다음과 같은 점에서는 별다른 이상이 보이지 않는다. 즉 매독의 초기에는 그 부위가 곪지 않기 때문에, 거의 자각하지 못하지만, 피는 이미 외부에서 침투한 오염에 의해 감염되어 있다는 점이다."[30] 또는 "매독이란 감염에 의해 혈관 속에 생기는 일반적인 질병이다."(카타네우스Cataneus) [31] 라거나 "피는 자연 상태를 벗어나 변한다는 점이다."(팔로피아Fallopia)[32]

이제 매독은 극히 다형성의, 다양한 형태를 한 질병이 되었다. 고문헌에는 매독이 종종 '변화무쌍한 질병'morbus proteiformis이고, 그 본성은 다양한 형태 때문에 '프로메테우스 또는 카멜레온'Protheum vel Camaleonta을 생각나게 한다고 적고 있다.[33] 블로흐J. Bloch는 우리가 매독과 관련짓지 않는 질병과 증상은 거의 없다고 서술했다.[34] 그래서 우리는 더렵혀진 피에서 공통적인 것과 특수한 것을 찾는 데 초점을 맞춰 왔다.

"혈액에서 매독의 진단을 가능하게 하는 시도는 매독의 발병을 알려주는 병리학적 인식이 대체로 더 확고한 형태를 가정하고, 임상적으로 형성된 매독의 다양한 형태성이 점점 밝혀지기 시작한 시대로 거슬러 올라간다."[35]

---

[28] Bern. Tomitani, *de morbo Gallico, libri duo*, S. 74.
[29] Ibidem, S. 88.
[30] Ibidem, S. 113.
[31] Geigel, *Geschichte, Pathologie und Therapie der Syphilis*, Würzburg, 1867, S. 12에서 재인용.
[32] Geigel, S. 39.
[33] Ibid, S. 70.
[34] Bloch, l. c. S. 98.

"초기의 견해에 따르면 감염원은 강한 부식성을 지닌 액체이고, 이 액체가 피에 섞여 독자적인 형태를 띠게 된다고 고찰되었다."[36] "후에 매독이 바뀐 혈액과 바뀐 체액에 의존한다는 견해가 점점 확산되었다."[37] 이때 매독 뾰루지는 "병원균을 피부 밖으로 밀어내려는" 자연적 시도로 고찰되었다.[38] "매독은 체액의 다양한 부패로부터 발생하는 종기들이다."(레오니세누스 N. T. Leonicenus)[39] 사람들은 치료가 피를 맑게 정화하는 것이거나 감미롭게 하는 것이라고 생각했다. "매독에 걸리면, 사지는 피가 자신에게 영양을 공급하기 때문에 자신의 영양을 위한 것이라고 여겨졌던 오염된 피를 거부한다. 오염된 피는 온몸을 감싸고 있는 수건과 같은 역할을 하는 피부 쪽으로 자연히 추방된다. 그래서 먼저 피부의 오염이 발생하고, 그 후 피부에 수포가 돋아나고, 피부가 거칠어지며, 심지어 진물도 생기게 된다."(카타네우스 J. Cataneus de Lacumarcino)[40]

1867년 무렵에 가이겔 A. Geigel은 다음과 같이 서술한다. "일반적으로 영양분 저장소인 혈액이 매독의 흐름 속에서 어떤 내용적 변화를 겪고 있다는 점을 우리는 마땅히 영양섭취의 비정상성에서 추론할 수 있다. 마찬가지로 우리는 또한, 이 변화가 모든 매독의 국면에서 같은 것이 아니라는 점도 추론할 수 있다."[41]

1894년에 라이흐 E. Reich는 매독을 알아볼 수 있는 증상과 알아볼 수 없는 증상으로 정리한 후에 다음과 같이 서술한다.[42] "이 모두는 필연적

---

[35] Bruck, *Die Serodiagnose der Syphilis*, 1924, S. 1.
[36] Wendt, *Die Lustseuche*, 1827, S. 9.
[37] Bierkowski, *Choroby syfilityczne*, 1833, S. 36.
[38] Hergt, *Geschichte, Erkenntnis und Heilung der Lustseuche*, 1826, S. 58.
[39] Geigel, S. 7에서 재인용.
[40] Geigel, S. 19에서 재인용
[41] Geigel, S. 223. 여기서 또한, 혈액 교환을 분석하는 상세한 시도가 있었다.
[42] Reich, *Über den Einfluß der Syphilis auf das Familienleben*, Amsterdam, 1894년

으로 혈액이 화학적으로 변한 결과로 귀착된다." "매독에 걸린 사람의 피는 건강한 사람의 피와 무조건 다르다. 그것은 다양한 질병 현상이 간접적으로 증명해 준 사실과 같고, 또한, 가우티어E. J. Gauthier에 의해 증명된 것과도 같다. 가우티어는 매독환자의 피에서 물과 식염수의 비율이 줄어든다는 사실을 발견했다." 이 무렵에 매독 혈액Syphilisblutes이라는 이념이 구체적으로 나타나기 시작했다.

헤르만J. Hermann은 '매독 혈액이라는 도그마'에 대항하여 호머와 같은 투쟁을[43] 벌였다. 우리는 헤르만을 일찍이 사회적으로 적응하지 못한 국외자로 알고 있다. 이러한 헤르만이 매독에 걸린 사람의 피를 바꾼다는 사실을 증명하려는 몇몇 동시대인의 시도에 관해 적고 있다. 그리하여 매독을 혈액으로 전염시켜 보려는 실험을 진행했다.[44] "매독 혈액에 대한 논쟁은 나아가 매독이 종두법Kuhpockenimpfung에 의해 감염된다는 주장으로 번졌다."[45] 더욱이 헤르만은 1872년 12월 1일 비엔나 의사협회의 모임에서 다음과 같이 언급했다. "아스쿠라피우스Aesculapius의 아들인 로스토퍼 박사Dr. Lostorfer는 지금까지 혈액 연구가 잘못된 방법 때문에 아무런 구체적인 성과도 내지 못했다고 주장했다. 로스토퍼 박사는 또한, 자

경. 라이흐에 따르면 매독은 또한, 모든 뼈의 골저(骨疽, Caries: 만성골염으로 뼈가 썩어서 파괴되는 질병-옮긴이 주)와 요근Psoas, 요추 궤양Lendenabszesse, 모든 연령대에 나타나는 모든 형태의 폐결핵Phthisis, 어디서나 일어나는 결핵 질환 tuberkulöse Leiden, 구루병Rachitis, 신경병, 정신병, 허약 체질 등을 모두 포함한다.
43 호머의 서사시, 오디세이를 염두에 두고 한 말이다—옮긴이 주.
44 "1850년에 발러J. R. von Waller의 실험은 성공을 거두었다." Hermann, 1891, S. 24. 저자인 발러는 성공했다는 점을 의심한다. 왜냐하면, 실험의 결과가 자신의 이론과 일치하지 않았기 때문이다. 발러 외에도 많은 사람이 실험을 진행했다. 익명의 펠쩌Pfälzer 주민*, 린드뷰름Lindwurm, 펠리짜리Pellizari 등이 그들이다.
* 슈도프Sudhoff에 따르면 그는 베팅거 박사Dr. J. Bettinger이다. K. Sudhoff, *Kurzes Handbuch der Geschichte der Medizin*, Berlin: karger, 1922, S. 450—옮긴이 주.
45 l. c. S. 26. 여기서 헤르만은 단지 피부에서 나온 매독 분비물에 의해 감염된다고 보았지, 혈액에 의해 전염된다고 보지 않았다.

신을 매독 세포Syphiliskörperchen의 발견자, 아니 더 정확하게 말하면 매독 세포의 발명자라고 설명하면서 매독 세포는 매독에 걸린 사람의 피 속에 있고, 피 속에 있는 매독 세포가 모든 측면에서 정확한 체질적 매독에 대한 진단을 가능하게 해 준다고 말했다." 이 방법은 머지않아 틀렸다는 사실이 판명되었다. 왜냐하면, 이처럼 매독에 걸린 사람의 혈액 세포는 "매독에 대한 어떤 특수한 징표가 아니었기" 때문이다. 이것은 우리에게 "매독에 걸린 사람의 혈액 연구가 화학과 현미경의 도움으로 생겨난" 것임을 말해준다.[46]

이 점에 관해서는 브룩C. Bruck이 자세히 보고했다.[47] "기존의 수많은 매독 혈액에 관한 생물적-화학적 연구가 매독의 진단에 사용할 수 있을 만한 결과를 내지는 못했다. 매독에 걸린 사람의 혈구 수 변화, 헤모글로빈과 철의 함량은 노이만-콘리드J. Neumann-A. Konried, 라이스W. Reiss, 스톤코프노프-세리네프M. Stonkovenoff-I. F. Selineff, 리게오이스C. Liegeois, 말라쎄즈L. C. Malassez, 릴레J. H. Rille, 오펜하임M. Oppenheim과 뢰벤바흐G. Lövenbach의 실험 이후로 더는 매독의 진단에 사용할 수 없게 되었다. 모노J. Monnod, 베라티G. Verrati, 제른티노I. F. Seerntino와 특히 유스투스J. Justus는 매독 환자의 경우에 적혈구의 저항이 감소한다는 주장을 펼쳤는데, 그것은 수은을 처음 주사하고 나서 헤모글로빈의 함량이 감소하는 것으로 드러났기 때문이다. 하지만 나겔슈미트K. F. Nagelschmidt에 의하면 이는 검증될 수 없었다. 마찬가지로 (리코드, 그라씨J. A. Grassi 등에 의한) 매독 혈액 중에서 단백질 함량이 증가한다는 연구도, 반응의 변화와 결빙점의 결정 등에 관한 연구도 소기의 목적을 달성하지 못했다. 또한, 오늘날 면역학의 전조를 보인 데트레L. Detre와 젤라이J. Sellei의 매독환자와 정상적인 사람의

---

[46] Hermann, l. c. S. 32.
[47] Bruck, *Die Serodiagnose der Syphilis*.

피 응집력을 비교한 연구도, 매독 혈청에서 응집력, 용혈, 석출 반응을 연구한 나겔슈미트의 실험도 아무 성과를 거두지 못했다."

우리는 놀라운 인내심을 가지고 매독 혈액이라는 이념을 증명하고 또한, 완성하고자 가능한 방법을 총동원했고, 마침내 이른바 바서만 반응에 이르게 되었다. 바서만 반응의 발견은 매우 중요한 연구의 출발점을 형성했다. 조금도 과장하지 않더라도, 그것은 획기적인 사건으로 간주될 것이다.

먼저 바서만 반응에 의해 매독의 새로운 한계가 규정되었다. 그것도 주로 2기와 3기의 매독, 특히 척수매독, 진행성 마비와 같이 이른바 매독 때문에 생긴metaluetischen 질병 영역에서 매독을 재규정하는 일이 일어났다. 다음으로 유전적 매독과 잠재적 매독의 문제가 해결되었고, 이어서 많은 다른 영역에서 연구된 것과 관련하여 폐결핵, 구루병, 낭창과 같은 다양한 질병이 매독과 맺어왔던 상상의 관계가 모두 해소되었다.

그러나 바서만 반응은 자신만의 고유한 지도지침을 만들어 발전시켰다. 이로써 독립된 학문분과인 혈청학Serologie이 생겨났다. 바서만 반응과 혈청학의 발생적 연관은 의사들이 일상 언어로 말하는 보편적인 표현방식이 되었다. 바서만 반응은 종종 단순히 '혈청 검사'라고도 불린다.

동시에 병인학Ätiologie 사상도 매독학에 영향을 끼쳤다. 병인학은 다시금 제1기 매독에서 질병의 실체를 정의하는 데 사용되었다. 이로써 오늘날(!) 매독의 개념이 완성되었다.

지식 영역에서 역사를 올바르게 서술하는 것은 –불가능한 일이 아니라 하더라도– 매우 어려운 일이다. 지식의 역사는 수많은 서로 교차되고 영향을 주고받는 사상이 발전하면서 이루어진다. 이 사상은 첫째로 끊임없는 발전의 도상에서 표현될 것이고, 둘째로 그때마다 사상이 서로 맺고 있는 연관 속에서 표현될 것이다. 셋째로 하나의 이념화된 평균적 노선인 발전의 주요 방향은 동시에 서로 분리되어 나타날 것이다. 따라서 지식이란 마치 우리의 흥분된 목소리들을 자연적 과정에 충실히 따르면서 문자로 재현하려는 것과 같다. 이 목소리들 가운데서 많은 사람이 동시에 서로 떠들고 자신을 알리려고 부산을 떨 것이지만, 공동으로 만들어낸 사상도 있다. 우리가 사상의 다른 노선을 소개하기 위해서는 서술된 사상이 향하는 노선의 시간적 연속성을 중단시켜야만 한다. 그리고 연관을 특별히 나타내기 위해서는 발전을 유보시켜야 한다. 그뿐만 아니라 이념화된 주요 노선을 유지하려면 많은 것을 사상(捨象)시켜야만 한다. 생생한 상호작용을 서술하는 대신에 다소 인위적인 도식이 나타나기도 한다.

질병을 일으키는 정령, 질병을 일으키는 기생충이라는 신비적-상징적 이념에서 질병을 일으키는 독과 감염이라는 개념contagium-vivum-Begriff을 넘어 근대적 의미의 박테리아라는 이념은 질병을 일으킨다는 유발자 사상Erregergedanke을 어떻게 구체화했는가? 이에 대해 추적하려 한다면, 나는 지금 다시금 먼 과거에서 시작해야만 할 것이다. 나는 질병 유발자 사상이 처음에 어떻게 매독 사상과 관계했고, 한동안 소원했다가 다시금 새로운 형태로 관계를 맺게 되었으며, 마침내 양자가 결합하게 되었는지 보여줘야만 할 것이다.

그러나 이 관계는 이미 말한 매독 혈액이라는 사상이 발전해 온 연관과 많이 닮아있다. 그리고 인식론은 많은 새로운 것을 요구하지도 않기 때문에, 더는 자세한 서술이 필요하지 않다. 그러나 다음과 같은 중요한 구별은 언급할 가치가 있다. 즉 특수한 유발자가 있다는 사실을 우리가 직접 증명하기 전에, 유발자는 이미 간접적으로 증명되었다는 점이다. 왜냐하면, 질병이 본성적으로 감염된다는 사실은 관찰에서도, 실험에서도 잘 드러나기 때문이다. 우리는 병리학의 다른 영역에서 유추하여 다음과 같은 사실을 발견했다. 그것은 박테리아가 일반적으로 확인된 시기에 유발자 사상이 이미 호의적인 영향을 미쳤다는 점이다. 먼저 다른 영역에서 활동하던 박테리아 학자들 덕분에 매독 유발자도 발견되었다. 거꾸로 바서만 반응은 매독학에서 나왔다. 그 다음으로 특별한 과학인 혈청학이 구축되었다.

스피로헤타 팔리다Spirochaeta pallida의 발견은 여유를 가지고 논리적으로 생각해 온 관리들이 이룩한 성과다. 매독 유발자를 찾기 위한 시도를 많은 사람이 해 왔지만, 불행하게도 아무도 성공하지 못했다. 이렇게 실패를 거듭한 후에 "1904년과 1905년에 지겔J. Siegel이 다양한 감염 질병-천연두, 구제병, 성홍열과 매독 등-을 일으키는 형성체에 관해 서술했다. 이 형성체를 그는 질병을 일으키는 아직 알려지지 않은 유발자라고 해석하고, 그것이 원충Protozoe임에 틀림없다고 생각했다. 이 사실이 확인된다면, 그것은 마땅히 지겔이 발견한 것이 되어야 한다. 이렇게 사안의 중요성에도 불구하고, 당시에 독일제국의 건강을 관장하는 주무관인 쾰러 박사Dr. Koehler는 건강당국이 시행한 검증의 평가 원칙을 충족시켜야만 한다고 생각했던 것으로 보인다."[48] "1905년 2월 15일 쾰러 박사의 주재로 회의가 열렸고, 이 회의에서 논의되고 결정된 바에 따라 건강당국의 정부 관리인 샤우딘 박사Dr. Schaudinn는 당시 보조 임무를 담당하고 있던 노이펠트 박사Dr. Neufeld를 대동하고, 왕립 대학교 피부병과 성병을 담당하는 책임자, 레셔 교수Prof. Dr. Lesser를 찾아갔다. 그리고 건강당국 주무관의 위임을 받아, 그는 레셔 교수에게 건강당국이 실시하는 매독 유발자에 대한 연구에 병리학적 원천 자료를 가지고 도와줄 수 있는지 물었다." 이에 대해 레셔 교수는 기꺼이 동의했고, 자신의 선임 조교인 군의관

---

[48] Schuberg und Schloßberger, *Klin. Woch.* 1930, S. 582.

호프만 박사Dr. Hoffmann도 함께 참여시킬 것을 제안했다. 샤우딘은 이미 1905년 3월 3일에 새로 생긴 매독 뾰루지에서 "가장 성능이 좋은 현미경으로만 볼 수 있는 아주 미묘하지만 힘차게 운동하는 스피로헤타를 찾아내는 데" 성공했다. 이 세균을 그는 "구강과 생식기 점막에 흔히 나타나는" 조잡한 형태와 구별하여 스피로헤타 팔리다라고 불렀다. 곧 스피로헤타가 포함된 시료를 원숭이에게 감염시키는 실험에 착수했고, 이 실험에서 긍정적인 결과를 얻었다. "이미 100명도 넘는 저자가 매우 다양한 매독균의 배양에 성공하여" 스피로헤타 팔리다를 발견했음에도 불구하고, 건강 당국은 스피로헤타 팔리다의 진정한 발견자가 누구인지에 대해서는 침묵으로 일관했다. "1905년 12월 8일의 보고서에서는 스피로헤타 팔리다를 매독의 유발자로 본다는 결론이 결코 부당한 것이 아니라는 점이 천명되었는데, 이 보고서는 프로바제크S. Provazek가 초안했고, 교신저자인 샤우딘이 교열했으며, 내무성 비서국 건강담당 관리들이 함께 서명했다." 매독을 유발하는 인자를 발견한 공로는 본래 정부 관리였던 이 팀에게 돌아갔다. 이들은 매우 신중하고 냉정하게 양심적으로 일했고, 또한, 판단했다. 그래서 이들의 정신적 후손들도 지금 매우 신중하고 냉정하게 양심에 따라 일하고 판단한다.

스피로헤타 팔리다의 순수 배양, 토끼와 원숭이에게 스피로헤타 접종 실험은 나중에 매독 유발자라는 생각의 틀을 구축하는 시금석이 되었다.

이렇게 하여 오늘날 통용되는 매독의 개념이 완성되었다. 임질과 연성하감의 유발자는 이보다 일찍 발견되었기 때문에 매독의 도감에서 빠졌다. 또한, 척추 매독과 진행성 마비도 매독 때문에 생겨난다는 사실을 바서만 반응과 함께 스피로헤타 팔리다가 확인시켜 주었다. 이 스피로헤타를 림프관에 주사하면 즉각 반응이 나타나기 때문에, 이제 우리는 1기 매독을 더는 생식기에 국소적으로 나타나는 질병으로 보지 않게 되었다.

오늘날 매독 개념과 관련한 네 개의 사상노선도가 있다. 이는 모두 다음과 같이 형성되었다. 성병, '화류병' 자체는 완전히 종합적인 개념이 되었다. 성교와 관련된 연관은 신비적-윤리적인 개념에서 기계적 개념으로 바뀌었다. 최근에야 새로운 질병의 실체인 서혜 림프 육아종이 매독에서 분리되어 더 명확하게 규정되었다. 여기서는 바서만 반응 대신에 프라이W.S.Frei의 이른바 피부 검사가 그 역할을 담당한다. 프라이는 Tbc 이론Tbc-Lehre을[49] 정립한 원조다. 유발자에 관한 연구가 본격적으로 시행되었다. 더 많은 성병의 실체가 발견을 기다리고 있을지도 모르겠다. 왜냐하면, 우리는 이른바 아직도 구체화되지 않은 생식기의 궤양에 대해 말하고 있고, 많은 개별적인 경우에 이를 진단하는 데 어려움을 겪고 있기 때문이다. 우리는 여전히 유사 궤양증Pseudo-Ulcus molle과 유사 매독종Pseudosyphiloma 같은 당혹스러운 개념을 사용한다. 몇몇 열대 질환도 성병으로 전환될 가능성이 있는 것으로 생각된다. 수은 요법에서 일반적인 화학치료 이론이 생겨났다. 이 화학적 요법은 살바르산Salvarsan과[50] 몇몇 다른 약물들에서 보듯이, 놀랄만한 효과를 거두었다. 화학적 요법은 다른 영역으로도 전파되었지만, 매독 및 이와 유사한 세균성 질환에서 효과가 가장 컸다.

혈액 사상과 혈액 사상이 처한 운명에 관해서는 다음에 상세히 설명할 것이다.[51]

---

[49] 투베르쿨린 반응검사를 말한다. 결핵의 감염 여부를 판정하는 검사법이다. 결핵균에서 얻은 적은 양의 투베르쿨린을 피부 또는 점막의 일부에 투여하고 일정한 시간이 지난 후에 그 부위에 일어나는 반응을 관찰한다. 감염의 원천과 감염 시간을 판단하는 데에 도움을 준다—옮긴이 주.
[50] 살바르산: 매독 치료약으로 에를리히P. Ehrlich가 처음으로 발견한 화학요법 제제이다—옮긴이 주.
[51] 이 책 2장 2절 참조—옮긴이 주.

유발자라는 생각에는 아직 몇몇 매우 중요한 사실들이 덧붙여져야만 한다. 더 많은 질병 현상이 스피로헤타 팔리다의 생물학적 구조와 결합해 있다. 우리는 특히 향신경성neurotrope 바이러스와 향피부성dermotrope 바이러스를 스피로헤타 팔리다의 변종으로 보고, 이 바이러스들이 틀림없이 질병의 임상 과정과 관련이 있다고 생각한다.[52] 매독의 단계들이나 매독의 재발은 일종의 유발자 세대교체를 나타내는 것이라고 설명된다. 병리발생학과 역학, 독립된 학문분과인 세균학 분야에서 매독과 다른 중요한 현상이 생겨났다. 이 현상들은 이미 오늘날 질병 개념의 발전과 미생물 개념의 발전 사이에 어떤 차이가 있음을 보여준다.

먼저 (니콜C. J. H. Nicolle에 의하면) 임상적 발병 없이 진행되는 무증상 감염infection inapparente이 그 예다. 발진티푸스Flecktyphus 같은 다른 질병에서 나타난 이러한 무증상 감염은 큰 의미를 지닌다. 다음으로 질병 자체를 일으키기보다 많은 박테리아(예를 들어 디프테리아균, 수막염균)에 만연해 있는 전혀 무해한 세균 매개체도 무증상 감염과 유사한 현상이다.

미생물이 검출되었다는 것과 발병한다는 것은 서로 동일한 것이 아니다. 이로써 고전적 시기에 풍미했던 질병 유발자 사상의 의미가 퇴색되었다. 고전적 시기에는 세균학이 전권을 행사했다. 유발자 사상의 퇴조로 말미암아 **페텐코퍼** 사상Pettenkoffer-Gedanken과[53] 같은 옛날 이론이 부활했다. 오늘날 '유발자'란 하나의 질병을 조건 짓는 많은 증상 가운데 단

---

52 물론 레바디티C. Levaditi의 향신경성 바이러스는 많은 사람들에 의해 스피로헤타 쿠니쿠리Spirochaeta cuniculi로 간주되고 있다.
53 페텐코퍼Max Joseph von Pettenkofer(1818~1901)는 독일의 위생학자이자 화학자이다. 그는 집과 통풍, 대기와 의복 등의 관계를 밝힘으로써 현대 환경 위생학의 창시자가 되었다. 뮌헨 대학의 교수로 일한 그는 전염병의 원리를 연구하여 그 발생의 원인이 지하수와 관계가 있음을 주장하여 세균설에 반대하였다. 코흐가 콜레라균을 발견하였을 때에도 콜레라균을 마시면서 코흐의 주장을 부정하려 하였다—옮긴이 주.

하나의 증상에 불과할 뿐이다. 그것도 가장 중요한 증상이 아니라는 주장이 상당히 설득력을 얻고 있다. 유발자의 출현만으로는 발병을 충분히 설명할 수 없다. 유발자는 많은 세균의 유동성으로 인해 다른 조건들이 갖춰지면, 자동적으로 작동한다.

여기서 이론적 세균학theoretischen Bakteriologie의 본래 어려움이 나타난다. 스피로헤타 팔리다의 생물학적 특징은 스피로헤타 쿠니쿠리Spirochaeta cuniculi, 스피로헤타 팔리두라Spirochaeta pallidula, 스피로헤타 덴티움Spirochaeta dentium 등과 거의 유사하거나 닮아있다. 이를 식별하는 것은 다만 동물실험에 의해서만 가능하다.54 따라서 스피로헤타 팔리다는 본래 매독에 의해서만 정의될 것이다. 거꾸로 매독이 스피로헤타 팔리다에 의해 정의되는 것은 아니다. 스피로헤타의 경우에도, 많은 박테리아의 경우에도 하나의 동물학적으로 종을 분류하는 것은 불가능하다. 세균학에서는 종의 분류가 가능하다 하더라도, 병리학과 세균학 사이에서 종종 -예를 들어 비브리오 이론die Lehre von den Vibrionen이 보여주듯이- 어떤 수렴도 일어나지 않는 경우가 있다.55

여기서 또한, 극단적인 박테리아의 변이가 나타난다. 이 변이는 많은

---

54 실제로 모든 경우에 다 그런 것은 아니다. 그 이유는 종종 배양과 접종이 잘못되었기 때문이기도 하다.
55 에몰리에바Z. V. Ermoljewa에 따르면 무해한 수생 세균은 콜레라 세균과 확실히 구분되지 않는다. 레만과 노이만K. B. Lehmann und I. Neumann의 『세균학적 진단』(*Bakteriologische Diagnostik*, 1896, S. 540)에는 다음과 같이 적혀 있다. "콜레라 세균이 발견되었을 때, 그 속성은 매우 특징적이어서 다른 세균들과 구별하는 것이 쉬울 것으로 예상되었다. 그 후에 처음에는 몇몇의 세균이, 다음에는 점점 더 많은 세균이 발견되었다. 마침내 엄청나게 많은 세균이 인간들 주변에서 발견되었지만, 그런데도 이 세균들은 오랫동안 특별한 자기 이름을 부여받지 못했다."
* 본문에서 말하는 비브리오란 물속이나 바다 속에 사는 운동성 박테리아를 가리키는 말이고, 일부 종은 인간과 동물에게 심각한 질병을 일으킨다. 콜레라의 병원균인 Vibrio cholerae와 세균성 식중독의 원인균인 Vibrio parahaemolyticus 등이 대표적이다—옮긴이 주.

과科, Familie (예를 들어 디프테리아-유사디프테리아 집단)에서 아주 크게 일어나기 때문에 그 종차에 대해서는 잠정적으로 우리가 언급할 수 없게 된다.

예측할 수 없는 독성의 변동, 부패균에서 기생충으로 전환되는 것과 거꾸로 기생충에서 부패균으로 전환되는 것은 모두 박테리아와 질병 사이에 처음 단순히 나타나던 관계를 파괴해 버린다. 최근에 울렌후스P. Uhlenhut와 쥘저M. Zülzer는 기니피그가 마시고 배설한 무해한 수생 스피로헤타를 독성 스피로헤타로 바꾸는 데 성공했다고 밝혔다.

따라서 인식론적으로 매독이 단지 스피로헤타 팔리다에 의해 정의된다고 말할 수 없게 되었다. 매독 유발자 사상은 세균학적 종 개념의 불확실성에 빠져 세균학과 운명을 함께 할 기로에 처해 있다.

그래서 특수한 질병으로서 매독의 개념적 발전은 결코 폐쇄적으로 일어나는 것이 아니다. 아니 폐쇄적일 수 없다. 왜냐하면, 매독은 병리학, 미생물학, 전염병학의 발견과 이들 학문의 혁신과 관련되어 있기 때문이다.[56] 매독의 특징은 신비한 것에서 경험적인 것, 일반적인 병리발생학적인 것을 넘어 대표적인 병인학 개념으로 바뀌어 갔다. 이 변화에서 우리는 세부적으로 엄청나게 많은 것을 얻어냈을 뿐만 아니라 이에 못지않게 낡은 이론의 세부적 부분들도 많이 잃어버렸다. 그래서 오늘날 우리는 매독이 기후, 계절, 일반적인 질병의 체질에 의존하는 것이라고 배우고 가르치지 않는다. 아니 전혀 그렇게 배우고 가르치지 않는 반면에, 옛날 저작에는 이와 관련된 관찰들이 많이 발견된다. 그러나 매독 개념의 개조와 함께 새로운 문제들이 생겨나고, 새로운 지식 영역도 생겨났다. 그리하여 본래 폐쇄적으로 일어나는 문제는 아무것도 없다.

---

[56] 따라서 예를 들어 프람뵈시아 트로피카Frambösia tropica 및 이른바 토끼스피로헤타 Kaninchenspirochäte에 대해 매독이 어떤 관계를 갖고 있는지는 여전히 논쟁 중이다.

02

확립된 개념의 역사에서 인식론적 추론

1. 인식의 역사가 말해주는 것에 대한 일반적 고찰

사고사적 발전의 결과로서 과학적 개념

과학적 개념의 발생사는 예를 들어 로베르트 마이어Robert Mayer의[1] 오류가 에너지 보존의 법칙을 평가하는 데 아무 의미도 주지 못할 것이라고 생각하는 저 인식론자와 상관없는 것일 수 있다.

이에 대해 다음과 같은 반론이 나온다. 첫째로 완전히 참인 것도, 완전히 거짓인 것도 있을 수 없을 것이다. 조만간에 에너지 보존 법칙의 개조는 필수적으로 일어날 것이고, 그렇게 되면 우리는 틀림없이 관계를 아마도 옛날에 '오류'라고 폐기했던 것에 소급 적용하게 될 것이다.

---

[1] 로베르트 마이어 Julius Robert von Mayer(1814~1878): 독일의 과학자. 열역학 창시자 중의 한 사람이다. 1841년에 열역학의 첫 번째 법칙인 "에너지는 창조되거나 파괴될 수 없다"라는 명제의 중요성을 인지하고 이를 입증하고자 했지만, 자신의 생각을 과학적으로 표현할 수 없었기 때문에 마이어의 업적은 제대로 평가받지 못했다 —옮긴이 주.

둘째로 우리는 싫든 좋든 간에, —어떤 오류에도 불구하고— 과거와의 인연을 끊을 수 없다. 과거는 우리가 받아들이는 개념 속에 계속 살아 있다. 어떤 문제를 파악할 때에도, 학교 교육 속에도, 일상적 삶과 언어, 제도 속에도 과거는 살아 있다. 개념이 자발적으로 생겨나는 시기란 없다. 모든 개념은 이른바 선행자에 의해 결정된다. 우리가 기존의 것과 연결되어 있다는 것을 의식하지 못하거나 인지하지 못하게 되면, 기존의 것은 매우 위험에 처할 것이다. 아니 본래 위험에 처해 있었는지도 모르겠다.

발전을 거듭해 온 분야는 발전사적 관점에서 탐구되어야 한다. 이 점을 생물학이 우리에게 말해준다. 오늘날 누가 태아학Embryologie 없이 해부학Anatomie을 연구할 수 있을까? 마찬가지로 인식론도 역사적으로 탐구하지 않고 비교하는 방식으로 탐구되지 않는다면, 그것은 공허한 말장난에 불과할 뿐이다. 다시 말해 그것은 한갓 상상의 인식론Epistemologia imaginabilis에 지나지 않는다.

인식의 역사가 과학의 내용과 아무 관련이 없다고 생각하는 것은 착각이다. 그것은 전화기의 역사가 전화 대화의 내용과[2] 아무 관련이 없다고 말하는 것과 같다. 적어도 모든 과학적 내용의 3/4는, 아니 아마도 과학적 내용 전체가 사고사적denkhistorisch으로, 심리학적으로, 사고 사회학적denksoziologisch으로 제약되고, 또한, 설명될 수 있을 것이다.

우리의 특별한 연구와 관련하여 나는 역사적 고찰 없이 매독 개념에 온전히 도달할 수 없다고 주장한다. 스피로헤타 팔리다Spirochaeta pallida만으로 매독이 질병으로 규정되는 것이 아니라는 점은 위에서 설명했다. 우리는 매독을 '스피로헤타 팔리다에 의해 유발되는 질병'이라고 정의

---

[2] 이것은 통화 품질과 관련 있는 것, 즉 선명하게 잘 들리는 것, 소리를 크게 증폭시켜 주는 것 등을 말한다—옮긴이 주.

하는 것이 아니라 거꾸로 스피로헤타 팔리다가 '매독과 관련 있는 미생물'이라고 말해야만 한다. 스피로헤타 팔리다를 이렇게 정의하지 않고, 달리 정의하는 것은 아무런 가망이 없다. 그밖에도 질병은 유발자에 의해 일의적으로 규정될 수 없다(매독에 걸린 사람은 모두 스피로헤타 팔리다의 보균자다. 그러나 스피로헤타 팔리다의 보균자라 하여 모두가 매독환자인 것은 아니다).

동물과 식물을 개념적으로 규정하지 않고 그 특징에 기초하여 정의하는 것이 잘못이듯이, 매독을 드러난 특징으로만 규정하는 것, 현상적으로 규정하는 것도 역시 잘못된 생각이다. 왜냐하면, 매독 개념이 형성된 역사적 과정이 아무리 지난하고 복잡한 것이라고 하더라도, 우리가 최신의 도구를 이용한 관찰과 실험을 통해 간단하고 확실하게 '매독'이라는 질병의 실체 개념에 이를 수 있다고 생각하는 것은 잘못이기 때문이다.

우리는 이렇게 관찰과 실험을 통해 매독의 개념을 간단히 확인할 수 있다는 전제를 사고실험이라고 허용할 수 없다. 오늘날 연구 수단은 모두 다름 아닌 역사적 발전의 산물이다. 그 수단들이 달리 존재하지 않고 이렇게 남아 있는 이유는 바로 그것의 전사前史가 있기 때문이다. 우리가 다른 전사를 갖고 있었더라면, 결과는 달라졌을 것이다. 그리고 예를 들어 오늘날 질병의 실체 개념도 모두 역사적 발전의 산물이고, 오직 논리적으로만 유일하게 파악할 수 있었던 개념이 아니다. 역사가 말해주는 것과 다른 방식으로 우리는 질병을 분류할 수 없다. 그러나 우리는 일반적으로 질병의 실체 개념 없이 말할 수 있을 것이다. 이때 우리는 다만 여러 증상과 상태에 관해 말할 뿐이고, 각종 질병과 발작에 관해 말할 뿐이다. 이러한 관점이 전혀 무용無用한 것은 아니다. 왜냐하면, 각종 질환이나 체질이 달리 처치될 수 있듯이, 여러 증상과 상태도 언제나 달리 처치될 수 있기 때문이다. 그러나 분명한 사실은 '질병의 실체' 개념을 형성하는 일이 종합적인 작업일 뿐만 아니라 분석적인 작업이기도 하다는 점이다. 그리고 현재의 개념이 논리적으로도, 내용상으로도 유일한 가능적 해결책이 아니라는 점이다.

여기서 우리는 일반적으로 단순히 주어지는 것에 대해 말할 수 없다. 내가 몇 년 동안 대도시의 성병 관련 병원 부서에서 일하면서 경험한 결과에 비춰 볼 때, 다음과 같은 점은 확실하다. 즉 모든 지적 장비와 물적 장비를 갖춘 현대 연구자라 하더라도, 질병이 일어나는 전체 과정에서 다양한 질병 형성자와 질병 후유증을 가려내고, 복잡하게 얽혀 있는 것을 풀었다가 다시금 하나로 묶는 일에 결코 쉽게 접근할 수 없을 것이라는 점 말이다. 일찍이 시민의 대중적 지식에 의해 지지받아 왔고 그리고 몇 세대에 걸쳐 조직을 지켜 온 연구 공동체만이 저 목표에 도달할 수 있다. 왜냐하면, 질병 현상이란 수십 년에 걸쳐 발전해 온 것이기 때문이다.

그러나 이 경우에도 선행 교육, 기술적 수단과 협동 연구 방식이 언제나 연구자들을 다시금 역사적 인식의 발전이라는 오래된 길로 이끌어 갈 것이다. 그래서 우리는 역사적 매듭을 결코 잘라 버릴 수 없다.

인식론은 어떤 관계를 찾아내려는 연구가 아니라 과학적 정당화, 즉 사실적 증명과 논리적 구성만을 문제 삼아야 한다고 누군가 이렇게 반론을 제기한다면, 이에 대해 우리는 다음과 같이 대답할 것이다.

확실히 그러한 정당화도 매우 중요하다. 우리의 경우에는 이러한 정당화가 통상적인 한계 내에서 통상적인 엄밀성을 가지고 일어나야 한다는 점이 중요하다. 그렇지 않으면 매독학은 결코 과학의 분야에 들어오지 못했을 것이다. 하지만 나는 인식론의 유일하거나 가장 중요한 과제가 개념의 체계화 능력을 검증하고, 그 체계 내에서 개념의 결합을 검증하는 일이라는 생각에는 동의하지 않는다.

그때마다 참여하는 사람들의 관점에서 지식이란 언제나 체계적이고, 검증되고 적용될 수 있는 명증적인 것이었다. 다른 지식 체계들은 그들에게 모두 모순되고, 검증되지도 않은, 응용될 수도 없는, 상상적이거나 신비적인 것처럼 보였다. 덜 이기적이고 일반적인 관점을 받아들이는 시대, 비교하는 인식론을 말하는 시대는 없었을까? 자연과학의 역사가 말해주듯이, 보다 세부적이고 보다 강압적으로 연결되어 있음을 지각하도록 허용하는 사고의 원리가 우위를 차지해야 한다. 자연과학에 적용되는 이 원리들이야말로 종래에 간과되었던 많은 관계를 다시금 통찰할 수 있게 하고, 연구할 수 있게 해 줄 것이라고 나는 믿는다.

매독의 개념은 사고사적으로 생겨난 결과인 양 탐구되어야만 하고, 몇몇 집단적 사고의 노선이 서로 부딪치며 만들어낸 발전의 산물인 양 탐구되어야만 한다.

우리가 매독이라는 '실상'Existenz을 역사적 방식 외의 다른 방식으로 정당화할 방법은 없다. 따라서 우리가 불필요하고 전승된 신비주의를 피하고자 한다면, 우리는 '실상'이라는 용어를 단지 사고 기술상의 denktechnisches 보조 수단으로서만, 쾌적한 지름길로서만 사용하는 것이 적절해 보인다.[3] 그러나 이러한 일방적인 확신만 가지고, 매독 개념은 특수한 역사적 연관이 없다면 결코 확립될 수 없을 것이라는 주장에 우리가 만족한다면, 그것은 한갓 조잡한 실수에 지나지 않을 것이다. 우리는 이

---

[3] 언뜻 보면 이 주장은 추상적 개념과 고도로 관련 있는 것처럼 보인다. 실제로 어떤 질병이 있는 것이 아니라 단지 아픈 사람이 있을 뿐이다. 질병으로서 매독도, 아픈 사람의 상태로서 매독도 전혀 구체적인 개념이 아니다. 이에 대해 나는 구체적인 것과 추상적인 것이 대체로 엄격하게 구별되지 않는다고 대답할 것이다. 모든 구분은 기껏해야 원시적인 사고 양식에 근거한 것이다. 그런데도 나중에 우리는 이 구분에 따라 아마도 가장 구체적인 것, 이른바 직접 체험하는 것을 탐구하게 될 것이다.

러한 역사적 연관의 법칙을 좀더 탐구하고, 영향력 있는 사고 사회적 힘을 반드시 찾아내야 한다.

2. 인식의 발전 지침으로서 근본이념에 관하여

과학적이고 잘 증명된 수많은 사실은 부정될 수 없는 발전 연관으로 과학 이전의 다소 불분명하게 만들어진 근본이념(즉 선행 이념)과 연결되어 있다. 이 발전 연관은 내용적으로 정당화될 수 없다.

매독에 감염된 사람의 피를 바꾼다는 불분명한 관념은 –위에서 언급했듯이– 자연과학적으로 증명되기 전에 이미 수백 년 동안 통용되어 왔다. 이러한 생각은 혼돈된 생각 덩어리에서 갈라져 나와 수 세기에 걸쳐 발전을 거듭하면서 내용적으로 점점 더 풍부해지고 정교해졌다. 이를 다양한 주장이 증명해주었다. 그리하여 점차로 매독에 감염된 피 syphilitischen Blute라는 확고한 도그마가 만들어졌다. 매독에 감염된 피를 증명하라는 여론의 요구가 빗발쳤고, 이에 못 이겨 많은 연구자가 그 증거를 찾았다고 주장하지만, 이들 증거는 모두 증명될 수 없는 것들이었다 (특히 가우티어의 경우에 그렇다). 증거를 찾기 위해서는 목표를 달성할 때까지 당시에 통용된 모든 연구목록을 남김없이 살펴봐야만 했다. 혈액이라는 이념은 바서만 반응과 그 후에 더 단순화된 반응에서 과학적으로 구현되었다. 이러한 과학적 구현을 넘어 혈액이라는 근본이념Urideen은 시민들 마음속에 살아있고, 사람들은 여전히 매독이라는 질병의 깨끗하지 못한 피에 관해 말하고 있다.

이러한 관점에서 볼 때, 바서만 반응은 매독과 관련하여 수백 년 동안 통용되어 온 오래된 선행 이념Präideen을 현대적이고 과학적으로 표현한 것이다. 매독의 개념을 실제로 구축하는 데는 저 오래된 선행 이념이 한몫했다.

선행 이념은 과학의 다른 분야에서도 발견된다. 현대 원자론의 선행 이념은 고대 그리스, 특히 데모크리토스가 근원적 원자론Ur-atomistik에서 설파한 것이다. 파울 키르히베르거Paul Kirchberger와[4] 프리드리히 랑게 Friedrich Lange와 같은 과학사학자들은 "오늘날 원자론이 데모크리토스의 원자론에서 점점 개조되어 왔다는 사실"에 동의한다.[5] 얼마나 많은 현대 원자론의 동인들(예를 들어 원자의 결합과 분리, 원자 상호간에 작용하는 중력 및 중력 작용의 결과, 압력과 충돌 현상 등)이 이미 고대 원자론자들의 논제 속에서 형성되어 있는가! 이를 볼 때마다 우리는 놀라움을 금치 못한다.

또한 원소Elemente라는 이념과 원소의 화학적 결합, 질량보존의 원칙, 지구의 원형설과 태양계 등과 같은 학설도 모두 다소 불분명한 근본이념에서 역사적으로 발전해 온 것들이다. 이 근본이념은 자연과학적으로 증명되기 훨씬 이전부터 있었고, 오늘날과 같은 모습을 갖추기 전에도 시대에 따라 각기 다른 방식으로 정초되어 있었다.

근대적 감염론이 형성되기 오래전에, 아직 현미경이 발명되지 않았을 때도 눈에 보이지 않는 아주 작은 살아있는 질병 유발자를 분명하게 설명하는 많은 진술이 있었다. "눈으로 볼 수 없는 작은 동물이 공기 중에서 입과 코를 통해 몸속으로 들어와 심각한 질병을 일으킨다."라는[6] 바

---

[4] P. Kirchberger, *Die Entwicklung der Atomtheorie*, 1922.
[5] F. A. Lange, *Geschichte des Materialismus*, Reclam-Verlag, S. 37.
[6] 이 인용문은 C. Flügge, *Die Mikroorganismen, Mit besonderer Berücksichtigung der Ätiologie der Infektionskrankheiten*, Leipzig: Vogel, 1886에서 인용한 것이다. 프뤼게(1845~1923)는 독일의 위생학자로 세균학(결핵) 분야에 종사했고, '비말감염'이란 기침이나 재채기를 할 때 나오는 침방울(**비말**)을 통해 질병이 전염되는

로Marc. Terent. Varro의 진술은 당시에 널리 퍼져 있던 프뤼게C. Flügge의 비말감염론飛沫感染論, Tröpfcheninfektionslehre에서 유래한 것으로 보인다.

나는 모든 과학적 발견에서 예외 없이 모두 근본이념이 발견된다고 주장하지 않는다. 예를 들어 이성질 현상Isomerie이나 박테리아의 그램 분화Gram-Einteilung에서는 그러한 근본이념Urideen을 찾아볼 수 없다. 또한, 뒤에 발견된 것이 앞서 있었던 것과 유사성을 나타낸다고 하여, 모든 오래된 생각이 반드시 뒤에 발견되는 유사한 것과 역사적 관련을 맺는 것도 아니다. 아마도 임신 여부를 진단하는 촌데크아슈하임Zondek-Aschheimsche 검사는[7] 오줌으로 처녀성을 검사하고, 임신 여부를 안다는 중세적 생각과 아무 관계가 없을 것이다. 어떤 생각은 오랜 연구에도 불구하고 과학적 증거를 찾아내지 못해 마침내 소멸되고 말 때도 있다. 이렇듯 우리는 수백 년 동안 '절대적인 것'을 탐구해 왔지만, 그것을 명확하게 밝힐 수 있는 단어들을 오늘날 과학은 아직 찾지 못했다.

많은 과학적 견해는 근본이념에서 끊임없이 발전해 왔다. 오늘날 타당하다고 생각되는 증거들을 근본이념은 그 당시에는 갖고 있지 않았다. 인식론은 이러한 사실을 무시하고 지나가도 좋은가? 그렇지 않다. 이 물음에 대한 입장표명이나 연구가 반드시 이루어져야 한다. 하지만 우리는 당연히 선사시대에 일어난 고생물학의 '돌연변이'lusus naturae 가설을 상기하는 그러한 의미에서 근본이념을 해석해서는 된다. 근본이념은 현

것을 말한다―옮긴이 주.
[7] 생물학적 검사에 의해 임신을 진단하는 방법 중의 하나이다. 촌데크B. Zondek 1891~1966)와 앗슈하임S. Aschheim(1878~1965)에 의해 고안된 것으로 임신 중에 오줌으로 배설되는 융모성 성선 자극호르몬human chorionic gonadotropin, HCG을 찾아내는 방법이다. 아침에 소변을 채취하여 이것을 체중 6~8g의 어린 암놈 쥐에 주사하여, 96시간 후에 쥐의 난소를 검사한다. 난포내출혈, 황체 및 폐쇄 황체의 형성이 보이는 경우에 임신 양성으로 판정한다. 약 95~96%의 적중율이 있는 것으로 알려져 있다(『간호학 대사전』, 한국사전연구사, 1996)―옮긴이 주.

대적 이론을 발전시킨 역사적 토대로서 고찰되어야만 하고, 이러한 이론의 형성은 사고 사회학적으로 정초되어야만 한다.

역사 속에 나타나는 다소 불분명한 많은 이념 중에서 과학은 '옳은' 것을 받아들이고, 반대로 '그른' 것은 거부한다는 반론도 있다. 하지만 이 반론은 성립될 수 없다. 왜냐하면, 알려지지 않은 대상 속에 그렇게 많은 '옳은' 것이 숨어 있을 수 있는지를 이 반론은 충분히 설명하지 못하고 있기 때문이다. 저 반론 속에 일반적으로 잘못된 주장이 암묵적으로 들어있다면, 우리는 참과 거짓의 범주를 불분명하고 오래된 이념에 적용해도 좋을 것이다. '더럽혀진 매독 혈액'이라는 이념, 즉 오염된 피, 곧 우울한 피, 또는 너무 뜨겁고 너무 진한 피sanguis corruptus seu melancholicus, velabunde fervens et crassus라는 이념은 매독에 대한 옳은 생각인가? '더럽혀졌다'라는 것은 엄밀한 과학적 용어가 아니다. 이렇게 불분명하고 모호한 까닭에, 더럽혀졌다는 이 용어가 매독을 표현하는 데 적합한지 않은지를 우리는 결정할 수 없다. 더럽혀졌다는 이 용어가 개념의 발전을 나타내는 출발점으로 사용될 수 있다 하더라도, 그것이 오늘날 꼭 필요한 체계적 개념은 아니다. 또한, 더럽혀졌다는 용어가 '피를 바꾼다'alteratio sanguinis라는 낡은 표현에는 아주 적합한 것이었다 하더라도, 그것이 옳다는 사실을 우리는 더 이상 검증할 수 없다. 왜냐하면, '바꾼다'는 것은 전혀 규정되지 않은 특성이기 때문이다. '피를 바꾼다'는 것은 어떤 의미에서 거의 모든 상태, 모든 질병에 해당하는 말이다. 더욱이 오늘날 '매독'은 그 당시에 말하던 것과 전혀 다른 것을 의미한다. 이러한 선행 이념의 가치는 내적 논리나 '객관적' 대상 속에 들어있는 것이 아니라 오직 발전의 토대인 발견적 의미 속에만 들어있다. 하나의 과학적 사실이 저 불분명한 근본이념에서 단계적으로 발전해 왔고, 근본이념은 옳은 것도, 그른 것도 아니라는 점을 우리는 더 이상 의심하지 않는다.

또 다른 근본이념, 예를 들어 고대 그리스의 원자라는 선행 이념이나 원소라는 선행 이념에 관해 살펴보자. 여기서도 그 시대적 연결고리를 끊어버린다면, 우리는 마찬가지로 그것이 옳은지 그른지 결정할 수 없을 것이다. 왜냐하면, 고대의 원자나 원소라는 관념은 오늘날과 다른 사고집단에 부합하고, 다른 사고 양식에 부합하기 때문이다. 이러한 고대의 관념이 오늘날 과학적 사고에는 적합하지 않다고 하더라도, 그 당시에 관념을 만들어낸 사람에게는 확실히 옳은 것이었다.

적응이라는 판단이 고생물시대에 일어난 사건들에 절대적으로 타당한 것이 아니듯이, 일반적으로 옳다는 판단도 화석화된 원칙에는 타당한 것이 아니다. 오늘날 도마뱀은 자신의 환경에 적응하여 살고 있다. 마찬가지로 중생대의 파충류인 뇌룡Bronthosaurus도 자신의 환경에 적합한 유기체 조직이 있었을 것이다. 그 환경세계를 벗어나면, 그 어떤 것도 '적응되었다'거나 '적응되지 못했다'고 말해질 수 없다.

사고의 발전은 고생물학시대에 일어난 진화의 속도보다 더 빨리 진행된다. 그래서 우리는 사고 양식의 '돌연변이'가 어떻게 일어나는지 끊임없이 목격하게 된다. 상대성이론에 의해 물리학과 물리학의 사고 양식이 바뀌거나, 변이이론Variabilitätstheorie과 발달주기론Cyclogenietheorie에 의해 세균학이 변하는 것도 모두 저 돌연변이와 같은 것들이다. 한순간에 우리는 어떤 종種이고, 어떤 개체인지 분명히 알지 못하게 되고, 생애주기 개념이 얼마나 폭넓게 받아들여지는지 분명히 알지 못하게 될 것이다. 몇 년 전만 해도 자연적 현상으로 간주되었던 것이 지금은 복잡한 인공물로 나타나기도 한다. 머지않아 우리는 코흐Robert Koch의 이론이 옳은지 옳지 않은지에 대해 말할 수 없는 날이 오게 될 것이다.[8] 코흐의 이론과

---

[8] 코흐Robert Koch(1843~1910): 독일의 세균학자. 탄저균, 결핵균, 콜레라균 등 중요한 세 가지 질병의 원인 균을 발견했을 뿐 아니라 특정 균이 특정 질병의 원인이

일치하지 않는 새로운 개념이 오늘날 불분명한 상황을 뚫고 나와 다시금 만들어질 것이다.

최근에 몇몇 심리학자가 밝혔듯이, 선행 이념의 의미는 아마도 단어의 기원을 비교하는 다른 연구에서 더 잘 설명될지 모르겠다. "UFA가[9] 본래 독일 영화 제작소를 나타낸다거나 L이 자기 유도Selbstinduktion를 나타낸다는 것에서 보듯이, 단어는 임의로 어떤 대상에 부과된 소리의 결합을 말하는 것이 아니다. 오히려 단어는 경험과 대상을 –쉽게 형성될 수 있고 언제나 유용한– 실질내용 속으로 옮겨놓은 것이다. 따라서 언어적 재현은 본래 논리학에 따라 대상을 엄격하게 배열하는 것이 아니라 기하학의 역동적 의미에 따라 대상을 모사模寫하는 것이다. 이러한 방식으로 만들어지는 소리의 형성 속에 의미는 직접 포함되어 있을 것이다."[10] 선행 이념이라는 사실도 아마 이와 유사한 관계에서 추론될 것이다. 사상적 재현은 근본적으로 논리학적 의미에서 분명하게 배열되는 것이 아니라 경험을 —쉽게 형성할 수 있고 언제나 유용한— 실질내용 속으로 옮겨놓는 것을 말한다. 재현과 경험의 연관은 종래의 기호와 지시체 사이의 인습적 관계와 같은 것이 아니라 재현과 경험 간의 심리적 일치에 있을 것이다. 이러한 방식으로 생겨난 사고의 형성 속에 명증성은 직접 포함되어 있을 것이다.

되는 것을 증명하기 위한 4원칙을 정립했다. 그 원칙은 아래와 같다.
1. 병원균은 질병을 앓고 있는 환자나 동물에게서 반드시 발견되어야 한다.
2. 병원균은 질병을 앓고 있는 환자나 동물로부터 순수배양법에 의하여 분리되어야 한다.
3. 분리된 병원균을 건강한 실험동물에 접종하면 동일한 질병을 일으켜야 한다.
4. 실험을 통해 감염시킨 동물로부터 동일한 병원균이 다시 분리 배양되어야 한다.
—옮긴이 주.
9 Universum Film AG. 독일 최대의 영화 스튜디오다—옮긴이 주.
10 W. Metzger, "Über die Arbeiten von Hornbostels" *Naturwissenschaften* 1929, Nr. 43, S. 846.

그래서 단어는 근본적으로 사물에 대한 이름이 아니다. 인식은 –적어도 근본적으로는– 현상을 사상적 복제나 전형으로 삼는 것에 근거하는 것이 아니다. 또는 마흐가 말해주듯이,[11] 표준적인 사람에게 드러나는 어떤 외부 사실에 사상을 적응시키는 것에 근거하는 것도 아니다.

단어와 이념은 근본적으로 동시에 함께 주어지는 경험의 음성音聲적 등가물이고, 사상적 등가물이다. 이 점이 단어의 마술적 의미와 문장의 독단적·종교적 의미를 밝혀준다.

이러한 근원적인 이념은 언제나 광범위하게 퍼져 있고, 거의 전문화되어 있지 않다. 호른보스텔Erich M. von Hornbostel에 따르면, 단어의 의미가 발달하는 것과 나란히 이념도 발전한다. "이념의 발전은 추상화에 의해 특수에서 보편으로 나아가는 것이 아니라 차별화(전문화)에 의해 보편에서 특수로 나아간다."

3. 의견 체계의 견고화 경향과 착각의 조화

양식을 갖춘 자립적 형성으로서 견해

많은 세부사항과 관계들로 이루어진 의견 체계는 폐쇄적인 구조를 하고 있다. 이러한 의견 체계가 일단 형성되면, 의견 체계는 어떤 모순에도 불구하고 끊임없이 견고해진다.

이러한 견고화의 경향을 보여주는 좋은 예가 성병 개념의 역사다. 성병의 개념을 새롭게 규정하려는 시도에도 불구하고, 화류병으로서 성병

---

[11] Mach, *Mechanik in ihrer Entwicklung*, S. 457 and folg.

의 개념은 지속적으로 견지되어 왔다. 여기서 문제는 단순한 타성의 문제나 새롭게 생겨나는 생각을 신중하게 다루어야 한다는 것이 아니라 다음과 같은 수준Grade에서 생겨나는 능동적인 취급 방식에 관한 것이다.

1. 체계와 모순되는 것은 생각될 수 없어 보인다.
2. 체계와 부합되지 않는 것은 알려지지 않거나,
3. 설사 알려진다 하더라도, 침묵하고 있거나,
4. 엄청난 노력을 기울여 체계와 모순되지 않도록 설명되어야만 한다.
5. 우리는 –체계와 모순되는 견해가 아무리 정당하다 해도– 지배적인 견해에 부합하는 사태, 즉 이른바 이 지배적인 견해를 실현하는 사태만 보고, 서술하며, 심지어 모사한다.

과학의 역사에서 견해와 견해의 증명 사이에는 어떤 형식적·논리적 관계가 있는 것이 아니다. 증명은 견해에 따라 일어나고, 거꾸로 견해는 증명에 따라 생겨난다. 견해는 –언제나 논리적 체계이고 싶어 하지만– 결코 논리적 체계가 아니다. 그것은 오히려 하나의 양식에 따른 통일이고, 이 통일은 다만 스스로 발전과 위축을 거듭하거나 증명과 함께 다른 것으로 전환된다. 모든 시대에는 지배적인 견해가 있다. 이 견해는 과거의 전승되어 온 것과 미래의 조짐을 모두 가지고 있다. 모든 사회적 형성물도 마찬가지로 과거와 미래를 모두 가지고 있다. 각 견해를 비교하는 일을 인식론이 담당한다. 이러한 비교 인식론에서 가장 중요한 과제는 견해와 불분명한 이념이 어떻게 하나의 사고 양식에서 다른 사고 양식으로 전환되는지, 이들이 어떻게 자발적으로 생겨난 선행 이념으로서 부상하는지, 그리고 이들이 일종의 착각의 조화Harmonie der Täuschung에 의해 어떻게 견고하게 고정된 형성을 유지하는지를 탐구하는 일이다. 이들 연관을 비교하고 탐구함으로써 우리는 비로소 우리 시대를 이해하게 된다.

방금 말한 것을 분명히 밝히기 위해 나는 여기서 직관의 견고화 경향Beharrungstendenz der Anschauungen을 설명하는 수준에서 몇몇 예를 들어 설명할 것이다.

1. 하나의 견해가 사고 집단 속에 매우 강하게 스며들게 되면, 일상생활과 언어적 관용구 속에까지 파고 들어가면, 말 그대로 직관된다면, 그때 우리는 어떤 모순을 생각할 수도, 나타낼 수도 없게 된다. 사람들은 콜럼부스Kolumbus에게 다음과 같이 항의했다. "누가 우리가 서 있는 것과 정반대인 거꾸로 서 있게 되는 반대극이 있다고 믿겠는가? 누가 다리를 천장에 매달아 놓고 머리를 아래로 늘어뜨리고 걷는다고 생각하겠는가? 물건들이 모두 위에서 아래로 매달려 있고, 나무가 위에서 아래로 자라고, 비와 우박, 눈이 아래서 위로 쏟아지는 지구의 반대편이 정말로 있기나 할까? 지구가 둥글다는 망상이야말로 이 어리석은 우화를 만들어낸 원인이다."

'위', '아래'라는 개념을 절대화시킨 것이 이 어처구니없는 사실을 만들어낸 원인이라는 점을 오늘날 우리는 잘 알고 있다. 이 문제는 상대주의적 표현양식으로 간단하게 해결된다. 그런데도 오늘날 우리는 여전히 같은 어려움에 직면해 있다. 그것은 우리가 존재, 실재, 진리 등과 같은 개념을 절대적 의미로 사용할 때 나타난다. 칸트I. Kant는 감성적 현상의 근저에 필연적으로 '물 자체'Ding an sich라는 인식할 수 없는 실체가 놓여 있다고 주장했다. "그 이유는 다음과 같다. 물 자체가 없으면, 현상은 어떤 것의 나타남 없이 존재하게 될 것이라는 불합리한 명제에 우리가 따르게 된다는 점이다."[12] 같은 맥락에서 분트W. Wundt도 다음과 같이 묻

---

[12] I. Kant, *Kritik der reinen Vernunft*, Vorrede zur zweiten Auflage. In Kant, Sämtliche Werke, Inselausgabe, Bd. 3, S. 22.

는다. "어떤 것의 속성과 상태가 없다면, 우리는 속성과 상태라는 말로서 도대체 무엇을 할 수 있단 말인가?"[13]

2. 모든 것을 포괄하는 이론은 먼저 고전의 시기를 통과해야만 한다. 이때 우리는 그 시기와 정확하게 일치하는 사태들만을 인식한다. 이 시기가 지나가고 나면, 다음으로 우리는 복잡성을 경험하게 된다. 여기서 비로소 예외가 알려진다. 위대한 이론가인 파울 에를리히Paul Ehrlich도 이 점을 잘 알고 있었다. "이것은[14] 유감스럽게도 과학적 문제를 해결하려는 다른 방식과 조금도 다르지 않다. 그것은 점점 복잡해진다." 그리하여 마침내 정상적인 경우보다 예외적인 경우가 더 많아지게 된다.

이렇게 예외가 많아지게 된 관계는 고전 화학과 콜로이드 화학Chemie der Kolloide[15] 사이에서도 일어난다. 자연 속에서는 콜로이드 반응이 고전적인 화학 반응보다 더 많이 일어난다. 그러나 자주 일어나는 콜로이드 반응조차도 과학적으로 발견될 때까지 오랜 기간을 기다려야만 했다. 햇볕에 쪼이고, 염색하고, 공장에서 흡착시키고, 문지르고, 폭발시키는 등 많은 현상이 고전 화학의 법칙에는 들어맞지 않았다. 나아가 농토가 영양분을 함유하는 능력을 어떻게 갖추게 되는지 설명하기 위해 우리는 또한, 특별한 법칙을 가정해야만 했다. 고전적 (화학적-물리적) 법칙에 따르면, 흙 속의 영양분은 아무런 방해도 받지 않고 지하수에 의해 걸러진다. 이처럼 많은 '예외'를 우리는 오랫동안 보지 못했다.

다른 하나의 교훈적인 사례는 1908년 비에룸N. Bjerrum과 한치A. Hantzsch

---

[13] W. Wundt, *Die Logik*, I, S. 446.
[14] 이것은 에를리히의 독성분석법Toxinanalyse을 가리킨다.
[15] 콜로이드란 원자나 보통 분자보다는 대체로 크지만, 맨눈으로는 볼 수 없는 매우 작은 입자로 이루어진 물질을 말한다. 콜로이드에서는 입자들이 큰 집합체를 만들어 침전되지 않고 용액 전체에 분산되어 있는데, 그 이유는 '정전기적 반발' 때문이다—옮긴이 주.

에 의해 이루어진 운명적 관찰이다. 이들이 관찰한 것은 전해질의 용해에 관한 고전적 이론과 상충하는 것이었다. 그랬기 때문에 다른 사람들이 그것을 찾아낼 때까지 10년을 더 기다려야 했고, 그때야 비로소 이들의 관찰은 인정받을 수 있었다. 그것은 라우에Max von Laue와 브라기W. Bragg의 업적이 출판됨으로써 가능해진 일이었다. 염기성 이온은 색깔을 띤다. 염류가 녹을 때 용액이 묽어지면 용액의 색깔도 변하는데, 그 변화는 용해도Dissoziationsgrad의 변화에는 영향을 미치지 않는 것처럼 보인다. 아주 단순한 이 사실조차도 고전적 이론은 알지 못했다. 또는 염류 용액에 염화칼슘CaCl2을 첨가하면, 혼합물의 정상적 반응이 산성화의 방향에서 일어난다. 이 사실도 고전적 이론은 알지 못했다.

일상생활 속에서 일어나는 예를 찾아보자. 섹슈얼리티Sexualität가 부정不貞이나 순진무구함과 동일시되던 시대에는 순진한 어린아이는 성性과 아무 관련이 없는 무성적無性的인 존재라고 생각되었다. 사람들은 어린아이의 성을 볼 수 없었다. 이 얼마나 우스운 일인가! 우리는 누구나 한때 어린아이였다. 우리는 아무도 어린아이와 완전히 동떨어진 삶을 살아오지 않았다. 그런데도 정신분석학자들이 어린아이의 성을 처음 발견했고, 이로써 어린아이의 섹슈얼리티도 마침내 인정받게 되었다.

같은 현상이 감염 질병에 관한 고전적 이론에도 나타난다. 고전적 이론은 모든 감염 질병이 살아있는 아주 작은 '유발자'Erreger에 의해 일어난다고 말했다. 그러나 고전적 이론은 건강한 사람들에게서도 이 '유발자'가 발견된다는 사실을 알지 못했다. 아니 알 수가 없었다. 왜냐하면, 그보다 훨씬 뒤에야 비로소 세균이라는 매개체가 있다는 사실이 발견되었기 때문이다. 이어서 두 번째의 충격이 따라 왔다. 그것은 미생물의 가변성이다. 심지어 특정병인론Spezifitätslehre이[16] 높이 평가받던 코흐의 시대에도 이 가변성은 인정받지 못했다.[17] 가변성과 관련한 관찰이 빈번하게 일어난 것은 그보다 훨씬 후의 일이었다. 여과성 바이러스 이론 Lehre vom filtrierbaren Virus이[18] 고전적 감염론에 세 번째 충격을 주었다. 왜냐하면, 이로써 유발자의 침범으로 질병이 유발된다는 고전적 감염론에서 감염을 일으키는 기제Mechanismus의 예외적 경우가 나타났기 때문이다.

바로 이러한 사례들은 폐쇄적인 전체성으로서 나타나는 의견 체계의 견고화 경향이 필연적으로 인식 생리학Erkenntnisphysiologie의 문제임을 밝혀준다. 여기서 인식 과정은 오직 인식 생리학에 따라서만 일어나고, 결코 다른 방식으로는 일어나지 않는다. 오직 고전적 이론만이 발전을 촉구하는 힘을 지니고 있다. 그것은 그럴듯한(따라서 그 시대적 상황에 기초한) 폐쇄적인(따라서 제한된), 선동적 힘을 갖고 있는(따라서 양식에 맞게) 생각들을 결합시키는 힘이다. 예를 들어 뢰플러F. Löffler의[19] 세균이

---

[16] 특정병인론이란 "특정한 질병에는 분명히 특정한 원인이 있다"는 공리를 말한다. 이 시기에는 세균과 질병의 관계가 명확하지 않았기 때문에 한 병원체가 신체 각 부위마다 여러 질병을 일으킨다고 생각했다. 그러나 코흐는 특정한 질병을 일으키는 것이 특정한 병원세균이라는 연구 결과를 발표했다. 세균학의 가장 기본이 되는 이 공리를 후세의 학자들은 '특정병인론'이라는 이름을 붙였다—옮긴이 주.

[17] 이것은 콘H. Kohn과 코흐R. Koch 간의 싸움에서 내겔리C. W. von Nägeli도* 어쩔 수 없었던 일이다.**
  * 내겔리(1817~1891): 스위스 식물학자. 식물의 꽃가루가 형성되는 동안 세포분열이 일어난다는 사실을 처음 발견했다—옮긴이 주.
  ** 코흐는 홀스타인 지방에서 가난한 의사로 생활하면서 연구를 했기 때문에 학회에는 전혀 알려지지 않았다. 1876년 대학시절 은사인 세균학자 콘Hermann Cohn(1828~1898)을 찾아가 자신의 연구결과를 설명했다. 코흐의 설명을 들은 콘은 코흐의 연구를 병리학자 콘하임J. Cohnheim (1839~1884)에게 소개했다. 콘하임의 소개로 젊은 연구생들이 코흐의 연구실로 이동했는데, 그 중에 유명한 코흐의 제자는 '마법의 탄환'이라 불리는 살바르산(606호)을 발견한 에를리히Paul Ehrlich (1854~1915)이다—옮긴이 주.

[18] 바이러스는 DNA나 RNA 중 하나를 지놈(genome)으로 갖는 감염세포 내에서만 증식하는 감염성 미소구조체微小構造體이다. 그렇기 때문에 바이러스는 세균여과기를 통과하는 여과성 병원체로서 오직 생체 내에서 기생생활하고, 자기복제와 돌연변이를 한다. 바이러스는 독자적으로 물질대사능력이 없는 단백질 결정체로 추출된다—옮긴이 주.

건강한 사람에게서 처음 발견되었더라면, 우리는 이 세균을 별도로 추출하여 관찰하지 않았을 것이다. 한 시대를 지배해 온 원인과 무관하게 발견된 것은 결코 사람들의 관심을 끌지 못할 뿐만 아니라 필요한 연구 활동 에너지도 불어넣지 못한다.

이러한 방식으로 일어나는 발견은 언제나 이른바 오류와 불가피하게 엮여 있다. 하나의 관계를 파악하기 위해 우리는 다른 많은 관계를 오인하고, 부정하고, 간과해야만 한다.

인식 생리학은 운동 생리학과 닮아 있다. 관절 운동을 설명하기 위해서는 이른바 모든 근육 통계 체계myostatisches System를 고정시키는 토대로서 움직이지 못하게 해야만 한다. 모든 움직임은 운동과 저지라는 두 개의 적극적 과정으로 일어난다. 이에 상응하는 인식 생리학은 목표를 달성하려는 노력과 목표를 지향하여 결정을 내린다. 목표에 대항하여 추상이 일어난다. 결정과 추상은 상보적이다.

3. 우리는 의견 체계의 능동적 견고화 경향 속에서 '예외'적인 것들에 관해 침묵해야 한다고 말했다. 이러한 예외들 가운데 하나가 –많은 사례가 있지만, 하나만 든다면– 뉴턴의 법칙과 관련한 수성의 운행이다. 이에 관해 전문가들은 잘 알고 있었음에도 대중에게는 숨기고 있었다. 왜냐하면, 그것은 당시의 지배적인 견해와 상반되는 것을 말하고 있었기 때문이다. 수성의 운행은 상대성이론에서 효과적으로 설명된다. 그래서 우리는 이제야 비로소 이 점을 인용한다.

4. 우리는 견고성을 가지고 직관과 모순되는 것을 '설명'한다. 바로 이러한 견고성, 즉 잘 알려진 조정자 역할이야말로 아주 교훈적이다. 왜냐하면, 이러한 견고성은 어떤 대가를 치르더라도 논리적 체계화를 이루

---

[19] 뢰플러(1852~1915): 독일의 세균학자. 디프테리아와 구제역의 원인인 유기체를 발견했고, 염색법을 개발하여 세균학의 발전에 기여했다―옮긴이 주.

고 있고, 논리학이 실제로 밝혀 주는 것을 입증하기 때문이다. 모든 이론은 논리적 체계이고자 한다. 하지만 이론은 너무나 자주 '선결문제 미해결의 오류'Petitio principii에 빠진다.

파라셀수스Paracelsus의 책에서 인용한 다음 구절은 정확하게 선결문제 미해결 오류의 핵심을 찌르고 있다. 그래서 많은 예를 들지 않더라도 독자들은 쉽게 이해할 수 있을 것이다.[20] "인간이 악마에 의해 장악되고, 악마를 우리의 가슴 속에 품고 산다는 사실을 단지 자연의 가시적 빛 속을 걸어갈 뿐인 우리 인간은 믿을 수 없다. 악마는 이성적 신체를 지닌 우리에게 단지 혐오와 원한을 불러일으킬 뿐이다. 혐오와 원한을 지닌 자는 인간이 아니라 악마다. 인간이 지상에서 살면서 악마를 가슴 속에 품고 산다는 것은 신이 일으킨 기적이 아니다.[21] 인간은 신의 형상을 닮았지, 악마의 형상을 닮은 것이 아니다. 돌멩이와 나뭇가지가 다르듯이, 악마와 인간도 전혀 다른 존재다. 인간이 신의 형상을 닮아 있다는 사실과 무관하게, 인간은 하느님의 아들에 의해 악마에게서 풀려난다. 그런데도 이 가증스러운 악마의 감옥에 갇혀 아무 보호도 받지 못한다는 것을 우리는 믿을 수 없다."

여기서 우리가 믿고 있는 두 개의 신앙 명제는 서로 대립한다. 그것은 인간이 악마에 의해 장악될 수 있다는 점과 인간이 악마에게서 풀려나 있다는 점이다. 이 두 명제 중에서 어느 쪽도 우리는 의심할 수 없지만,

---

20 Paracelsus, *Von den unsichtbaren Krankheiten und ihren Ursachen*, in der Umschrift von Richard Koch und Eugen Rosenstock
21 원본(die Husersche Ausgabe, Basel, 1589)에는 "Ist da nit ein wunderbarlich Werck durch Gott, das d'Mensch soll lebendig auff Erden ein Teufel zuhaben, erscheinen?"라고 기술되어 있다.*
* 이를 프렉은 The Koch-Rosenstock edition을 사용하여 본문과 같이 해석했다—옮긴이 주.

양쪽은 모두 논리적으로 생겨난 명제다. 따라서 여기서 우리는 양자를 화해시켜야 할 필요가 있는데, 이 화해를 우리는 어떻게 이끌어낼 수 있을까? 그것은 신의 기적이다. 이로써 논리학은 구원을 받고, 우리의 신체 이성은 더는 어떤 '혐오와 원한'을 품지 않아도 된다.

이 모두가 우리에게는 비논리적인 것으로 받아들여진다고 하더라도, 양식상으로는 참이다. 파라셀수스의 세계에서 생각해 보자. 거기서 모든 사물과 사건들은 하나의 상징이고, 동시에 모든 상징과 은유는 사실적 가치를 지닌다. 그리고 세계에는 숨겨진 의미가 넘쳐나고, 정신과 신비한 힘이 흘러넘친다. 세계에는 반항과 경외감, 사랑과 미움이 가득 차 있다. 이 정열적이고 불확실하며 위험한 현실 속에서 우리는 기적을 믿지 않고 달리 어떻게 살 수 있단 말인가? 기적이야말로 가장 근본적인 원리이고, 파라셀수스의 현실을 직접 체험하도록 해 주는 일이다. 파라셀수스 과학의 모든 측면에는 이러한 기적이 스며있다. 기적은 모든 개별적 고찰에 앞서 있으면서 우리가 고찰하는 모든 것에서 생겨난다.

이러한 양식에 따른 폐쇄적인 체계 때문에, 우리는 직접 새로운 생각에 접근하지 못한다. 새로운 것은 모두 양식에 맞게 재해석되어야 한다.

5. 의견 체계의 견고화 경향을 보여주는 가장 역동적인 수준은 창의적 창작 활동이다. 그것은 말하자면 이념의 마술적 실현이고, 자신의 학문적 꿈을 완성시키는 설명이다.

여기서 또한, 모든 학설이 고유하게 언급될 수 있다. 왜냐하면, 학설은 각 연구자의 소망을 담고 있기 때문이다. 하지만 우리는 구체적이고 세부적인 사례를 들어보고자 한다. 우리가 소망하는 꿈이 있다는 것을 단순히 증명하기보다 이 꿈이 얼마나 멀리까지 뻗어 있는지 설명하기 위해 우리는 이러한 사례를 든다.

단순히 자연을 보고 경탄하는 것을 인식이라고 간주하던 시기가 있었다. 하지만 그때는 아무도 경탄을 본래 탐구에 필요한 동력으로 삼는 법을 가르쳐 주지 않았다. 그때는 살아있는 자연뿐만 아니라 죽은 자연 현상도 강력한 합목적성을 가진 것으로 보았다. 우리는 이 합목적성을 보고 경탄했으며, 이 합목적성을 과대평가했다. 사람들은 특히 이 놀라운 본능에 심취해 있었다. 우드John George Wood는[22] 1867년에 출간된 『동물들의 보금자리에 관하여』 Über die Nester der Tiere에서 다음과 같은 이야기를 들려준다. "마랄디Giovanni Domenico Maraldi는[23] 벌집이 매우 규칙적으로 형성되어 있음을 보고 놀랐다. 그는 사방체斜方體의 벌집 계면界面 각도를 측정하여 모두가 똑같은 109° 26′과 70°32′인 것을 알았다. 이 각도가 벌집 칸의 경제성과 관련 있음이 틀림없다고 확신한 레아무르Rene A. F. de Reaumur는[24] 수학 왕에게 세 개의 사방체로 에워 쌓인 육면체의 용기容器가 언제 최소한의 표면적을 가지면서 동시에 최대한의 부피를 나타내는지 계산해 줄 것을 요청했다. 이에 레아무르는 마름모의 각도가 109° 26′과 70° 34′이라는 대답을 들었다. 차이는 단 2′밖에 나지 않았다. 이러한 불일치에 만족하지 못한 맥크로린Colin Maclaurin은[25] 모랄디의 측정을 반복적으로 실시해 봄으로써 그 측정값이 맞다는 사실을 알았다. 또한, 측정을 반복하면서 수학 왕이 사용한 로그표에 오류가 있음도 알게 되었다. 벌이 아니라 수학자가 실수를 했고, 벌은 인간의 실수를 찾아내는 데 도움을 주었다." 우드의 이야기에 대해 마흐E. Mach는 다음과 같이 언급했다. "수정水晶의 계면을 측정해 본 사람과 상당히 거칠고 울퉁불퉁한 표면을 지닌 벌집을 관찰해 본 사람이라면, 누구나 벌집의 칸을 측정

---

[22] E. Mach, *Die Mechanik*, S. 434에서 재인용.
[23] 모랄디(1709~1788): 프랑스에서 태어나 이탈리아에서 죽은 천문학자―옮긴이 주.
[24] 레아무르(1683~1757): 프랑스 곤충학자―옮긴이 주.
[25] 맥크로린(1698~1746): 영국의 수학자―옮긴이 주.

하여 2′의 정확성에 도달할 수 있다는 사실에 대해 회의하지 않을 것이다. 따라서 우리는 이 이야기를 순전히 수학적 우화로 생각해야만 한다. … 이와 함께 벌들이 얼마나 수학 문제를 잘 풀 수 있는지 평가하기 위해 이 문제가 아직 수학적으로 완전하게 제시되지 못했다는 점을 나는 언급해 두어야만 하겠다."

매우 과학적인 양식wissenschaflichen Stile으로[26] 서술된 이 이야기가 과학적으로 소망해 온 꿈을 충족시켜 주었다는 완전한 확신에 아직 이르지 못한 사람에게 우리는 한 번 더 '객관적인 창작 활동'을 그림模寫, Abbildung의 형태로 보여줘야겠다.

암스테르담에서 출간된 폰타누스N. Fontanus가[27] 번역한 베살리우스 Andreas Vesalius 『발췌』 Epitome(1543)의 33쪽에는 자궁의 그림이 그려져 있고, 그 앞의 32쪽에는 다음과 같은 이야기가 수록되어 있다.[28] "질문: **히포크라테스(5권, 잠언 51과 54)에 따르면** 자궁은 꼭 닫혀 있어서 바늘 하나도 들어갈 수 없다. 그렇다면 사정을 할 때 생명의 씨앗이 어떻게 여성의 몸속으로 들어가는가? 대답: **이 삽화가 보여주듯이**, 사정관에서 이끌어낸 가지를 자궁 경부에 삽입하면 된다."

여기서는 옛날부터 전해지는 남성과 여성의 성기 사이의 근본적인 유비관계가 놀랍도록 잘 모사되어 있다. 그것도 실제로 있는 그대로 모사한 것처럼 그려져 있다. 그러나 해부학을 아는 사람이라면, 누구나 성기의 크기와 그에 따른 위치가 저 이론에 맞도록 양식이 바뀌어 있다는 사실을 눈치 챘을 것이다.[29] 진리와 허구, 아니 보다 잘 말해, 과학에 남

---

[26] 과학적 양식이란 이름을 붙이고命名, 엄밀하게 계산하며, 반복된 측정을 통해 이해하는 것을 말한다.
[27] 이와 같은 견해를 다른 저자도 밝히고 있다. Bartholini, *Anatome* 참조.
[28] Andreas Vesalius, *De Humani corporis fabrica librorum, Epitome*, Basel: Oporinus, 1543—옮긴이 주.

아 있는 것과 과학에서 사라져 버린 것의 관계가 여기서 나란히 잘 나타나 있다. "성교할 때 생명의 씨앗이 사정됨으로써 여성이 임신하는" S라는 표시가 붙은 사정관이 특징적인데, 그것은 이 유추 이론에서 필수불가결한 요소다. 오늘날 해부학에서는 인정받지 못하지만, 당시의 해부학적 그림에서 그것(S)은 –다른 훌륭한 관찰 자료들과 함께– 저 유추 이론에 맞게 잘 그려져 있다.

나는 이 그림들을 이 책에 실으려고 고를 때도 '옳은'richtige 그림과 '자연스러운'naturgemäße 그림을 대비하여 비교해 보고 싶은 유혹을 받았다. 근대 해부학의 도판과 부인과 교과서gynäkologische Lehrbücher를 자세히 살펴보면서 나는 좋은 그림을 많이 발견했다. 그러나 자연스럽게 그려진 것은 한 점도 보지 못했다. 모든 그림이 구체적으로 모사되어 있긴 했지만, 모두 도식적이고, 거의 상징적이며, 이론에 충실하게 그려져 있었고, 자연스러운 것은 하나도 없었다. 나는 인체 해부학 교과서에 실린 그림 하나를 발견했다. 이 그림도 역시 방향지시 선에 따라 정확하게 재단되어 있었고, 화살표를 더해 교육용으로 이용하기에 아주 적합하게 만들어져 있었다. 그래서 나는 자연스러운 그림과 전승된 그림을 비교해 볼 수 없다는 점을 다시 한번 확인하게 되었다. 비교해 볼 수 있는 것은 그림이 아니라 이론뿐이었다. 이론에는 이론이 대립한다. 오늘날 우리가 가진 이론은 더욱 정교한 탐구 기술과 폭넓은 경험, 좀더 근본적인 이론에 의해 지지받고 있다. 양성 간에 나타나는 성기의 소박한 유비관계는 사라지고 없다. 우리는 더 많은 세부사항을 활용한다. 그러나 인체의 해부가 이론의 형성에까지 이르는 길은 매우 혼란되어 있고 간접적으로 그려져 있으며, 문화적으로 제약되어 있다.

---

29 아래 그림을 참조할 것.

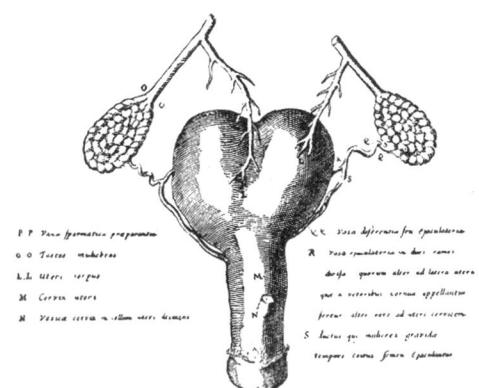

안드레아스 베살리우스의 책, 『인간 신체의 구조』에서

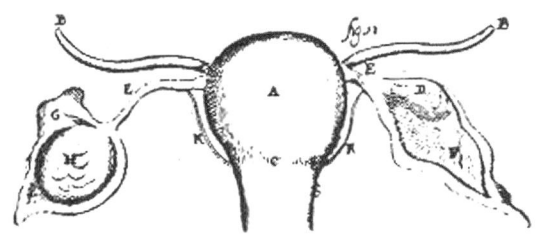

폰타누스, 1642년 이후, 토마스 바르토린의 『해부학』(1673)에서

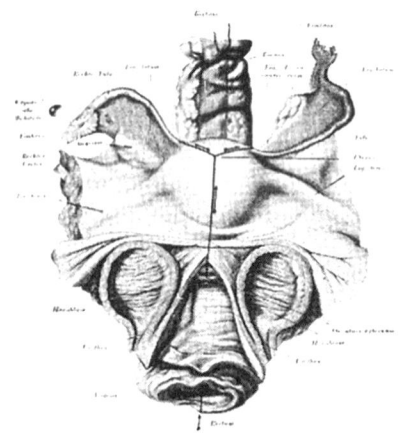

코에레스틴 나우베르크, 『절단의 기술』(1912)에서

이 길을 좀더 절실하게 나타낼수록, 우리는 더 많은 사고사적 관계 및 심리학적 관계와 마주치게 될 것이고, 독자들을 저자에게 어떻게 인도해 갈지를 설명하는 관계와 마주치게 될 것이다. 자연과학에서도, 예술과 삶에서도 문화적으로 충실한 것 외에 달리 자연적으로 충실한 것은 없다.

정당화하려는 시도는 모두 단지 제한된 가치만을 **구체적으로 설명해** 준다. 정당화는 하나의 사고 집단과 결부되어 있다. 우리는 견해의 양식과 모든 과학적 연구에 필요한 공학적 기량을 논리적으로 파악할 수 없다. 따라서 이러한 종류의 정당화는 본래 더는 정당화가 필요하지 않을 때 일어난다. 그것도 동일한 사고 양식에 따라 일어나는 정신적 구성과 특별히 닮아가는 동일한 전형模範, Vorbildung을 가진 사람들 사이에서만 가능한 일이다.

예를 들어 베렝거G. Berengar a Capri는 일찍이 혈관의 기원과 관련하여 전개된 오랜 논쟁에 관해 논의한 적이 있다.[30] 혈관은 아리스토텔레스Aristoteles에 의하면 심장에서 비롯되고, 갈렌C. Galenus에 의하면 간에서 비롯된다. "그러므로 나는 혈관이 부적절한improprie, 은유적 의미에서가 아니라면, 심장으로부터도, 간으로부터도 비롯되는 것이 아니라고 말한다. 그러나 은유적 의미에서 말한다면, 혈관은 심장보다도 간에서 기원한다고 말한다. 이 점에서 나는 아리스토텔레스보다 의사들의 생각에 동의한다." 여기서 모든 논리적 설명이 분명히 잘못된 것임이 틀림없다. 우리는 혈관의 '은유적이고 비본래적인' 기원에 관해 알지 못하고, 오직 혈관의 형태학적·계통 발생적·태아학적 '기원'에 관해서만 알고 있다. 물론 우리는 혈관의 기원에 관한 견해의 양식이 왜 그렇게 바뀌었는지 설명할 수

---

30 로트에 따르면 약 1520년경으로 추정된다. M. Roth, *Andreas Vesalius Bruxellensis*, Berlin: Reimer, 1892, S. 41.

있는 논리적 근거를 충분히 댈 수 없다. 우리에게 신체는 그러한 종류의 은유와 상징을 모두 모아놓은 곳이 아니다.

해부하는 동안에, 그리고 해부에 의해 단순히 "자연적인 신체와 직접 접촉"이 없었던 것은 아니다. 해부할 때, 우리는 "검시에서 나타날 수 있는"quod dissectionibus adparet 국면을 종종 우리에게 가장 불합리한 진술로 독해한다. 자연적 신체와 접촉하는 것은 일반적으로 매우 빈약한 설명이고, 우리는 해부보다 오래된 의견에 더 많은 자문을 구한다. 오래된 의견이야말로 과거의 사고 양식과 그 영향을 결정하는 근거다. 수천 번도 더 우려먹은 저 지난 의견들이 저자에게는 더 많은 것을 알려 주고, 해부보다도 더 확실한 것으로 생각되었다. 저자들에게 해부란 '소름끼치는 의무'horridum officium에 불과했다.[31]

이 시기에 특별히 상징적인 '상상의 해부학'anatomia inmaginabilis이 나타났다. 이어서 순수 형태학적으로 접근하려는 해부학의 시대가 열렸다. 그러나 순수 형태학적 해부학도 계통 발생적이고 개체 발생적으로 비교해 볼 수 있는 상징이 없었더라면, 생겨날 수 없었을 것이다.[32] 그 다음으로 생리학적 상징을 적용한 생리학적 해부학이 나타났다. 생리학적 해부학은 화학적 기관과 내분비 체계, 세망내피체계世網內皮體系, reticulo-endothelialen System에 관해 말한다. 세망내피체계는 경계가 불분명한 형태학적 기관과 상응한 구조를 하고 있다. 이러한 모든 시기는 각 시대에 맞는

---

[31] 오늘날 우리는 과학이 거의 대부분 어떤 상징적인 예를 들면서 사변적으로 탐구를 진행하고, 탐구의 논리적 관계를 다른 어떤 관계보다 우위에 둘 뿐만 아니라 우선적으로 인정해야 한다고 가르치고 있다. 이것은 사변적 인식론이다.
[32] 순수하게 절단하여 보는 해부학은 매혹이고 통일된 예술의 형식을 띤 대리석 동상을 단순히 대리석 조각들의 더미로 난도질하고 말 것이다. W. Bölsche, *Ernst Haeckel: Ein Lebensbild*, Leipzig, 1900(Volksausgabe, Berlin: Bondi, 1907), S. 140.

양식으로 나타나는 아주 분명한 개념을 사용한다. 왜냐하면, 시기마다 나타나는 명료성은 각기 다른 양식에 맞는 개념에 근거하기 때문이다. 이러한 명료성에도 불구하고, 우리는 다른 사고 양식에 속하는 것을 직접 알아볼 수 없다.[33] 누가 옛날 해부학 용어인 'Schoß'를[34] 오늘날 용어로 번역할 수 있단 말인가? 이 신비한 기관은 신체 어디에 위치하는가?

17세기의 과학적 그림에서 예시된 것이 19세기의 매우 비슷한 그림에서는 삭제되고 없다. 낭만적이고 삶의 기지로 넘쳐나는 진리의 수호자인 핵켈E. Häckel도 진화에 관한 자신의 생각을 논증하려 했을 때, 각기 다른 대상(예를 들어 동물의 태아와 사람의 태아)의 그림을 나타내기 위해 때로는 상투적인 표현의 사용을 마다하지 않았다. 핵켈의 이론에 따르면 동물의 태아나 사람의 태아는 모두 같은 것으로 보인다. 그의 저서, 『자연적 창조의 역사』Natürliche Schöpfungsgeschichte(1870)는 편향적인 그림들, 다시 말해 이론에 따른 그림들로 가득 차 있다. 예를 들어 핵켈의 책에 수록된 그림13의 늙은 침팬지나 고릴라의 지적인 얼굴을 오스트레일리아와 파푸아기니 원주민의 과장된 증오에 찬 얼굴(그림14)과 비교해 보라.

끝으로 어떤 견해를 구원하려는 특히 조잡한 예를 하나 들어보자. "캄머러P. Kammerer의 실험은 표면상으로 획득형질의 유전에 최고의 찬사를 보내는 것처럼 보인다. 그는 습기, 노란 배경 및 다른 일반적인 요인들에 영향을 주어 반점 있는 도롱뇽Salamandra maculosa 표본을 줄무늬가 있는 도

---

[33] 이러한 불가능성을 확인하고 싶은 사람은 Klinische Wochenschrift(1928)에 수록된 베테Bethe와 해부학자들 간의 논쟁을 읽어볼 것(이 논쟁에 참가한 사람들은 Ackermann, Fick, Fröhlich, Göppert, Goldstein, Petersen 등이다—옮긴이 주).

[34] 독일어 Schoß는 의학용어로는 무릎을 가리키는 말이지만, 은유적으로나 신비적 개념으로는 '가슴' 또는 '품'을 가리키는 말이다. "아기가 엄마의 가슴(품)속에서 안전하게 잠들었다."라는 표현처럼 말이다—옮긴이 주.

롱뇽으로 바꿔놓았다. 그는 줄무늬가 있는 동물의 난소를 인위적으로 제거하고 그 자리에 반점이 있는 동물의 난소를 이식했다. 이 동물을 정상적으로 반점이 있는 수중 도롱뇽과 짝짓기시켰더니 반점이 있는 도롱뇽이 반점의 줄을 가진 새끼를 낳았다. 여기서 인위적으로 변경된 체세포가 짝의 난세포에 영향을 미친 것으로 보인다." 이러한 결과는 "캄머러의 실험이 허위로 밝혀지고, 저자가 자살할 때(1926년 말경)"까지 활발하게 논의되었다.[35]

이러한 예들이 —특히 방금 든 예가— 본래의 정상적인 인식 기능이 아니라고 반대한다면, 우리가 품었던 그렇게 소망해 온 많은 꿈을 이러한 방식으로 이룰 수 없을 것이라는 점에 나도 동의한다. 그러나 의사로서 나는 정상과 비정상이 엄격하게 구별될 수 없다는 점을 알고 있다. 종종 비정상이 정상을 고양시킬 때도 있다. 그 밖에 우리는 정상과 비정상이 미치는 사회적 영향이 종종 같다는 점도 알고 있다. 예를 들어 니체F. W. Nietsche의 철학적 동기가 병리학적이라 하더라도, 그것은 정상적으로 제약된 인생관 외의 다른 것에는 사회적으로 크게 영향을 미치지 않았다. 어쨌든 일찍이 공표된 진술이 사회적 힘을 이루고, 이 사회적 힘이 개념을 형성하고, 사고 습관을 만들어낸다. 공표된 진술은 다른 진술들과 함께 공동으로 "우리가 달리 생각할 수 없는" 사실을 결정한다. 진술이 논란에 휩싸이더라도, 우리는 사회 내부에 선회하는 사회적 영향력을 강화시키는[36] 진술의 문제성과 함께 성장한다. 이 진술이 자명한 실재가

---

[35] Otto Nägeli, *Allgemeine Konstitutionslehre in naturwissenschaftlicher und medizinischer Betrachtung*, Berlin: Springer, 1927, S. 50~51. 내겔리가 암묵적으로 비난했음에도 불구하고, 나는 단순히 캄머러의 잘못된 신념이 저지른 일이라고 생각하지 않는다. 캄머러는 누구보다도 독창적이고 부지런한 연구자였다.

[36] 이것은 예루잘렘W. Jerusalem이 말했듯이, 사회적으로 더욱 공고히 되어가는 것 Verdichtung을 의미한다.

되고, 나아가 실재가 우리의 인식 작용을 제약한다. 그리하여 하나의 조화롭고 폐쇄적인 체계가 생겨나고, 이 체계 내부에서는 우리가 더 이상 개별 요소들의 논리적 기원을 찾지 못한다.

모든 진술은 해결되거나 문제로 남는다. 여기서 문제란 단지 문제 자체가 지닌 합리성의 문제를 말할 뿐이다. 문제가 형성되면, 그것은 이미 반쯤 해결된 것이라고 볼 수 있을 것이다. 미래에 있을 검증은 모두 기존의 사고 수행 속에서 일어난다. 미래는 –과거의 사실이 정상적이든 비정상적이든 상관없이– 과거와 완전히 단절되지 않는다. 물론 과거의 특수한 사고 구조가 지닌 자신만의 원칙에 따라 미래가 과거와 단절되는 경우라면 예외지만 말이다.

의견 체계의 견고화 경향은 의견 체계가 어느 정도 일관성을 지닌 것으로서 고찰되고, 자립적이고 양식이 돋보이는 형성물로 고찰되어야만 한다는 점을 증명한다. 의견 체계는 단순히 부분 명제들을 합쳐 놓은 것이 아니다. 그것은 조화로운 전체성으로서, 모든 개별적 인식 기능을 결정하고 제약하는 특수한 양식의 특징을 나타낸다.

체계의 폐쇄성, 인식되고 인식되어야만 하는 대상과 인식하는 사람 사이의 상호작용이 체계 내의 조화를 보증하는 동시에 착각의 조화도 담보한다. 그리하여 이 착각의 조화가 어떤 방식으로도 소멸되지 않고, 특정한 사고 양식의 영역에 남아 있다.

4. 사고 집단에 대한 개괄적인 언급

모든 인식의 사회적 제약

비교 인식론은 인식을 주관과 객관, 인식하는 사람과 인식되어야 하는 것 사이의 이원적 관계로서 고찰하지 않는다. 그때마다 일어나는 인식 체계는 모든 새로운 인식의 근본 요소인 제3의 관련 요소임에 틀림없다. 이러한 인식 체계가 없다면, 우리는 고유한 양식을 갖춘 폐쇄적인 의견 체계가 어떻게 생겨나는지, 인식이 발전해 온 토대를 왜 그 당시에는 어떤 '객관적인' 근거에 의해 정당화되지 않은 과거의 일(선행 이념)에서 구하는지 이해하지 못할 것이다.

이러한 역사적이고 양식에 따른 관계가 인식 속에 들어있다는 것은 인식되는 것과 인식하는 사람 사이에 상호작용이 일어나고 있음을 방증한다. 기존의 인식된 것이 새로운 인식 방식에 영향을 미치고, 새로운 인식은 그 외연을 넓히고 새롭게 하여 기존의 인식된 것에 참신한 의미를 부여한다.

인식한다는 것은 이론적인 '의식 일반'의 개별 과정이 아니다. 오히려 인식은 사회적 활동의 결과물이다. 왜냐하면, 그때마다 일어나는 인식 체계란 한 개인과 관련된 범위를 넘어서는 것이기 때문이다.

"어떤 사람이 어떤 것(어떤 관계, 사실, 대상)을 인식한다."라는 명제는 불완전한 것이고, 그 자체는 아무 의미도 없다. 마찬가지로 "이 책은 더 크다." 또는 "도시 A는 도시 B의 왼쪽에 위치한다."라는 명제도 아무 의미가 없다. 이들 명제에는 무언가가 결여되어 있다. 두 번째 명제에서는 '저 책보다'라는 말이 부과되어야만 옳은 명제가 될 것이고, 세 번째 명제에서는 "누군가 A와 B 사이에 있는 길 위에 서서 북쪽을 보고 있다면" 또는 "우리가 C에서 길을 따라 B를 향해 간다면"이라는 말이 부과되어야만 옳은 명제가 될 것이다. 왜냐하면, '보다 큰', '왼쪽'과 같이 관계를 나타내는 개념은 적절한 요소들과 결합해야만 비로소 분명한 의미관계를 형성하기 때문이다.

이와 비슷하게 "어떤 사람이 어떤 것을 인식한다."라는 명제도 이를테면 다음과 같은 보완, 즉 "특정한 인식 체계에 근거하여"라는 말의 보완을 필요로 한다. 아니면 좀더 나은 방법으로 "특정한 문화적 환경에 속한 성원으로서", 또는 가장 좋은 방법으로 "특정한 사고 양식, 특정한 사고 집단 내에서"와 같은 말로 보완될 필요가 있다.

우리가 '사고 집단'을 **사람들이 서로 생각을 교환하거나 지적으로 교류하는 공동체**로 정의한다면, **우리는 사고 집단 속에서 사고영역과 특정한 인식 체계, 문화 상태를 역사적으로 발전시키는 담당자, 따라서 특수한 사고 양식을 역사적으로 발전시키는 담당자를 갖게 된다.** 사고 집단이 찾아진 관계의 잘못된 부분을 제공하는 것도 이 때문이다.

"샤우딘은 스피로헤타 팔리다를 매독의 유발자로 알았다."라는 명제도 즉각 보완되지 않는다면, 분명한 의미를 나타낼 수 없다. 왜냐하면, '매독 그 자체'란 존재하지 않기 때문이다. 오직 샤우딘의 활동을 불러일으키고, 샤우딘의 생각을 좀더 발전시킨 당시의 개념만이 있을 뿐이다. 이러한 관계가 깨지고 나면, '매독'은 어떤 특정한 의미도 갖지 않는다. '인식한다'라는 말도 그 자체만 두고 볼 때, 위에서 예로 들었던 '보다 큰', '왼쪽'과 같은 말처럼 아무것도 말해주지 않는다.

또한 지겔J. Siegel은 원생동물과 같은 단세포동물이 매독의 유발자임을 –자신의 인식에 따라– 알았다. 지겔의 인식에 부합한 암시적인 영향과 사고 집단에 의한 확산이 부분적으로 일어났더라면, 오늘날 우리는 전혀 다른 매독 개념을 갖게 되었을 것이다. 매독 사례는 부분적으로 (오늘날 명명법에 따르면) 천연두와 비슷한 것이었거나 봉입체封入體 질병 Einschlußkörperchenkrankheit으로[37] 간주되었을 것이고, 또 다른 경우에는 엄밀한 의미에서 체질적 질병으로 간주되었을 것이다. 화류병이라는 사상과

---

[37] 봉입체 질병이란 바이러스 또는 식물에는 기생하지 않는 클라미디아 등에 의해 감염되어 숙주 세포 안에 알갱이 모양의 물질이 생기는 것을 말한다—옮긴이 주.

결합하여 전혀 다른 감염병 개념과 질병의 실체가 생겨났을지도 모른다. 이러한 방식에서 우리는 마침내 조화로운 인식 체계에 도달했을 것이지만, 이러한 인식 체계는 오늘날 우리가 알고 있는 것과 근본적으로 다른 체계다.

이러한 종류의 사건은 물론 논리적이고 '객관적으로' 가능했던 일로 생각될 수 있으나, 역사적으로 가능했던 일은 아니다. 지겔이 살았던 시대에는 매독 개념이 아주 획기적인 변화에 맞춰 충분히 조성되지 못했다. 매독 개념이 유연하게 정의될 수 있었던 백 년 전에는 지겔의 인식을 입증할 어떤 지적·실험적 가능성도 없었다. 우리는 이제 조용히 샤우딘의 인식이 옳고, 지겔의 인식이 틀렸다고 선언할 수 있을 것이다. 왜냐하면, 샤우딘의 인식만이 가능한 사고 집단과 유일하게(또는 거의 유일하게) 관계했고, 지겔은 이러한 관계를 가지고 있지 않았기 때문이다. 샤우딘의 인식은 하나의 집단적 표상이 발전해 온 노선의 연결점으로서 나타나지만, 지겔의 인식은 그렇지 못했다. 따라서 샤우딘의 인식이 갖는 의미와 진리 가치는 사고상으로 상호작용하고, 사고상으로 공통된 과거에서 유래하는, 자신의 활동을 가능하게 하고 자신의 활동을 받아들이는 인간 공동체 속에 들어있다.

샤우딘의 발견은 정확하게 말하면, 다음과 같다. "샤우딘은 매독과 유발자라는 당시의 견해에 따라 스피로헤타 팔리다를 매독의 유발자로 인정할 것을 제안했다. 이 스피로헤타 팔리다의 중요성이 받아들여져 매독학을 더욱 발전시키는 데 사용되었다." 모든 유명한 세균학 교과서가 매독과 스피로헤타 팔리다의 관계를 이렇게 서술하고 있지 않은가?

인식한다는 것은 무엇보다도 어떤 주어진 전제조건 아래서 강압적으로 일어나는 결과를 확정짓는 일을 말한다. 이때 전제조건은 능동적 연결과 일치하고, 인식할 때 집단이 담당해야 할 몫을 형성한다. 강압적으로 일어나는 결과는 수동적 연결과 같고, 객관적 현실로서 받아들여지는 것을 형성한다. 확정짓는 작용은 개인이 담당해야 할 몫이다.

개인, 집단, (인식되어야만 하는) 객관적 현실은 인식을 이루는 세 요소다. 이 세 요소는 어떤 형이상학적 실체를 의미하는 것이 아니다. 세 요소는 탐구될 수 있다. 다시 말해 세 요소는 서로 각기 다른 관계를 맺고 있다.

방금 말한 각기 다른 관계란 한편으로 집단이 개인들로 구성되고, 다른 한편으로 객관적 현실이 역사적·집단적인 이념 과정에 대한 관계에서 해명되어야 한다는 것을 말한다. 따라서 우리는 비교 인식론에서 출발하면서 개인이라는 하나의 요소, 또는 아마도 개인과 집단이라는 두 개의 요소까지 모두 소거해 버려도 좋을 것이다.

사고 집단이 개인들로 이루어져 있다고 하더라도, 그것은 단순히 개인들의 총합을 말하는 것이 아니다. 개인은 집단적 사고 양식을 전혀 의식하지 못하거나 거의 의식하지 못하고 있다. 집단적 사고 양식은 거의 언제나 개인의 생각에 무제약적인 압력을 행사한다. 따라서 집단적 사고 양식과 모순되는 것을 우리는 조금도 생각할 수 없다.

사고 양식이 있다는 사실이 '사고 집단' 개념의 구축을 필연적이고 필수불가결한 것으로 만든다. 그런데도 사고 집단을 제거하려는 사람들이 있다. 이들은 틀림없이 가치판단이나 신앙적 교리를 인식론에 소개할 것이고, 그리하여 일반적인 비교 인식론에서 특수한 교조적 인식론에 이르게 된다.

모든 과학적 활동이 집단적 노력으로 달성된다는 점은 1장에서 서술한 매독학의 역사에서 분명하게 드러난다. 첫째로 이념이 만들어지는 과정의 모든 동기는 집단적 생각에서 나온 것이다. 질병이 쾌락추구에 대한 징벌이라는 것은 어떤 종교적 공동체가 지닌 집단적 생각이었다.

별자리의 영향으로 질병이 발생한다는 생각은 천문학자들의 공동체에서 나왔다. 금속에 의한 치료를 실천하려는 의사들의 추측이 수은이라는 이념을 만들어냈다. 의학적 이론가들은 ("피는 아주 특별한 체액"이라는)[38] 오래된 여론vox populi에서 혈액론Blutgedanken을 도출했다. 유발자 사상은 근대의 병인학 단계를 넘어서 있는 질병을 일으키는 악마라는 집단적 생각에까지 소급된다.

그러나 매독 개념의 핵심적 이념뿐만 아니라 매독 개념이 발전되어 온 각 단계는 모두 집단적 노력의 결과이지, 개인적 노력의 결과가 아니다. 위에서 우리는 샤우딘의 발견에 관해 말했지만, 그는 본래 보건을 담당하는 훌륭한 관리로 개인화되어 있을 뿐이다. 따라서 1장에서 서술된 그의 업적은 곧 개인적 기여라고 설명될 수 없다. 바서만 반응도 또한, -우리가 앞으로 살펴보려는 바와 같이- 본래 바서만의 견해와 반대로[39] 활동해 온 일종의 집단적 경험 덕분에 생겨난 것이다. 바서만도 또한, 샤우딘처럼 유일한 발견자라기보다는 발견의 기준을 제시한 사람이다.

먼저 과학적 수행의 형식적 측면을 살펴보자. 과학적 수행의 사회적 구조는 절대로 오해될 수 없다. 우리는 조직된 집단의 노력을 분업과 협동, 예비적 노동, 기술적 조력, 서로 생각 교환하기, 논쟁 등을 통해 본다. 다양한 출판물에는 많은 저자의 이름과 공동 저자의 이름이 올라와 있다. 출판물 외에 자연과학 논문에는 거의 언제나 그 기관과 관리자

---

[38] 괴테의 『파우스트』 1740줄에 나오는 구절이다. "Blut ist ein ganz besondrer Saft." —옮긴이 주.

[39] 바서만과 그의 동료들은 본래 매독 진단용으로 사용할 수 있는 양수체를 찾아내려는 것이었지만, 먼저 매독의 항원을 찾고, 다음으로 항체 반응 실험을 통해 결과적으로 매독에 감염된 혈액을 증명하는 성과를 올렸다. 이것이야말로 바로 집단의 오랜 소망을 달성한 것이라 하겠다. 이에 관한 자세한 내용은 이 책, 211쪽 이하를 참조할 것—옮긴이 주.

의 이름이 언급되고 있다. 과학 공동체 내에서 집단은 위계질서를 이루고 있다. 이 위계질서에 따르는 사람들도 있고, 저항하는 사람들도 있다. 그리고 과학 공동체는 협회와 회의, 주기적으로 발간되는 학술지, 소통을 위한 시설 등을 갖추고 있다. 잘 조직된 집단은 지식의 보고寶庫이고, 개인의 능력을 훨씬 능가한다.

정신과학의 조직은 상대적으로 덜 발전되어 있다 하더라도, 모두 이미 전통의 가르침, 사회의 가르침과 관련을 맺고 있다. 단어와 도덕도 이미 한 집단과 결부되어 있다.

인식한다는 것은 인간이 행하는 가장 강력한, 사회적으로 제약된 활동을 나타낸다. 인식은 중요한 사회적 창조물이다. 바로 언어의 구조 속에는 이미 그 언어를 강제하는 공동체의 철학이 들어있다. 개별 단어들로 뒤엉켜 있는 이론 속에도 이미 공동체의 철학이 주어져 있다. 그것은 누구의 철학이고, 누구의 이론인가?

사상은 언제나 조금씩 바뀌면서 한 개인에게서 또 다른 개인에게로 전달되어 의미가 바뀐다. 의미가 바뀌는 이유는 다른 개인이 다른 단체와 관계하기 때문이다. 엄밀히 말해 어떤 생각을 수신자는 결코 발신자가 이해시키려는 방식으로 이해할 수 없다. 수신자와 발신자가 조우하면, 원래 내용은 실제로 더 이상 남아 있지 않게 된다. 그렇다면 떠돌아다니는 것은 누구의 생각이란 말인가? 그것은 바로 집단의 생각이지, 결코 개인에 귀속되는 생각이 아니다. 개인의 관점에서 인식이 참인지, 거짓인지, 인식이 올바르게 이해되었는지, 잘못 이해되었는지에 대한 생각들은 공동체 내부에서 떠돌아다니면서 보다 세련되고, 변형되고, 강화되거나 약화되어서 또 다른 인식, 개념의 형성, 견해, 사고 습관에 영향을 미치는 것처럼 보인다. 하나의 인식은 공동체 내부를 선회하다가 종종 본질적으로 변화된 모습으로 최초의 저자에게 되돌아온다. 이렇게 바뀐 인식을 그는 또한, 전혀 다른 것으로 본다. 그는 이러한 인식이 본래 자기 자신의 것이었음을 알지 못하거나 (흔히 일어나는 일로서) 처음부터 지금의 형태로 보이고 있었던 것이라고 믿는다. 공동체 내에는 완전히 '경험적인' 인식이 떠돌아다니고 있다. 이에 대해 우리가 구체적으로 묘사할 수 있는 기회를 바서만 반응의 역사가 마련해 줄 것이다.

과학적 수행의 사회적 형성은 아무 내용적 성과 없이 일어나지 않는다. 단어는 일찍이 단순히 명명命名하는 일을 담당했지만, 사회 속에서는 구호가 된다. 일찍이 단순한 진술이었던 명제는 싸움을 유발한다. 싸움은 단어와 명제의 사고 사회적 가치를 완전히 바꿔놓는다. 이 사회적 가치들이 마술적 힘을 얻게 된다. 왜냐하면, 가치는 논리적 의미를 통해 더 이상 정신적 영향을 미치는 것이 아니라 –아니 종종 논리적 의미에 대항하여 작동한다– 단순히 나타나는 것을 통해 정신적 영향을 미치기 때문이다. '유물론' 또는 '무신론'이라는 용어의 영향력을 예로 들어보자. 이 두 용어는 어떤 나라에서는 곧장 불신당하지만, 다른 나라에서는 신뢰받을 수 있다. 이러한 구호의 마술적 힘이 생물학에서는 '생명론', 면역학에서는 '특이성', 세균학에서는 '박테리아의 변형'과 같이 전문적인 연구의 심연에까지 영향을 미친다. 그리하여 하나의 용어가 과학 교과서에 등장하게 되면, 그것은 논리적으로 검증되는 것이 아니라 곧바로 적 또는 동지의 구분을 만들어낸다.

선전, 모방, 권위, 경쟁, 고독, 적과 동지 같은 새로운 동기가 나타나지만, 이들 동기는 결코 개인의 고립된 생각에서 생겨날 수 없다. 이러한 동기는 모두 인식론적으로 중요성을 띤다. 왜냐하면, 모든 인식의 뼈대와 집단적 사상의 상호작용이 모든 개인의 인식작용에 함께 참여하고 있기 때문이다. 아니 집단과의 상호작용 없이 개인의 인식작용은 원칙적으로 일어날 수 없기 때문이다. 인식의 사회적 제약을 원칙적으로 세부적으로 고려하지 않는 인식론이란 모두 한갓 헛된 유희에 불과하다. 그러나 사회적 제약을 필요악으로 치부하고, 유감스럽게도 극복해야만 하는 인간적 불충분성이라고 간주하는 사람들이 있다. 이들은 사회적 제약 없이는 일반적으로 어떤 인식도 일어날 수 없다는 점을 모르고 있고, '인식한다'라는 말이 단지 어떤 사고 집단과 관련해서만 의미를 띠게 된다는 점을 모르고 있는 것이다.

일종의 미신적 두려움이 사람의 개성 Persönlichkeit 가운데 가장 내밀한 부분인 사고를 어떤 집단에 부여하는 것을 방해한다.[40] 두 사람 또는 그 이상의 사람들이 서로 생각을 교환할 때, 거기에는 언제나 사고 집단이 존재한다. 두 사람 사이의 활기찬 대화는 각자의 생각을 발표하는 상황을 불러온다. 이렇게 발표된 생각은 독자적으로 만들어지거나 다른 사회에서는 결코 만들어질 수 없는 것들이고, 이 점을 알지 못하는 사람은 나쁜 관찰자다. 묘한 기분이 들 때가 있다. 이러한 기분이 들지 않을 때는 어느 대화 상대자도 다른 사람에게 영향을 미치지 않지만, 종종 이들이 만나게 되면, 거의 언제나 이러한 기분이 다시금 든다. 이러한 상태가 오래 지속된다는 것은 공동의 이해와 상호 오해에서 하나의 사고 형성 Denkgebilde이[41] 일어난다는 것을 말한다. 이러한 사고의 형성은 공동의 이해와 상호 오해 가운데 어느 쪽에도 속하지 않지만, 그렇다고 전혀 무의미한 것도 아니다. 이러한 사고의 형성에서 사고의 운반자는 누구이고,

---

[40] 비록 언어, 민요, 민속 등과 같은 정신적 생산물의 창조를 집단에 부여하는 것을 아무도 거절하지 않는다고 할지라도 말이다.
[41] 사고 형성이란 프렉에 의하면 사고 생산물, 심적 창조, 마음의 활동 등을 나타내는 말이지만, 의미상으로 심적 구조, 생각 구조, 패턴을 나타내는 사고 구조 Denkstruktur와도 비슷한 말이다. 프렉은 사고 형성과 사고 구조라는 말을 엄격하게 구별하여 쓰지 않았다. 이에 우리는 문맥에 따라 사고 형성 대신에 사고 구조로 번역하기도 했다—옮긴이 주.

고안자는 누구란 말인가? 그것은 두 사람으로 구성된 작은 집단이다. 이 작은 집단에 제3자가 합류하게 되면, 이전의 기분은 사라져 버린다. 이와 함께 이전의 작은 집단이 지녔던 특수한 창조적 힘도 사라져 버린다. 이렇게 하여 새로운 집단이 생겨난다.

사고 집단을 허구라 부르고, 상호작용에 의해 생겨나는 공동체의 경험을 개성화라 부르는 사람들에게 우리는 동의할 수 있을 것이다. 그러나 개성화가 아주 다른 사람들의 일시적 개성화가 아니고, 사람들이 공통적으로 지닌 심리적 형태가 아니라면, 개성 자체란 무엇인가? 개성과 나란히 또 다른 개인들로 구성된 사고 집단이 형성된다. 이 사고 집단도 마찬가지로 자신만의 독특한 심리적 형태와 독특한 행동 법칙을 갖는다. 그 전체성에서 볼 때 사고 집단은 이른바 개인보다 훨씬 안정되고 무모순적으로 구축되어 있다. 반대로 개인은 언제나 서로 대립·갈등하는 충동 위에 구축되어 있다.

개별 인간의 영적 삶에는 조화를 이루지 못하는 요소들과 신앙이나 미신의 신조도 포함되어 있다. 이 모두는 각기 다른 개별자와의 복합에서 유래한 것들이고, 모든 이론과 모든 체계의 순수성을 흐려놓는다. 근대의 자연 개념 파악의 형성에 많은 기여를 한 케플러J. Keppler와 뉴턴I. Newton도 그 근본 태도에서는 의례적이고 종교적인 사람이었다. 루소J. J. Rousseau의 교육 사상도 그의 개인적 삶보다 당시에 살았던 사람들의 집단적 사고와 더 깊은 관련이 있다.

한 개인은 한꺼번에 많은 사고 집단에 속하기도 한다. 연구자로서 한 개인은 자신이 활동하는 공동체에 속해 있으면서 종종 무의식적으로 어떤 생각을 불러오거나 발전을 불러온다. 이러한 발전은 머지않아 자립적인 생각이 되더라도, 본래 생각하고 있던 것과 좀처럼 대립각을 세우지 않는다. 한 개인은 정치적 정당인으로서, 사회적 계급과 민족이나 인종의 성원으로서 다시금 다른 집단에 속하기도 한다. 개인이 어떤 사회집단에 들어가게 되면, 그는 곧 그 사회의 성원이 되고, 그 사회의 규칙을 지켜야만 한다. 개인은 집단의 관점에서 검토되고, 집단은 거꾸로 개인의 관점에서 검토된다. 이 두 경우에는 당연히 개인의 개성에 따른 특수성도, 집단의 전체성이 갖는 특수성도 모두 적절한 방법에 따라서만 접근할 수 있다.

물론 과학의 역사도 자립적인, 이른바 개인의 위업을 기록한다. 그러나 개인적 위업의 자립성은 다만 공동 연구자와 조력자가 없다는 점에 있고, 어쩌면 선구자가 없다는 점에 있다. 따라서 개인적 위업의 자립성은 역사적·동시대적으로 일어나는 집단적 영향에 원초적·자립적으로 집중해 갈 때 생겨난다. 다른 사회 분야에서 개인의 위업에 충분히 부합하는 방식으로 과학적 위업이 암시적 영향력을 행사한다면, 다시 말해 적절한 사회적 계기 속에서 나타난다면, 과학적 위업은 달성될 것이다. 그래서 근대 해부학의 창시자인 베살리우스A. Vesalius의 위업은 바로 하나의 담대하고 예술적인 위업이었다. 베살리우스가 12세기나 13세기에 살았더라면, 그는 사회에 아무 충격도 주지 못했을 것이다. 12,3세기에 베살리우스를 상상하는 것은 예를 들어 프랑스 혁명 전에 나폴레옹을 상상하는 것만큼이나 어렵다. 서로 부합하는 사회적 순간을 갖지 못하는 두 사건의 위대한 역사적 시기로의 발전은 사회적으로도, 역사적으로도 부정될 것이다. 시대정신과 동떨어진 노력이 무익하다는 점은 —훌륭한 생각의 위대한 예언자임에도 불구하고, 어떤 적극적인 과학적 업적도 남기지 못한— 레오나르도 다 빈치Leonardo da Vinci의 경우에 아주 적나라하게 나타난다.

이로써 우리는 개인을 인식론적 요소로서 고찰해서는 안 된다는 점을 말하려는 것이 아니다. 확실히 개인의 감각생리학Sinnesphysiologie과[42] 심리학은 매우 중요하다. 그러나 인식론의 확고한 토대는 사고 공동체 Denkgemeinschaft의 탐구가 없다면 결코 마련될 수 없다. 사소한 비유를 하나 들어보자. 개인은 축구선수에 비유될 수 있고, 사고 집단은 서로 협력하도록 선수들을 훈련시키는 축구팀에 비유될 수 있다. 인식한다는 것은 경기의 진행에 비유될 것이다. 경기의 진행 과정을 우리는 단지 개별 축구선수의 발동작에서 탐구할 수 있겠는가? 아니 탐구해도 좋은가? 그렇다면 우리는 축구 경기의 모든 의미를 잃고 말 것이다.

정신적 활동을 탐구하는 사회학적 방법의 중요성을 이미 콩트 Auguste Comte가 잘 알고 있었다. 이러한 사회학적 방법의 중요성을 최근에는 프랑스의 뒤르켐 E. Durkheim 학파가 강조했고, 그밖에 비엔나의 철학자 예루잘렘 W. Jerusalem이 강조했다.

뒤르켐은 객관적이고 특수한 사실로서 사회적 형성과 규제된 행동으로서 사회적 형성이 개인에게 행사하는 강압 Zwang에 대해, 그리고 집단적 생각의 초개인적·객관적 특징에 대해 분명하게 서술하고 있다. 그는 전체 정신의 활동으로 생겨난 결과를 다음과 같이 서술한다. "우리는 전체 정신의 활동이 언어 속에, 종교적·미신적 신앙 속에 이미 보이지 않는 힘으로서 들어있음을 본다. 또한, 우리는 모든 자연 과정과 종족의 삶을 지배하는 수많은 정령과 도깨비들을 본다. 나아가 우리는 관습과 습관 속에서도 전체 정신이 활동하고 있음을 본다."[43]

뒤르켐의 제자인 레비-브륄 L. Levy-Bruhl은 다음과 같이 서술한다. "집단의 생각 속에는 그 집단에만 고유한 법칙이 들어있다. 이 법칙은 —특히

---

[42] 감각생리학이란 우리가 아는 세계가 모두 감각기관을 통해 인식되는 것임에 착안하여 시각, 청각, 후각 등을 과학적으로 탐구하는 분야를 말한다—옮긴이 주.
[43] 독일어본 레비-브륄 Lévy-Bruhl의 『원시민족의 사고』 Das Denken der Naturvölker (1926), p. vii에 수록된 예루잘렘의 서문.

원시인의 경우를 볼 때― 백인, 어른, 문명화된 어른에 관한 연구에 의해서는 결코 발견될 수 없다. 그러나 우리의 범주와 논리적 원칙의 발생에 빛을 던져주는 것이 원시사회에서 집단의 생각과 이 생각들의 결합에 관한 연구라는 점은 의심의 여지가 없다."[44] "이러한 연구 방식에서 우리는 틀림없이 비교의 방법에 근거한 새롭고 적극적인 인식론에 도달하게 될 것이다."[45] 레비-브륄은 "언제 어디서나 논리적 관점에서 반드시 자기 동일성을 유지해야만 하는" "인간 정신의 동일성"이라는 생각과 씨름해 왔다.[46] 그는 "어떤 경험적 접촉 없이 받아들여지는 인간 정신이라는 생각을 과학적으로 사용할 수 있을지, 없을지"에 관해 의심해 왔다.[47] 왜냐하면 인간 정신이라는 개념은 "사회에 대한 인간의 개념이 그랬듯이, 터무니없는 것"이기 때문이다.[48]

집단의 중요성에 관해 굼프로비치L. Gumplowicz는 매우 의미심장한 어조로 말했다. "개인주의 심리학의 가장 큰 오류는 **사람**이 생각한다고 가정하는 것이다. 이 오류 때문에 사고의 원천을 변함없이 개인에게서 찾았고, 우리가 왜 이렇게 생각하고 달리 생각하지 못하는지에 대한 이유조차도 개인에게서 찾는 일이 벌어졌다. 신학자들과 철학자들이 이 문제에 대해 오래 숙고해 왔고, 심지어 어떻게 생각해야만 하는지에 대한 충고도 잊지 않았다. 하지만 그것은 오류의 연속이었을 뿐이다. 왜냐하면, 사람들 속에서 생각하는 것은 그 자신이 아니라 그가 속한 사회적 공동체이기 때문이다. 사람들이 생각한다는 것의 원천은 그 자신 속에 있는 것이 아니라 그가 살고 있는 사회적 환경 속에, 그가 숨 쉬는 사회

---

[44] Lévy-Bruhl, *Das Denken der Naturvölker*, 1926, S. 1.
[45] A. a. O, S. 2
[46] A. a. O, S. 5
[47] A. a. O, S. 10
[48] A. a. O, S. 11.

적 대기권 속에 들어있다. 각자의 생각은 필연적으로 자신을 둘러싸고 있는 사회적 환경의 영향에서 생겨나고, 이 영향은 자신의 뇌에 집중되고 있다. 이처럼 **개인은 전혀 다른 방식으로 생각할 수 없다.**"[49]

예루잘렘 W. Jerusalem은 이 문제를 몇몇 논문에서 다루었는데, 최근의 "사고와 사고형식의 사회적 제약"Soziale Bedingtheit des Denkens und der Denkformen이라는 논문에서 다음과 같이 서술하고 있다. "우리 이성의 무시간적이고 절대로 바꿀 수 없는 논리적 구조에 대한 칸트의 확고한 믿음과 칸트 이후에 선천적 관점을 채택하는 사람들의 공동선Gemeingut이 된, 이러한 사고 방향을 강력하게 지지하는 최근의 대표자들이 믿고 있는 것은 근대 인종학Völkerkunde의 성과에 의해 증명되지도 않았을뿐더러 바로 잘못된 것임이 밝혀졌다."[50] "원시부족에서 개인은 자신을 다만 부족의 성원이라고 여기고, 자신의 의미 지각을 밝히고자 믿기 어려운 강인함을 지닌 부족의 전통적 방식을 고수한다."[51] "어디서나 정령과 도깨비가 나타난다는 믿음 속에서 부족의 성원들은 서로 보강해 준다. 이러한 사실은 하등 의심의 여지가 없어 보이고, 또한, 원시사회에서 발견되는 다양한 제도에 의해서도 증명된다. 이러한 사실만이 정령과 도깨비가 나타난다는 환상을 실제적이고 확정적인 것으로 만들어주는 데 적합하다. 서로를 보강해 주는 과정을 우리는 단순히 원시사회에서만 발견하는 것이 아니다. 오늘날 일상생활 속에서도 우리는 이러한 과정이 강력하게 영향을 미치는 것을 본다. 이러한 과정과 이러한 방식으로 생겨나서 굳어진 믿

---

[49] Gumplowicz, *Grundriß der Soziologie*, 1905, S. 269. Jerusalem, "Die soziale Bedingtheit des Denkens und der Denkformen" in Max Scheler(Herausg.), *Versuche zu einer Soziologie des Wissens*, 1924, S. 182 재인용.

[50] W. Jerusalem, "Die soziale Bedingtheit des Denkens und der Denkformen", S. 183.

[51] A. a. O. S. 188.

음의 구조를 나는 **사회적 농축**soziale Verdichtung이라 부른다."⁵² "또한 구체적이고 객관적인 관찰에는 … 다른 사람의 관찰에 의한 증명이 필요하다. 그래야만 그것은 비로소 공동선이 되고, 실천적 평가에 적합한 것이 될 것이다. 우리는 과학에도 사회적 농축이 영향을 미치는 것을 본다. 그것은 원칙적으로 새로운 사고방향이 기존의 사고와 부딪치는 저항 속에서 특히 분명하게 드러난다."⁵³

이 모든 사회학적이고 인문학적으로 훈련받은 사상가들은 –그들의 생각이 아무리 생산적인 것이라 하더라도– 하나의 특징적 오류를 범하고 있다. 그것은 그들이 과학적 사실에 대해 과도한 존경심을 보이고, 일종의 종교적 경외심마저 보인다는 점이다.

레비-브륄은 다음과 같이 서술한다. "신비적 요소가 지배력을 상실하면, 당연히ipso facto 객관적 특성이 시선을 끌고, 주목받게 된다. 신비한 집단의 생각이 사라지는 것에 비례하여 지각되는 고유한 부분이 점점 생겨난다."⁵⁴

레비-브륄은 과학적 사고에도 "존재와 현상의 –유일한 오직 객관적인 – 징표와 관계를 나타내는" 개념이 있다고 믿는다.⁵⁵ 그러나 그가 '객관적 특징'이나 '자신의 고유한 지각'으로 이해한 것이 무엇인지 규정하기란 쉽지 않아 보인다. 또한, 객관적 특징은 '당연히' 일어나야만 한다. 이러한 객관적 특징에 의해 주목을 받는 것이 심리학적으로는 가능하지 않다. 과학적으로 인정된 특징들을 지각한다는 것은 (이를 레비-브륄은 '객관적'이라고 파악한다고 전제한다) 먼저 학습되어야만 한다. 지각은

---

[52] A. a. O. S. 191.
[53] A. a. O. S. 192.
[54] L. Levy-Bruhl, *Das Denken der Naturvölker*, Ed. W. Jerusalem, 2nd ed., 1926, S. 336.
[55] A. a. O. S. 342.

당연히 일어나는 것이 아니다. 오히려 과학적으로 지각하는 능력은 천천히 획득되고, 학습된다. 이러한 지각을 위한 능력이 나타나는 최초의 형태가 발견이다. 발견은 사회적으로 제약된 복잡한 방식으로 일어난다. 다른 집단적 표상이 일어나는 것도 이와 같다.

"원시적 유형에서 나타나는 정신의 방식은 경험적으로 접근할 수 있다. 그런 만큼 그것은 동시에 모순에 빠지기도 쉽다."[56] 레비-브륄은 계속해서 다음과 같이 말한다. "어떤 특정한 사회의 정신적 구조와 그 사회 제도가 형성되자 말자, 물리적으로 가능하거나 불가능한 것에 대한 인식과 감정이 함께 생겨나서 고정된다. 따라서 이러한 감정과 인식은 물리적으로도 불합리한 것이고, 논리적으로도 불합리한 것이다. 논리 이전에 나타나는 정신의 방식이 물리적으로도, 논리적으로도 받아들여지지 않는 이유도 이 때문이다."[57]

물리적으로 가능하다거나 불가능한 것에 대한 인식과 감정을 아무도 가질 수 없다는 점에 대해 우리는 원칙적으로 반대해야만 한다. 우리가 불가능한 것으로 받아들이는 것은 다만 관습화된 사고 양식과 조화를 이루지 못하는 것뿐이다. 요소들의 전이, 근대 물리학에서 나오는 많은 현상들, 특히 물질의 파동설을 군말 없이 받아들이는 일이 최근까지도 완전히 '불가능한' 일이었다. 우리가 접근할 수 있다거나 접근할 수 없는 '경험 자체'란 없다. 모든 존재는 존재 방식에 따라 경험된다. 오늘 경험하는 것이 과거에 경험된 것과 연결되어 있고, 미래의 경험 조건을 변경시킨다. 따라서 모든 존재는 살아있는 동안 반응 방식을 바꾼다는 의미에서 '경험'을 한다. 특수한 과학적 경험은 사고의 역사에서 사회적으로 주어지는 특별한 조건으로부터 유래한 것이다. 이 특수한 과학적 경험은

---

[56] A. a. O. S. 337.
[57] A. a. O. S. 339.

전통적 모범본보기, Mustern에 따라 압력받지만, 아무나 이 경험에 간단히 접근할 수 있는 것은 아니다.

예루살렘도 또한, "순수 이론적으로 사고하고", "주어진 사실을 순수 객관적으로 확립할" 수 있다고 믿는다. "인간은 다만 천천히 그리고 점차로 이러한 능력을 갖추게 된다. 말하자면 자기 자신의 힘으로 완전히 사회적으로 구속된 상태를 극복하고, 따라서 **독립적이고 자립적인** 개성을 발전시키는 만큼, 우리는 순수 이론적으로 사고하고 사실을 객관적으로 확립할 수 있는 능력을 갖추게 된다."[58] "강화된 개별 인간만이 비로소 사물을 객관적으로 관찰하는 능력을 쟁취하고, 이론적으로 생각하는 법, 즉 감정에 얽매이지 않고 자유롭게 생각하는 법을 배운다."[59] 이를 예루살렘은 '사실과 개인의 관계'라고 부른다. 하지만 우리는 이 말을 위에서 인용한 명제, 즉 과학에서도 사회적 농축이 일어난다는 말의 의미와 어떻게 일치시킬 것인가?

"하나의 판단이 가능한 한 **평가되어야만 하는 과정의 기능**으로서 오직 배타적으로 고찰될 수 있을 때, 오직 그러한 경우에만, 판단은 바로 객관적 의미에서 참이 된다. 여기서 지금까지는 대체로 피상적이고, 거의 사용된 적이 없었던 판단과 사실의 '일치'라는 공식이 나타난다. 따라서 이 새롭고 순수 객관적인 진리 결정 기준은 개인주의적 발전 경향이 낳은 결과로 간주되어야 한다."[60]

---

[58] Jerusalem, op.cit, S. 188.
[59] A. a. O. S. 193.
[60] A. a. O. S. 193. 그는 계속해서 다음과 같이 말한다. "모든 개인의 관찰이 이미 그 자체 경험으로서 평가되어서는 안 된다. 정신의 계속적인 협동 작업에 따라 서로 확인하고 보강함으로써 보편적으로 확립된 인식이 축적되면, 우리는 마침내 경험에 관해 말해야만 한다. 그러나 **보편적이고 증명된 경험**만이 유일하게 타당한 진리의 기준이라고 간주되어야 한다."(S. 199) 이러한 모순에 봉착한다고 하여 그것이 예루살렘에 대한 비난을 포함하는 것은 아니다. 모순에 봉착한다는 것은

반대로 다음과 같은 생각도 생겨난다. 즉 감정적으로 자유로운 사고는 다만 순간적·개인적인 정서 상태와 무관한 것을 말할 수 있을 것이지만, 만연된 집단의 분위기에서 흘러나온 것이다. 일반적으로 감정과 무관한 사고란 아무 의미도 갖지 못한다. 감정에 얽매이지 않은 자유로운 것 자체, 또는 순수 오성적인 것 자체란 없다. 이러한 것을 어떻게 확립할 수 있을까? 오직 감정적으로 일치하는 것이나 감정적으로 차이 나는 것이 있을 따름이다. 한 사회에서 완전히 감정적 일치를 이룬 상태가 그 사회의 범위 내에서 감정에 얽매이지 않은 자유다. 이러한 자유야말로 거대한 형식의 파괴 없이 소통할 수 있는 간접적인 사고를 허용한다. 다시 말해 이러한 자유가 형식적이고 도식적으로 생각할 수 있게 하고, 단어와 문장 속에 있는 생각을 파악할 수 있게 한다. 이러한 생각 속에서 독립적인 실재를 확립하는 힘이 감정적으로 인정된다. 이렇게 생각하는 것을 우리는 오성적이라고 말한다. 예를 들어 인과관계가 오랫동안 순수 오성적으로 합당한 것으로 생각되어 왔지만, 그것은 한갓 강력하게 감정적으로 강조된 도깨비 집단이라는 생각에서 전승된 유물일 뿐이다.[61]

다만 갈등하는 새로운 사고 양식이 생겨난 순간에 정신적인 '시점 간의 영역 다툼'이 조정되는 것을 나타낼 뿐이다.

[61] 우리는 또한, 논리의 기원에 관한 예루잘렘의 생각에도 동의할 수가 없다. "논리의 기원은 하나의 거대한 단위로서 모든 인간의 생각이 생겨나오는 것과 밀접한 관련이 있다. 논리적이고 일반적인 것이란 모든 인간의 지성에 타당한 논리적 배치 관계를 가리킨다. 우리는 어떤 것을 논리적으로 종속시키거나 우위에 두는데, 이것은 언제나 모든 세대를 포괄하는 인간 지성의 발전 속에서 일어나야만 한다. 이 발전 속에서 일반적이고 증명된 경험이 확립되고, 또한, 경제적으로 배열된다. 그것도 언제나 정교하게 형성되어야 한다."(A. a. O. S. 206) 이것은 너무 도식적이다. 원시민족은 인류에 속하는 하나의 단위인가, 아닌가? 우리와 다른 원시민족의 논리는 일반적으로 우리의 논리보다 덜 타당한가? 우리 가운데 여전히 살아있는 신비주의, 영지주의 등은 어디서 왔는가? 호모 사피엔스 종 전체를 포괄하는 사고 집단의 개념은 거의 쓸모가 없다. 왜냐하면, 서로 다른 유형의 인간 사회들 간에는 사상적 교류가 드물게 일어나기 때문이다.

우리는 구체적으로 이른바 주관적인 것을 이른바 객관적인 것과 비판적으로 구별하려 한다. 여기서 우리는 언제나 다시금 위에서 언급한 인식에 들어있는 능동적·수동적 연결을 발견하게 될 것이다. 아무리 단순한 명제도 수동적 연결만으로는 형성될 수 없다. 그 속에는 언제나 능동적인 것이 포함되어 있거나, 우리가 합목적적인 것이 아니라고 일컫는 주관도 나타나고 있다. 하나의 수동적 연결도 다른 관점에서는 능동적인 것으로 생각되고, 거꾸로 능동적인 연결이라 하더라도 다른 관점에서는 수동적인 것으로 생각되기도 한다. 이 점에 관해서는 이미 충분한 논의가 이루어졌다. 그렇다면 위에서 언급한 철학자들이 요구하듯이, 오늘날 과학적 명제들이 특수한 지위를 지녀야 하는 이유는 무엇인가?

철학자들은 오늘날 우리가 갖고 있는 과학적 견해가 다른 모든 사고방식-말하자면 우리는 영리하고 혜안을 가져야 한다, 원시적이거나 태고의 사고에 유아적으로 사로잡혀 있는 상황에서 간단히 벗어나야 한다고 생각하는 것-과는 완전히 반대라고 생각한다. 우리는 그야말로 '올바른 사고'와 '올바른 관찰' 능력을 소유하고 있고, 우리가 참이라고 천명하는 것을 당연히 **참**이라는 생각한다. 그러나 다른 한편으로 원시인이나 노인들, 정신병자나 어린아이들이 **참이라고** 천명하는 것은 **단지 그들에게만 참으로 보일 뿐**이라고 생각한다. 하나의 과학적 인식론 건축을 방해하는 이 태고의 순박한 견해는 18세기 프랑스 문헌학자들의 가르침을 생각나게 한다. 그들은 pain, sitos, Brot, panis가 자의적인 표현이고, 동일한 것의 다른 표현일 뿐이라고 주장했다. 이에 따르면 프랑스어로 빵pain이라 부르는 것은 실제로도 빵이다. 여기에는 다만 프랑스어와 다른 언어의 차이점이 있을 뿐이다.

철학적으로 자연을 탐구하는 사람들은 현실과 동떨어진 매우 특징적인 실수를 범한다. 철학자들은 '하나의 유일한 객관적 징표와 관계'만이 있는 것이 아니라 다소 자의적인 관련 체계와 관련된 관계도 있다는 사실을 안다. 그러나 철학자들은 논리에 대한 너무 지나친 존경과 논리적 추론에 대한 일종의 종교적 존경심을 갖고 있다는 점에서 잘못을 범한다.

이 자연과학적으로 형성된 인식론자들, 예를 들어 이른바 비엔나학파에 속하는 사람들(슐리크, 카르납 등)에게 (적어도 존재해야만 하는 이상적인 것으로서, 사고로서) 인간의 생각은 고정불변의 것Fixum, 절대적인 것이다. 이에 반해 경험적 사실은 상대적인 것이다. 반대로 위에서 언급한 휴머니즘으로 무장한 철학자들은 사실 속에서 고정불변의 것을 보는 반면에, 인간의 생각 속에는 변화무쌍한 변전이 일어난다고 본다. 양쪽에서 각자 고정·불변하는 것을 서로 다른 영역에 두고 있다는 점이 특징적이다.

일반적으로 '고정불변의 것'이 없다면, 우리는 아무것도 행할 수 없는가? 생각과 사실, 두 개는 모두 가변적인 것이다. 왜냐하면, 생각의 변화는 변화된 사실 속에서 일어날 수 있고, 거꾸로 새로운 사실은 원칙적으로 오직 새로운 생각에 의해서만 드러날 수 있기 때문이다. 이 점에 관해서는 다음 장에서 살펴볼 것이다.

사고 집단 이론은 바로 미개인들과 원시인들, 어린아이들, 정신병자들이 생각하는 것을 서로 비교하고 일관되게 연구하는 가능성 속에서 결실을 본다. 그리고 우리는 마침내 한 민족의 생각, 한 계급의 생각, 한 집단의 -그것이 어떻게 유형화되었든지 간에- 생각을 연구하기에 이르렀다. 나는 경험을 극대화하라Maximun der Erfahrung는 가설을 과학적 사고의 최고 원칙으로 삼고 있다. 일찍이 비교 인식론의 가능성이 제기되었다면, 이제 그 인식론을 실천하는 것은 우리의 의무가 되었다. '나쁜' 생각과 '선한' 생각이라는 규범적 결정을 넘어서지 못하는 낡은 관점은 폐기되어야 한다.

　여기서 밝혀진 관점들이 회의주의라고 오해되어서는 안 된다. 우리는 많은 것을 확실히 알 수 있다. 우리가 오래된 처방전을 보고 '모든 것'을 알 수 없다면, 그것은 단순히 '모든 …'이라고 표시한 것을 가지고 많은 것을 할 수 없어서 생긴 일이다. 모든 새로운 인식과 함께 적어도 **하나** 이상의 새로운 문제가 나타난다. 따라서 우리가 풀어야 할 숙제는 무수히 많다. '모든 …'이라고 표시된 것은 무의미하다.

　'모든 …'이란 존재하지 않는다. 마찬가지로 인식을 논리적으로 구축할 수 있는 '궁극적인 것'도, 근본적인 것도 없다. 지식은 근본적인 것에 근거하지 않는다. 이념과 진리를 행하는 것은 다만 전진하는 활동과 상호작용에 의해서만 일어난다.

03

바서만 반응과 그 발견

> 과학적 발견에서 개인과 집단의 몫. 잘못된 전제와 재현될 수 없는 최초
> 의 시도에서 참된 인식이 어떻게 생겨나는가? 저자는 회고적으로 무엇
> 을 보는가?

나는 바서만 반응을 비전문가들에게 어떻게 설명할 수 있을지에 대해 오랫동안 숙고해 왔다. 어떤 서술로도 몇 년에 걸쳐 실제로 반응 실험을 한 후에 얻은 저 생각을 대체할 수는 없다. 여기에는 화학과 물리화학, 병리학, 생리학 등 여러 분야와 관련된 매우 폭넓은 영역이 복잡하게 뒤엉켜 있다.

우리는 거의 알려지지 않은 다섯 개 요소를[62] 가지고 조작한다. 이때 각 요소의 상호작용은 예비검사에 의해 조정되고, 각 요소의 적용 방식은 통제 체계에 의해 보증된다. 가장 중요한 시약 Reagens, 이른바 '항체'Antigen 또는 보다 잘 말해 '추출물'Extrakt은 수없이 많이 시행된 각종

---

[62] 항원, 항체, 용혈소, 양수체, 보체를 말한다―옮긴이 주.

예비검사와 앞서 검증된바 있는 다른 예비 추출물과의 비교를 기초로 사용된다. 지속적이고 규칙적·조직적으로 반응 실험을 시행함으로써 비로소 필요한 결과의 확실성도 확보된다. 이 반응 실험은 언제나 많은 혈액검사를 통해 시행되고, 이때 행해지는 혈액검사는 대부분 다음에 할 혈액검사와 비교하기 위한 것이다. 당연히 결과에 대한 임상적 통제도 가해진다. 말하자면 실험 결과를 임상적으로 발견된 것과 비교한다. 비교할 때는 활동 방식의 적절한 조정이 일어난다.

모든 확실성과 기계적 반응에도 불구하고, 우리는 언제나 전혀 예상하지 못했던 새로운 사실을 경험하게 된다. 이 새로운 사실은 때때로 많은 것을 약속해 주는 관계와 전망을 보여주지만, 신기루Fata morgana처럼 곧 사라져 버린다. 반응은 변함없는 도식에 따라 일어난다. 그러나 실험실에서는 그 여건에 맞춰 변형된 방식으로 다양한 실험을 한다. 이렇게 시행된 반응 실험은 엄격한 양적 계산에 근거하지만, 언제나 경험자의 눈이나 '혈청학적 감도感度'가 계산보다 훨씬 더 중요하다. 우리는 그다지 큰 기술적 실수를 범하지 않는다면, 정상인의 혈액검사에서는 바서만 반응의 긍정적 결과(음성 반응)를 얻을 수 있고, 매독에 걸린 사람의 혈액검사에서는 바서만 반응의 부정적인 결과(양성 반응)를 얻을 수 있다. 이렇게 경험적 확인이 중요하다는 사실은 시민연대가 개최한 바서만 의회에서 분명하게 드러났다. 바서만 의회에 참석한 각국에서 온 최고의 혈청학자들은 각자 같은 혈액을 사용하여 동시에 독자적인 검사를 시행하였다. 그 결과는 학자들 사이에서 완전히 일치하지 않았거니와 임상적 질병의 형성과도 일치하지 않았다.

그러나 바서만 반응은 날마다 수천 건의 의학적 문제를 해결하는 데 요긴하게 사용되는 중요한 의학적 보조수단의 하나다. 이 반응을 이론적으로 다룬 수많은 논문이 발표되고 있다. 바서만 반응은 공식적인 규제에 따라 시행되고, 또한, 많은 국가가 오직 특별한 요건을 갖춘 실험실에서만 반응 실험을 시행할 수 있는 자격을 준다. 이러한 사실만 보더라도 바서만 반응의 중요성은 이미 자명한 것이라 하겠다.

바서만 반응은 자신만의 영역—즉 독자적인 세계—을 구축하고 있고, 이 영역은 다른 자연과학적 학문 영역이 그렇듯이, 언어로 충분히 파악될 수 없다. 언어 그 자체는 어떤 고정불변의 의미를 지니고 있지 않다. 언어는 하나의 연관 속에서, 하나의 사고영역에서 비로소 자신만의 고유한 의미를 지닌다. 이 언어적 의미의 뉘앙스 Nuancierung를 우리는 오직 어떤 '안내'Einführung에 따라 —그것이 역사적 안내든, 교육적 안내든 상관없이— 느낄 뿐이다.

그러나 역사적 안내도, 교훈적 안내도 순수 합리적이거나 순전히 지성적으로만 일어나는 것이 아니다. 역사는 자연과학적 결과처럼 논리적으로 구성될 수 없다. 왜냐하면, 역사는 생성되는 와중에 파악되고, 따라서 불분명하고 정의될 수 없는 개념을 포함하고 있기 때문이다. 표현된 사고영역이 보다 단련되고 차별화될수록, 그 개념은 복잡하게 뒤엉키고 연관되어 있으며, 더욱더 서로 의존적으로 규정될 것이다. 사고상의 개념은 논리적으로 풀 수 없는 편물조직이 되고, 공통된 발전에 따라 생겨나는 유기적인 형성체 Gebilde가 된다. 이 형성체의 부분들은 상호작용한다. 우리는 더 이상 개념이 발전해 온 과정의 종착점에 서서 개념의 출발점을 이해할 수 없다. 그 출발점은 말로 정확하게 표현되지 않는다. 아니 후기의 개념은 이전의 개념과 전혀 다른 의미에서 이해되고 표현된다. 따라서 우리는 이러한 개념의 발전 과정에 나타난 결과를 주어진 전제에서 논리적으로 추론할 수 없다. 화학적 원소 개념만 보더라도 그렇다. 고대의 속성을 나타내는 원소 개념 Eigenschaftselementbegriffe은 근대적인 (주로) 중량을 나타내는 원소 개념 Gewichtselementbegriffe으로 바뀌었다. 그 변천 과정을 우리는 어떻게 형식 논리적으로 설명할 수 있을까? 속성, 중량, 원소, 결합이라는 개념은 그동안 –물론 조화롭게 상호작용해 왔음에도 불구하고– 그 의미가 완전히 변해 버렸다. 중세의 어떤 화학자도 오늘날의 화학법칙을 우리가 이해하는 것처럼 이해할 수 없을 것이다. 거꾸로 우리도 중세의 화학을 중세인들처럼 이해할 수 없다.

    교훈적 안내, 따라서 권위적 안내는 순수 합리적인 것이 아니다. 왜냐하면, 지식의 현재 상태는 역사적 인식이 없다면, 불분명하게 남아 있을 것이고, 마찬가지로 역사도 현재 상태에 대한 내용적 인식이 없다면, 불분명하게 남아 있을 것이기 때문이다. 모든 인식 영역에 대한 교훈적 안내는 순전히 교조적 가르침이 지배하던 시기를 거쳐 형성되었다. 우리는 그 자체로 폐쇄적인 세계를 탐구하기 위해 지성을 준비해 왔고, 이 지성에 의해 세계가 촉발되는 것처럼 생각하게 하는 통과의례Einführungsweihe를 치러왔다. 이러한 의례가 –예를 들어 물리학의 근본이념을 소개하듯이– 여러 세대를 거쳐 확산되면, 지성에 의해 세계가 촉발된다는 사실도 점차 자명한 것이 되어, 이전의 지성이 일찍이 지녔던 것을 우리는 완전히 잊어버리게 된다. 왜냐하면, 우리는 의례에 의해 촉발되지 않은 것을 아무것도 보지 못하기 때문이다.

    이렇게 세계가 지성에 의해 촉발된다면, 이 촉발이 초심자에게 오직 '무비판적으로' 받아들여질 것이라는 우려를 우리는 지울 수 없다. 진정한 전문가라면 반드시 권위의 강압에서 벗어나야 할 것이고, 순전히 지성적인 체계에 도달할 때까지 자신의 원칙을 끊임없이 다시금 정당화시켜야만 할 것이다.

    하지만 이미 특수한 훈련을 받은 전문가라 하더라도 전통과 집단에 의한 속박에서 더 이상 자유롭지 못하다. 이러한 전통과 집단에 의한 속박이 없었더라면, 그는 전문가가 되지 못했을 것이다. 이 전통과 집단에 의한 속박을 우리는 논리적으로 정당화시킬 수 없다. 이렇게 전통과 집단에 의해 속박되는 것이 논리적으로 정당화될 수 없는 계기Momente라 하더라도, 이 계기는 과학적 입문을 위해 꼭 필요하다. 그뿐만 아니라 이 계기는 지식의 진보를 위해 필요하고, 지식 영역, 즉 과학 그 자체의 자기 정당화를 위해서도 꼭 필요하다.

이제 우리는 바서만 반응의 분야로 들어가는 통과의례를 거행하려 한다. 그것도 독일식으로 말이다. 이를 위해 나는 바서만의 제자인 시트론J. Citron의 1910년 판 문답식 교과서를 선택했다. 물론 이 책은 교과서로는 여전히 유용할지 몰라도, 첨단 연구에 밀려 이미 퇴물이 된 지 오래다.

율리우스 시트론 박사 지음, 『면역진단의 방법과 면역치료』(Dr. Julius Citron, *Die Methoden der Immunodiagnostik und Immunotherapie*, Leipzig, 1910)

1강: 서론, 면역과 항체의 개념, 특이성의 법칙, 통제 실험의 중요성

신사 여러분! 감염 질병을 진단하기 위해서는 다양한 방법이 활용됩니다. 체온변화를 자세히 관찰하고, 장기의 변화, 발진, 생화학적 과정 등을 통해 진단할 수 있는 임상적 관찰 외에, 특수한 유발자를 직접 탐지하여 이를 이용한 혈청학적 연구와 유기체의 특수한 반응물을 이용한 면역학을 질병의 진단에 활용하는 법을 우리는 배웠습니다. 오늘날 우리는 질병의 감염 과정이 질병원의 유형, 수량, 독성뿐만 아니라 유기체의 활동방식에도 의존한다는 사실을 잘 알고 있습니다. **질병은 이 두 부류 요인의 상호작용에 의해 생겨나는 것으로 파악되고 있습니다. 비록 질병 유발자와 유발자에 의해 생성된 것이 미치는 영향, 유기체의 반응력이 어떻게 작용하는지 아직 세부적으로 확정지을 수 없다고 하더라도 말입니다.** 각 유기체의 개별 반응이 변화무쌍하다고는 하나, 이러한 개별적 차이에도 불구하고 박테리아의 특징을 잘 살펴보면, 이 박테리아에 의해 생겨난 부산물과 유기체의 삶을 위해 봉사하는 방어조치라는 전형적인 근본 형식이 서로 대응하고 있음을 알 수 있습니다. 이 대응 관계에서 신체가 사용하는 수단은 **세포**와 **체액**이라는 양식입니다. 이에 따라 우리는 감염 질병을 다음과 같이 정리할 수 있습니다. 한편으로 세포 반응이 신체의 용태를 지배하고, 다른 한편으로 체액의 변화가 전면에 나타납니다. 이때 세포 반응과 체액의 변화가 마주치는 양극단의 중간쯤에서 감염 질병이 나타납니다. 그래서 우리는 시시각각으로 변하는 결핵의 용태에서 언제나 결핵절 Tuberkelknötchen이 전형적인 세포 반응을 보이는 것을 확인하는 반면에, 나병과 매독의 감염은 각기 그 질병에 특징적인 세포 변화를 나타냅니다. 그러나 감염 질병이 체액의 흐름 속에 나타나고, 질병이 감염되는 과정의 미묘한 생물학적 반응은 알기 어렵습니다. 왜냐하면, 감염되는 과정은 맨눈으로도, 현미경으로도 볼 수 없기 때문입니다. 특히 혈청 속에서 발견되는 체액 변화를 증명하고, 체액 변화의 미세한 차이를 찾아내기 위해서는 특수한 방법이 필요합니다. 그러나 지금 우리가 알고 있듯이, 체액의 면역반응은 −세포의 면역반응도 마찬가지로− 특이하게 감염 질병에만 국한된 것이 아니라 **정상적이거나 병리적인 모든 생리학적** 사건을 총망라하는 광범위한 영역에 걸쳐 일어납니다. 체액의 반응과 관련한 에를리히의 천재적 개념인 측쇄설 Seitenkettehtheorie에서[63] 우리는 다음과 같은 사실을 이해할 수 있습니다. 그것은 본질적으로 영양과 에

---

[63] 측쇄설이란 각 세포가 특정한 독성물질을 흡수하거나 동화하는 측쇄 또는 수용기를 가지고 있다는 가설을 말한다. 독성을 가진 분자는 세포의 측쇄와 결합해야 세포에 작용할 수 있고, 독성에 감염된 유기체는 많은 측쇄를 만들어낸다. 이 측쇄로 인해 새로운 감염을 막아낼 수 있는 면역이 생긴다는 항독소 생성에 관한 면역 이론이다―옮긴이 주.

너지 소비를 조장하는 소화 작용의 생리학적 현상이 병리학적 조건 아래서 반反감염 반응물의 형성을 유도하는 과정과 일치한다는 사실입니다. 메치니코프Elie Metchnikoff도 유사한 방식으로 에를리히의 업적에 못지않은 성과를 보였습니다. 그것은 다음과 같습니다. 즉 모든 유기체는 적인 박테리아와 대항하면서 활동합니다. 이를 가능하게 하는 것은 중간엽mesenchym에서[64] 유래하는 세포군인데, 이 세포군이 모든 동물 영역에서 다양한 생리학적 기능과 생리-병리적 기능을 완성시켜 줍니다. 하등동물의 경우에는 모든 신체기관을 사라지게 함으로써 세포가 체형의 변화에 협력하도록 하고, 여성의 경우에는 세포가 출산 후에 자궁의 수축에 함께 작용하도록 하거나, 노인의 경우에는 위축증에 걸린 신경중추의 신경 세포를 먹어치워 버린다거나, 백발의 머리카락을 나이 듦의 상징으로 보이게 한다거나 함으로써 말입니다. **생리학적인 것과 병리학적인 것 사이의 경계를 우리는 생물학적으로 엄밀하게 선을 그을 수 없습니다.** 생리학적인 것과 병리학적인 것은 다양한 변화가 일어나는 현상의 연속입니다.

신사 여러분! 다음과 같은 사실을 이해하기 위해서는 특히 여러분이 일반적으로 익히 알고 있는 어떤 개념에 관해 간단하게 언급할 필요가 있습니다.

먼저 '**면역**'이라는 단어에 관한 충분한 설명이 필요합니다. 여러분은 대부분 감염 질병에서 회복된 후에 유기체가 육안으로도, 현미경으로도, 심지어 화학적으로도 증명될 수 없는 변화를 경험하는 특이한 현상에 대해 잘 알고 있을 것입니다. 그 변화란 같은 감염 질병에는 전혀 걸리지 않게 자신을 보호하거나 적어도 잘 걸리지 않게 해 주는 것을 말합니다. 여러분도 곧 알게 되겠지만, 우리는 이를 다른 방식으로 일어나는 면역

---

[64] 태아의 중배엽 결합조직을 가리키는 말로 여기서 결합조직, 혈관, 림프관이 발생한다―옮긴이 주.

과 잘 구분해야만 합니다. 따라서 여러분의 이해를 쉽게 하도록 특정한 속성을 덧붙일 것을 추천합니다. 그것은 신체가 감염에 대한 투쟁에서 스스로 면역력을 획득하는 것을 말합니다. 이러한 형식을 우리는 '**능동적 면역**'이라고 부릅니다. 여러분은 제너Edward Jenner와 파스퇴르Louis Pasteur가 질병을 이겨냄으로써 자발적으로 획득하는 면역성을 인위적으로 만들어 예방접종의 목적으로 사용한 것을 알고 있을 것입니다. 능동적 면역의 본질에 관해 오늘날 우리가 알고 있는 것은 아직 불충분한 것입니다. 우리는 능동적 면역에서 유기체가 보통 병원균이나 그 독성에 대해 특수한 방식으로 대항하면서 일정한 반응물을 생겨나게 한다는 점만 언급할 수 있을 따름입니다. 우리는 특히 혈청 속에 떠도는 이러한 반응물을 **항체**라 부릅니다. 많은 종류의 항체가 있는데, 그 작용은 각기 다릅니다. 그래서 이들은 각기 다른 이름으로 불리고, 그 의미도 또한, 각기 다릅니다. 한편으로 응집소Agglutinine, 침전소Präzipitine라 불리는 결합시키거나 분리시키는 항체가 있지만, 이들은 유기체를 보호하는 기능을 거의 하지 못합니다. 다른 한편으로 또 다른 항체가 있고, 그것은 의심의 여지없이 유기체를 보호하기 위해 봉사합니다. 이들은 박테리아에 의해 생긴 독성과 중독물질을 직접 중화(**항독**Antitoxine)함으로써, 박테리아를 죽임(**세균용해소**Bakteriolysine, **살균제**Bakteriozidine)으로써, 박테리아가 세포에 의해 보다 쉽게 박멸될 수 있도록 하는 방식(박테리오트로핀 Bakteriotropine,[65] **옵소닌**Opsonine[66])으로 박테리아를 바꿔줌으로써 유기체를 보호합니다. 이 세 가지 주요 보호 유형에 상응하는 면역을 우리는 각기

---

[65] 세균과 결합하여 세균을 식세포 작용에 더 취약하게 만드는 혈청의 특정 성분—옮긴이 주.
[66] 세균과 결합하여 세균을 식세포 작용에 보다 취약하게 만드는 다양한 단백질—옮긴이 주.

항독성 면역, **살균성** 면역, **세포성** 면역이라 부릅니다. 물론 이 세 가지 유형의 면역에 딱 들어맞지 않는 애매한 것도 있지만 말입니다. 면역성의 종류에는 이렇게 잘 알려진 것들 외에도 아직 알려지지 않은 면역이 충분히 있을 수 있습니다. 특히 지금까지 알려진 사실을 근거로 우리가 보려 했던 것보다 훨씬 더 큰 의미를 세포성 면역은 요구하고 있고, 이것은 확실합니다. 이와 같이 어떤 혈청 물질의 매개 없이 작용하는 명백한 유형의 세포성 면역이 있고, 이를 우리는 '**조직발생적**'histogene 면역, '**조직면역**'Gewebsimmunität이라 부릅니다.

항체가 형성된 동물의 혈액 혈청을 아직 면역되지 않은 건강한 동물에 주사하는 방식으로 우리는 종종 해당 감염유발자에 대한 면역을 생기게 할 수 있습니다. 이때 이렇게 하여 보호를 받는 유기체는 능동적 세포 활동을 통해 보호물질을 생성하는 것이 아니라 보호물질을 **미리 만들어 놓은** 상태에서 받아들이는 것입니다. 따라서 이러한 형태의 면역을 우리는 위에서 말한 **능동적 면역**과 구별하여 **수동적 면역**이라 부릅니다. 지금까지 설명한 방식의 면역에는 모두 −자발적으로 질병을 회복했거나 인위적으로 회복했거나, 아니면 항체의 전이에 의해 회복했거나 간에− 특정한 과정에 의해 비로소 '**획득**'된 것이라는 공통점이 있습니다. 이 '**획득된**' 면역 외에 '**자연적으로 생기는 면역**'도 있습니다. 이러한 자연 면역력이 있어서 모든 동물이 감염 질병에 쉽게 걸리지 않는다는 점을 우리는 압니다. 그래서 사람은 예를 들어 조류 콜레라, 돼지 수두와 같은 무서운 동물의 질병에 대한 자연 면역력을 가지고 있습니다. 자연 면역력은 거의 언제나 세포 방식으로 나타납니다. 가장 중요한 자연적 방어 무기는 백혈구가 박테리아를 먹어치우는 식세포 작용Phagozytose입니다.

끝으로 다음과 같은 사실에 대해서도 간략하게 언급해 둬야겠습니다. 우리는 면역을 '**국소**' 면역과 '**일반**' 면역으로 구별하는데, 그것은 동일한 개체의 다른 기관이 어떤 감염에 대해 반응하는 것에서 볼 수 있는 차이를 나타낸 것입니다. 또한, 면역을 '**상대적**' 면역과 '**절대적**' 면역으로 구별하기도 하는데, 그것은 면역의 양적 차이를 표현한 것입니다. 나아가 **지속적** 면역과 **일시적** 면역으로 구별하기도 합니다.

신사 여러분! 우리가 논의해야 할 두 번째 개념은 항체입니다. 나는 위에서 항체에 관해 이미 간략하게 설명했습니다. 우리는 항체를 질병을 일으키는 세균에 대해 유기체가 만들어내는 모든 특수한 반응물과 부산물이라고 이해합니다. 이제 이 점을 좀더 보완하기 위해 나는 다음과 같은 사실을 덧붙여야만 하겠습니다. 우리가 박테리아에 의해 감염되지 않은 다른 어떤 단백질, 예를 들어 다른 동물에게서 채취한 혈액, 달걀의 단백질을 어떤 유기체에 **비경구적으로**, 다시 말해 소화기관을 통하지 않은 다른 방식으로 투여할 때에도 항체가 형성된다는 사실을 말입니다.

항체의 존재를 좀더 자세히 알기 위해 우리는 항체를 화학적으로 순수하게 정제하는 실험을 했습니다. 그러나 이러한 노력은 지금까지 모두 실패했습니다. 항체의 화학적 본성은 알려지지 않고 있습니다. 우리는 항체라 부르는 것이 일반적으로 자립하는 화학적 형성을 나타내는지, 않는지조차도 알지 못합니다. **우리는 다만 혈청 효과만 알고 있을 뿐입니다**. 따라서 항체는 다만 이 혈청 효과가 사상 Gedanken 속에서 완성된 물질화를 나타내는 것일 뿐입니다. 우리는 혈청의 항독 능력과 응집 능력을 고려할 때, 각기 다른 항체에서 나온 결과를 교훈적 토대로 하여 항독소, 응집소 등으로 부릅니다.

개별적인 항체의 효능은 각기 다릅니다, 그렇다 하더라도 하나의 특성이 모든 항체에 공통으로 나타나는데, 이를 우리는 **특이성**Spezifität이라 부릅니다. 이것은 티푸스 항체가 단지 티푸스 박테리아 하고만 여러 가지 면역반응을 보일 수 있고, 콜레라 항체는 단지 콜레라균하고만 면역

반응을 보일 수 있다는 점을 의미합니다. 이러한 특이성의 특성은 매우 본질적인 것이기 때문에 항체의 다른 특성을 모두 가지고 있으면서도 이 특이성만 가지고 있지 않다면, 이 물질을 우리는 항체라고 불러서는 안 됩니다. 물론 항체가 지닌 특이성의 법칙은 내가 여러분에게 개념을 설명하기 위해 묘사한 극단적인 형태로서만 타당한 것이 아닙니다. 우리는 특이성의 존재를 다음에 자세하게 서술할 기회를 얻게 될 것입니다. **그러나 나는 먼저 여러분에게 진정으로 모든 항체가 특이성을 갖고 있고, 특이성을 갖고 있지 않은 물질은 모두 항체가 아니라는 점을 확실히 기억해 줄 것을 당부드립니다. 특이성의 법칙은 혈청진단학이 확보해야 할 선행조건입니다.** 예를 들어 티푸스를 정확하게 진단하려면 –해당 환자가 실제로 티푸스를 앓고 있다면– 환자의 혈청이 진정한 티푸스 박테리아하고만 면역반응을 보인다는 사실을 우리는 알아야만 합니다. 반응의 특이성이 의문시되는 순간, 그 진단적 평가도 반드시 훼손되고 말 것입니다. 따라서 우리는 주어진 각 반응이 특이성을 갖고 있는지 없는지, 있다면 어느 정도로 갖고 있는지에 관한 물음을 반복적으로 검토해 보아야만 합니다. 또한, 모든 가능한 방식을 동원하여, 특히 통제실험을 통해 진정한 특이성을 확보할 수 있어야만 합니다. 바라건대 나는 오늘 이 첫 강의에서 여러분이 적절한 통제실험의 중요성에 주목해 줄 것을 요청합니다. 겉으로 보기에는 아주 간단한 실험이지만, 여기서 요구되는 통제는 종종 본래 실험의 많은 사실을 논증하는 데 필요한 것들입니다. 이러한 사실을 여러분이 안다면, 그것이 여러분에게는 매우 현학적인 것처럼 보일 것입니다. 여러분은 실제로 혈청진단학을 실시할 때 여러분 자신이 일련의 오랜 실험을 진행해 오면서 통제의 요구 없이도 좋은 결과를 획득할 수 있다는 확신이 들었을 겁니다. 그래서 그러한 통제를 벗어나고 싶은 유혹을 받았을 것입니다. 그런데도, 신사 여러분! 나는 여러분에게 통제의 요구에 따르지 않고 실험 조작을 절대로 해서는 안 된다는 점을 충분히 강력하게 가슴에 새겨둘 것을 강조해 마지않습니다. 그래야만 여러분은 스스로 큰 실수를 저지르거나 잘못된 진단을 내리지 않게 될 것입니다. 아무리 유능한 연구자라도 충분한 통제가 이루어지지 않는다면, 그러한 잘못에 빠져들 수 있습니다. 이 말은 특히 여러분이 독자적으로 과학적 연구를 수행하거나 그러한 과학적 연구를 평가할 때에도 적용되는 것입니다.

통제가 가능한 모든 오류를 제거해 줍니다. 통제는 심지어 있을 법하지 않은 잘못마저도 제거해 줍니다. 이러한 통제 없이 행해지는 작업에서 과학적 결론을 도출해내는 일은 결코 허용되지 않습니다.

이 점을 나는 스스로 철칙으로 삼아 왔습니다. 나는 여러분에게도 마찬가지로 혈청진단학을 다루는 새로운 과학논문을 읽기 전에 먼저 언급된 통제를 살펴보라고 충고합니다. 통제가 불충분하면, 그 일이 무슨 일인지 관계없이 작업 가치는 매우 빈약해지고 맙니다. 왜냐하면, 모든 자료가 옳은 것일 수 있지만, 그렇다 하더라도 틀림없이 옳은 것은 아니기 때문입니다.

이 훌륭한 입문서는 무엇을 제시하고 있는가? 이 입문서에서 우리는 정당화될 수 없는 요소를 발견했는가? 이 점을 확인하는 것은 그다지 어렵지 않다. 왜냐하면, 지금까지 어떤 교과서에서도 다루어지지 않은 다른 관점을 불러올 논거를 우리는 이미 확보하고 있기 때문이다. 마찬가지로 이 새로운 관점도 당연히 충분하게 정당화될 수 없다. 하지만 낡은 관점의 강압이 사라져 버렸기 때문에, 우리는 새로운 관점과 낡은 관점을 비교할 수 있게 되었다.

1. 감염 질병의 개념. 이 질병은 자기 폐쇄적인in sich abgeschlossen 실체로서 유기체의 개념과 유기체를 침공하는 무서운 유발자라는 개념에 기초한다. 유발자는 나쁜 영향(**공격**)을 미치고, 유기체는 이에 대해 반응(**방어**)함으로써 대답한다. 그래서 하나의 투쟁이 일어나고, 이 투쟁이 질병의 본질을 형성한다. 면역학 전반에는 이러한 원시적인 전쟁의 이미지가 만연해 있다. 이러한 주장은 질병을 유발하는 도깨비가 인간을 공격한다는 신화에서 나온 것이다. 도깨비가 유발자로 바뀌었지만, 싸움을 일으키고 승리한다거나 질병의 '원인'을 발본색원한다는 생각은 여전히 남아 있다. 오늘날에도 여전히 우리는 이렇게 가르치고 있다.

그러나 천진무구한 관찰자에게 이러한 견해를 받아들이도록 강압할 수 있는 유일한 실험적 증명이란 없다. 여기서 우리는 모든 세균학Bakteriologie과 역학疫學,Epidemiologie 현상을 자세히 조사하여 다음과 같은 사실, 즉 일반적으로 근대의 감염 개념 탄생에 즈음하여 질병을 일으키는 도깨비가 나왔고, 어떤 합리적 근거도 없이 이를 받아들일 것을 연구자들에게 강요했다는 사실을 증명한다는 것은 유감스럽게도 우리의 논의 범위를 넘어선다. 우리는 그러한 주장을 거부하는 것으로 만족해야만 한다.

유기체는 유물론이 상정하듯이,[67] 더 이상 불변적인 한계를 지닌 자기 폐쇄적인 자립적 실체로 파악될 수 없다. 유물론적 개념은 너무 추상적

---

[67] "근대 생물학이 생물세계의 객관적 상(像)을 구축하고자 한다면, 생물학은 주관적 입장에 기초한 모든 생각에서 벗어나야만 한다. 이러한 편견을 완전히 없애는 것이 때로는 쉬운 일이 아니다. 인간이 자기 자신에 대해 갖고 있는 자기 폐쇄적인 전체, 즉 하나의 통일체라는 의식은 부지불식간에 우리에게 다음과 같은 생각, 즉 전체적인 생물세계는 우리가 유기체라 부르는 일정량의 통일체로 구분된다는 생각을 떠올리게 한다." Hans Gradmann, "Die harmonische Lebenseinheit vom Standpunkt exakter Naturwissenschaft" *Naturwissenschaften*, 18(1930), S. 641.

이고 허구적일 뿐만 아니라 연구 목적에 따라 그 내용이 좌우된다. 형태론에서 유기체는 유전형의 개념으로 전환되고, 그것은 유전적 요인을 추상화·허구화한 결과다. 생리학에는 '조화로운 삶의 통일'이라는 개념이 있다. 그것은 (그라드만H. Gradmann에 의하면) "부분의 활동 속에서 부분들이 서로 보완해 주는 것에 의해 특징지어지고, 그리고 부분들이 서로 의존해 있다는 생각에 의해, 부분들이 서로 협동하고 생생한 전체를 형성한다는 생각에 의해 특징지어진다." 자기 폐쇄적인 실체라는 형식의 형태학적 유기체 개념에는 이러한 생리학적 능력이 나타나지 않는다 (형태학에는 오직 독립적인 개별 양식만이 있을 뿐이다). 예를 들어 태선 苔蘚, Flechte을[68] 구성하는 각 부분은 전혀 다른 것에서 유래한 것들이다. 즉 일부는 해초에서, 다른 일부는 버섯에서 유래했다. 하지만 태선은 조화로운 삶의 통일을 구축하고 있다. 각 구성요소는 강력하게 서로 의존하고 있고, 거의 대부분 독자적으로는 생존할 수 없다. 모든 공생관계, 예를 들어 질소를 모아주는 박테리아와 콩, 뿌리에 기생하는 버섯과 숲 속의 특정한 나무들, 동물과 발광성 세균, 많은 야생벌들과 버섯류 사이의 공생관계 뿐만 아니라 개미 군체와 같은 동물의 공동체, 숲과 같은 생태적 통일체도 '조화로운 삶의 통일'을 형성한다. 그리하여 어떤 전체적인 규모의 복합체가 존재하는데, 이 복합체도 그때마다 조사 목적에 따라 생물학적 개체로 간주된다. 많은 연구자에게 세포는 개체이지만, 다른 연구자에게는 합포체이고, 또 다른 연구자에게는 공생체이며, 끝으로 또 다른 연구자에게는 생태적 복합체이다. "따라서 우리가 유기체를 (고전적 의미에서) 특수한 양식에 따른 생명 실체Lebenseinheiten로서 전제한다면, 그것은 하나의 편견이다. 이러한 편견은 근대 생물학과는 잘 어

---

[68] 태류苔類와 선류蘚類를 포함하여 약 24,000종으로 이루어진 하등 녹색 식물의 한 문門이다—옮긴이 주.

울리지 않는다."⁶⁹ 근대 생물학의 개념적 빛 속에서 인간은 하나의 복합체Komplex로 나타난다. 인간이 조화로운 번영을 누리기 위해서는 예를 들어 많은 박테리아의 역할이 절대적으로 필요하다. 원활한 신진대사를 위해서는 장박테리아가 필요하고, 점막의 정상적인 기능을 위해서는 많은 점막박테리아가 필요하다. 많은 종이 자신의 생존 기능을 유지하기 위해 다른 종들에 크게 의존하고 있다. 왜냐하면, 그들의 신진대사와 번식, 심지어 모든 생명의 순환조차도 다른 종의 조화로운 간섭에 달려 있기 때문이다. 예를 들어 식물들은 특정한 딱정벌레에 의해 수분되고, 말라리아를 일으키는 사일열원충Malariaplasmodien은 자신의 생명 순환을 모기에서 사람으로 전이되는 것에 두고 있다.

 이렇게 파악되는 복잡하게 뒤엉킨 생물학적 개체들 내에서 계속 일어나는 생물학적 변화는 다음과 같이 몇 개의 유형으로 분류되는 현상들에 근거한다. 그것은 (1) 돌연변이나 임의적인 유전자 변이처럼 유전형 내부에서 자발적으로 일어나는 이른바 체질적 과정의 일종이다. 이 과정은 원자 내부에서 자발적으로 일어나는 방사능 현상과 비교될 수 있다. 내겔리Otto Nägeli의 용혈황달icterus haemolyticus과⁷⁰ 같은 많은 질병도 이 범주에 속한다. 아마도 모든 유행병의 발발이 여기에 포함될 것이다. 또는 (2) 순환적 변화다. 이 순환적 변화 중에서 일부는 유전형에 의해 제약되고, 다른 일부는 복잡하게 뒤엉킨 삶의 통일 속에서 일어나는 상호작용에 의해 제약된다. 유기체의 생명주기(노화), 세대교체, 박테리아 분리 현상 중의 일부 등이 이에 속한다. 마찬가지로 혈청의 생성과 면역의 생성도 이에 속한다. 그리고 박테리아가 살아가는 삶의 국면으로서 감염도 그렇

---

69 Gradmann, A. a. O. S. 666.
70 생체 내에서 성숙한 적혈구의 생존 기간이 짧아지고, 골수가 짧아진 수명을 보충할 수 없어서 일어나는 빈혈을 말한다—옮긴이 주.

고, 심지어 많은 감염 질병, 예를 들어 사춘기 청소년들에게 생겨나는 여드름도 이에 속하는 것으로 분류되어야만 한다. 또는 (3) 끝으로 부분들이 상호작용하여 통일을 이루는 가운데 일어나는 순수 상태 변화다. 그것은 이온들 사이에서 일어나는 어떤 용해 반응과 비교될 수 있다. 생물학적 통일이 다른 요소를 통해 어떤 한 요소를 번성시키는 것이 이 유형의 변화에 속한다. 첫 번째 유형이나 두 번째 유형의 현상에 의해, 또는 외적인 생리-화학적 조건에 의해 추후에 유발되는 부조화가 이에 속한다. 감염 질병들도 대부분 이 유형에 속한다. 고전적 의미에서 침입, 즉 자연적 관계에서 완전히 다른 유기체에 의해 간섭을 받는다는 것이 과연 가능한지는 매우 의심스러운 일이다. 완전히 다른 유기체라면, 반응할 수 있는 수용기를 찾지 못할 것이다. 따라서 그것은 어떤 생물학적 과정도 불러오지 못한다. 이런 연유로 우리는 세균이 생명 실체 속으로 침입한다고 말해서는 안 되고, 기꺼이 복잡한 생명 실체 속에서 복잡하게 뒤엉킨 혁신이 일어난다고 말해야만 한다.[71]

이 주장은 현재 제기되는 것이라기보다 미래에 일어날 법한 주장이고, 오늘날 생물학에는 단지 암묵적으로 나타나고 있을 따름이다. 따라서 명확한 주장도 아니다. 그리고 이 주장은 아직 세련된 것도 아니고, 이미 명료화되어 있는 것도 아니다.

'질병'과 '건강'의 개념도 엄격하게 적용될 수 없다. 우리가 감염 질병이나 유행병이라 부르는 것의 일부는 첫 번째 유형의 현상에 속하고, 또 다른 일부는 두 번째나 세 번째 유형의 현상에 속한다. 또한, 세균을 가지고 있음(보균), 잠정적 감염, 알레르기의 발생, 혈청 생성 등과 같은 현상도 생물학적으로 두 번째나 세 번째 유형에 속한다. 이 모두가 질병

---

[71] Vgl., L. Hirszfeld, "Prolegomena zur Immunitätslehre" *Klinische Wochenschrift* 10(1931), S. 2153.

을 일으키는 기제에는 매우 중요하다 하더라도, 발병과 직접 공유되는 부분은 없다. 따라서 고전적 질병 개념은 새로운 질병 개념과 함께 공유될 수 있는 공통분모를 아무것도 갖고 있지 않고, 그리고 이를 대신할 수 있는 적절한 대체물도 갖고 있지 않다.

2. 따라서 이러한 고전적 의미에서 말하는 면역성의 개념은 모두 폐기되어야만 한다.

반복된 자극에 다르게 반응한다는 점은 모든 생물학적 사건의 근본 특징이다. 이것을 일단 어떤 면역성이라 하자. 독성에 익숙해지거나 질병에 대한 진정한 면역이 그것이다. 우리는 또한, 기계적 면역에 대해서도 잘 알고 있다. 예를 들어 끓는 물에 데는 것에 대한 면역(피부가 두꺼워지는 것)이나 골절에 대한 면역(가골 형성Kallusbildung)이[72] 그것이다. 그 밖에 다른 경우나 위에서 말한 면역의 경우라도, 다른 측면에서는 과민증이 나타난다. 우리는 충분히 세련된 방법으로 언제나 면역과 과민증을 규명할 수 있다. 어떤 관계에서는 면역력이 커지고, 다른 관계에서는 민감성이 강화된다. 따라서 편견에 사로잡힌 면역 개념 대신에 (다르게 반응하는 방식을 말하는) 알레르기라는 더 일반적인 개념 또는 (히르츠펠트L. Hirszfeld에 의하면) 무반응과 과도반응이라는 더 일반적인 개념이 등장한다. 우리는 작용 방향을 정할 수 없는 것을 나타내기 위해 항체라는 말 대신에 감작항체Reagin에[73] 관해 말한다. 왜냐하면, 감작항체는 자극물질을 제거하거나 무해하게 만드는 데 영향을 미칠 뿐만 아니라 감작항체

---

[72] 뼈가 부러졌을 때 뼈의 결손부에 메워지는 새로 생긴 불완전한 뼈 조직—옮긴이 주.
[73] 과민반응을 나타내는 사람의 혈액이나 피부에서 발견되는 항체의 일종이다—옮긴이 주.

가 일반적으로 영향을 미치게 되면, 점차로 반응의 세기도 커지고, 속도도 빨라지기 때문이다.

면역학의 많은 고전적 개념은 화학적으로 정의된 물질의 작용을 통해 모든 생물학-또는 거의 모든 생물학-을 설명하려 했던 화학적 망상이 지배하던 시기에 생겨난 것들이다. 이 시기에는 위대한 화학적 성공이 생리학에 결정적인 영향을 미쳤다. 그리하여 독소, 양수체Amboceptor,[74] 보체Komplement[75] 등은 모두 화학 물질로 취급되었다. 이러한 (촉진하거나 억제하는 물질의) 원시적 도식은 오늘날 다른 영역에서 생겨난 생리·화학적 이론, 콜로이드 이론에[76] 의해 점차 폐기되는 추세다. 화학적으로 정의된 물질이나 혼합물질이 아니라 복잡한 화학적-생리적-형태학적 상태가 바뀐 반응 방식에 책임져야 한다. 이러한 가능성을 나타내기 위해 우리는 이제 물질 대신에 상태(또는 구조)에 대해 말한다.

3. 혈청학자들을 위한 시트론의 교과서에는 오늘날 객관적으로 정당화될 수 없는 많은 다른 **사고 습관들**이 발견된다.

시트론의 교과서에서 **체액** 요소와 **세포** 요소를 구분하는 것(프랑스어 판은 후자를 강조하고, 독일어 판은 전자를 강조한다)은 오늘날 더 이상 정당화될 수 없다. 마찬가지로 특이성의 개념도 더 이상 이 책에서 사용

---

[74] 에를리히가 처음으로 이름 붙인 보체결합항체를 말한다. 그는 이 항체에 항원이 결합하는 수용체와 보체가 결합하는 수용체 등 두 가지 수용체가 있을 것으로 생각했지만, 지금은 보체결합시험의 용혈계에서 사용되는 항양 적혈구항체를 일컫는 말로 사용되고 있다—옮긴이 주.
[75] 동물이나 사람의 신선한 혈액 속에 들어있는 생체방어에 중요한 역할을 담당하는 일련의 반응계를 구성하는 약 20종류의 단백질을 총칭하는 이름이다—옮긴이 주.
[76] 콜로이드 용액이란 원자나 보통 분자보다는 대체로 크지만 맨눈으로 보기에는 매우 작은 입자로 이루어진 물질, 또는 그 물질이 기체, 액체, 고체 속에서 분산되어 있는 상태를 말한다. 입자의 크기는 약 1~10나노미터이며, 거름종이는 통과하지만 반투막半透膜은 통과하지 못한다—옮긴이 주.

된 의미로는 정당화될 수 없다. 이 책에서 사용된 특이성은 정말로 신비로운 개념이다.

4. 또한, 시트론의 강의에는 하나의 **방법적 비법전수**methodische Einweihung가 포함되어 있다.

초보자는 가능한 빨리 '통제'의 중요성을 깨달아야만 한다. 위에서 우리는 핵심 연구와 병행하여 실시하는 특수한 생물학적 비교 연구에 관해 언급했다. 생물학, 특히 혈청학은 일반적으로 받아들여지는 측정 체계를 갖추고 있지 않다. 양적 연구의 결과는 더 이상 반응될 수 없는 한계에 다다를 정도로 희석시키고, 표준 시약 및 시약과의 결합물을 비교함으로써 최소 단위에서 판독되어야 한다. 시약의 결합에 의해 생겨난 결과는 또한, **어떤** 시약이 생략된 불완전한 결합에 의해 생겨난 결과와 비교되어야 한다. 이 모든 비교가 결과를 통제하고, '통제'라 불린다. 확실히 이것은 인식론적으로 최선의 방법이 아니다. 하지만 우리는 오늘날까지도 여전히 이 방법 외에 다른 방법을 찾지 못하고 있다.

5. 또한, 시트론의 강의에는 위에서 말한 구체적인 문제들 외에 다음과 같은 **일반적인 가르침**도 담겨 있다. 그것은 인식이 직관에 의해 일어나는 것도 아니고, 전체로서 현상 속에 스스로 감정이입한 것에 의해 일어나는 것도 아닌, 상이한 부분 현상들의 (임상적·실험적으로 진행하는) 관찰에 의해 일어나야만 한다는 가르침이다. 그것은 다음과 같다. 이른바 진단이란 분명한 질병의 실체 체계 속에 결과를 맞춰 넣는 것이고, 이러한 진단을 우리는 목표로 한다는 가르침이고, 따라서 이러한 질병의 실체가 실제로 있고, 분석적 방법에 의해 우리는 이러한 질병의 실체에 도달할 수 있다는 가르침이다.

이러한 가르침이 혈청학자 집단의 사고 양식을 형성한다. 사고 양식은 연구 활동의 방향을 결정하고, 연구 활동의 방향을 특수한 전통과 연결시킨다. 이러한 가르침이 전진적인 변화에 따른다는 것은 지극히 당연한 일이다. 오해를 피하고자 여기서 다시 한번 강조해 둬야겠다. 방금 설명한 것은 지난날의 견해에 대항하여 오늘날의 견해가 생겨났다거나 교과서의 견해에 대항하여 오늘날의 연구 정점이 생겨났음을 겨냥한 것이 아니라는 말이다. 우리가 그러한 양식에 따르는 사고 집단 전체에 의해 승인되고 필요와 함께 응용된 견해를 '**참이나 거짓**'으로 나타내고자 했다면, 그것은 일반적으로 잘못된 일이다. 우리는 견해를 조장하고, 충족하기도 한다. 그리고 견해는 다른 견해에 의해 추월당하기도 하는데, 그 이유는 견해가 틀렸기 때문이 아니라 생각이 발전했기 때문이다. 다른 생물학적 형성이 끝없이 발전하듯이, 지식의 발전도 아마도 끝이 없을 것이다. 따라서 우리의 견해도 또한, 한 곳에 머물러 있지 않을 것이다.

여기서 유일하게 문제되는 것은 전문화된 인식이 단순히 어떻게 **증대되는지를 서술할** 뿐만 아니라 원칙적으로 어떻게 **변화되는**지를 서술하는 일이다. 그러나 이 서술이 진부하게 인간적 지식의 덧없음을 진술하는 것에 그쳐서는 안 된다.

모든 인식은 우선 능동적으로 받아들인 특정한 전제에서 수동적으로 생겨나는 강압적인 관계를 확정짓는 것을 의미한다. 전제가 어떻게 변하는지 탐구하는 것은 단지 사고 양식을 탐구할 때만 도달할 수 있다. 사고 양식은 우리가 처음 과학에 입문할 때 이미 제시되었고, 전문 과학의 가장 세부적인 분야에까지 영향을 미친다. 이러한 사고 양식은 사회학적 방법을 인식론에 적용할 것을 요구한다.

사고 양식은 단지 개념을 이러저러하게 물들이는 것도, 개념을 이러저러한 방식으로 연결시키는 것도 아니다. 사고 양식은 특정한 사고상의 강압이다. 아니 그 이상의 것, 즉 정신적 준비 태세를 갖추는 일, 특정한 사고상의 강압을 받아들일 준비가 되어 있고, 달리 보고 행동하지 않는 일을 말한다. 과학적 사실이 사고 양식에 의존한다는 것은 분명하다.

그래서 불과 20여 년 전만 해도 최첨단 연구로 간주되었던 시트론의 서술도 기껏해야 지식이 사고 집단적으로 결부되어 있음, 사회적 사고에 의해 강압되고 있음을 나타낼 뿐이다. 우리는 바서만 반응에 관해 논의를 계속해 가는 동안 개인 및 집단과 사실 간의 상호작용에 관해 좀더 상세하게 다룰 것이다.

우리가 동물, 예를 들어 토끼에게 죽은 박테리아나 다른 종의 혈액을 주사하면(면역시키면), 동물의 혈청(면역된 혈청)은 저 박테리아 또는 혈액 속 미립자를 분해시키는 특성을 갖게 된다. 혈청학자들은 이 면역된 혈청 속에 있는 가설적 물질이나 '상징적 물질'을 세균용해소 Bakteriolysin 또는 용혈소Haemolysin라고 명명했다. 이로써 면역된 혈청의 특성이 말하자면 물질화된 셈이다. 세균용해소 내지 용혈소는 단지 이미 **처리된 동물**에서 나온 **신선한** 혈청으로 얻을 수 있을 따름이다. 이 혈청을 오랜 시간 방치해 두거나 50~60°C에서 30~35분 동안 끓이면, 그 특성은 모두 사라지고 만다. 그렇다 하더라도 그 특성을 전혀 되살릴 수 없는 것은 아니다. 즉 면역된 혈청은 오래되거나 열에 의해 비활성화된다. 하지만 비활성화된 혈청이라도 **아직 처리되지 않은** 동물을 첨가하면, −가장 좋은 것은 기니피그에게서 얻은 **신선한** 혈청을 첨가하는 것이다− 비활성화된 혈청을 재활성화시킬 수 있다. 이때 후자, 기니피그의 신선한 혈청만으로는 저 박테리아나 혈액 속 미립자를 분해시키는 데 어떤 영향도 주지 못한다. 신선한 혈청은 단지 비활성화되어 있는 면역 혈청의 세균용해소나 용혈소를 보강해 줄 뿐이다. 혈청학자들은 이 보강해 준다는 특징도 마찬가지로 물질화시켰다. 신선한 혈청 속에 들어있다가 그것이

활성화되면서 용해가 일어난다는 이 가설적 물질을 혈청학자들은 보체Komplement라 불렀다. 세균용해소 또는 용혈소를 유발하기 위해서는 다음과 같은 두 개의 '물질'이 필요하다. 그 하나는 (1) 세균용해소 또는 용혈소이고, 다른 하나는 (2) 보체다. 이들은 다만 함께 작용한다. 세균용해소 또는 용혈소는 열에 오래 견딘다(즉 열에 안정적이다). 즉 이들은 각기 56~60°C까지 열을 가하더라도 훼손되지 않고 보존된다. 보체는 열에 민감하다(즉 열에 불안정하다). 보체는 열을 56~60°C까지만 가해도 특성이 사라지고 만다. 마찬가지로 혈청을 오랜 시간 동안 내버려 두어도(노화) 그 특성은 소멸하고 없어진다. 독일 혈청학자들의 상징적 언어로 말하면, ―그 기원은 에를리히P. Ehrlich에게서 유래했다― 세균용해소 또는 용혈소라는 유형의 항체는 양수체Amboceptor라 불린다. 왜냐하면, 세균용해소 또는 용혈소는 두 개의 물질, 즉 한편으로 면역에 결정적인 항원이라 불리는 것과 다른 한편으로 보체라 불리는 것을 파악하여 결합시키기 때문이다.

에를리히는 복잡하게 뒤얽힌 이론인 측쇄설Seitenkettentheorie에 따라 매우 직관적이고 기억술에 의해 잘 다듬어진 상징을 도입했다. 양수체는 면역화에 사용되는 특정한 항원에만 효과가 있다. 예를 들어 오직 양의 혈액에 들어있는 미립자에만 특별히 효과가 있고, 오직 콜레라세균에만 특별히 효과가 있다.[77] 보체는 정상적인 혈청 속에 들어있고, 양수체와 함께 작용한다.

에를리히의 시대에는 같은 정상적인 혈청 속에 보체가 하나뿐인지, 아니면 많은 다른 보체들이 동시에 존재하는지, 예를 들어 한편으로 세균용해소가 있고, 다른 한편으로는 용혈소가 있는지가 공개적으로 논란

---

[77] 이것은 '특이성'을 가리키는 말이다―옮긴이 주.

되었다. 에를리히와 그의 제자들은 많은 보체가 동시에 존재한다는 다원론적 입장을 취한 반면에, 보르데(Jules Bordet)와 젠구(O. Gengou)는 다음과 같은 실험을 통해 보체가 하나뿐이라는 일원론적 입장을 취했다(1901). 즉 박테리아(항원1)와 이에 상응하는 비활성화된 면역된 혈청(1)(즉 세균용해소 양수체) 및 보체를 섞어 놓으면, 세균용해가 일어난다. 여기에 혈액 미립자(항원2)와 이에 상응하는 면역된 혈청(2)(즉 용혈소 양수체)를 섞어 놓으면, 어떤 용혈소도 나타나지 않는다. 왜냐하면, 보체가 첫 번째 과정(세균용해)에서는 활용되었지만, 두 번째 과정에서는 더 이상 처리되지 않았기 때문이다. 이것은 우리가 그림으로 보여주듯이, 상징적인 암호언어에서 잘 드러날 수 있다.[78]

보체는 전적으로 세균용해에만 사용된다. 나중에 오는 용혈소를 위한 보체란 없다. 이것은 용혈소를 위한 별도의 보체가 존재하지 않고, 따라서 보체가 단일하다는 것을 증명해 준다. 실험은 당연히 양적으로 진행되어야만 하고, 특별한 예비검사를 필요로 한다.

용혈소는 세균용해소보다 쉽게 탐지될 수 있다. 왜냐하면, 용혈소는 맨눈으로도 관찰될 수 있기 때문이다. 이에 반해 세균용해소는 현미경 검사를 필요로 한다. 그래서 이 보체 결합 방식이 혈청학에서는 매우 중요한 도구가 된다. 즉 용혈소의 체계(용혈소 양수체+이에 상응하는 혈액 속 미립자)는 이 도식에 따라 세균용해가 일어났는지 않았는지, 나아가 사용된 세균용해가 사용된 세균과 반응했는지, 반응하지 않았는지 나타내기 위해 사용될 수 있다.

박테리아가 알려져 있다면, 우리는 이 방식을 가지고 세균용해소를 진단할 수 있을 것이다. 아니면 거꾸로 혈청, 즉 세균용해소를 알고 있다

---

[78] 다음 쪽 그림 참조.

면, 우리는 박테리아를 진단할 수 있을 것이다. 전자의 경우에 우리는 특정한 항체가 예를 들어 환자의 혈청 속에 들어있음을 아는 방법을 갖게 된다. 이를 기초로 우리는 어떤 질병을 진단할 수 있다. 후자의 경우에 우리는 아직 알려지지 않은 박테리아와 인위적 면역화에 사용되는

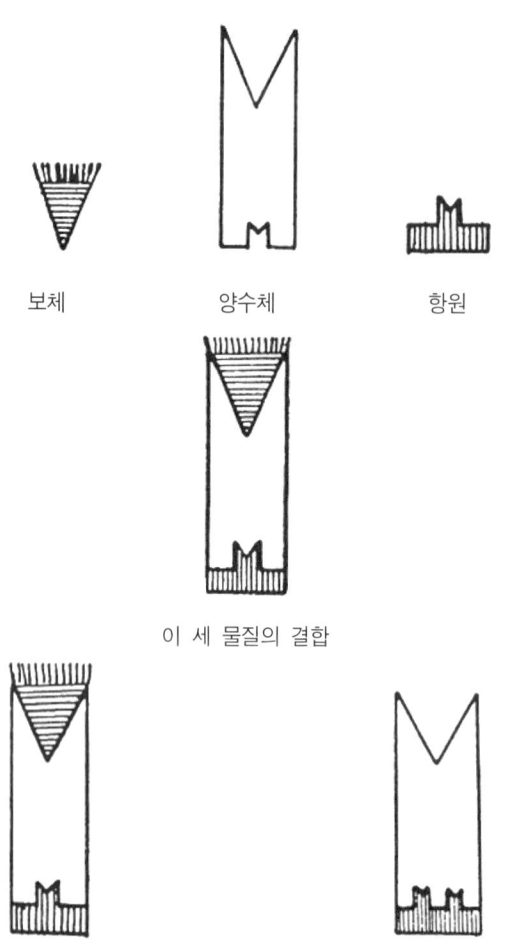

보체 　　　 양수체 　　　 항원

이 세 물질의 결합

보르데와 젠구(1901)에 따른 반응 도식: 보체는 첫 번째 결합에서 사용되고, 따라서 두 번째 결합(용혈소)은 가능하지 않다.

기준 박테리아가 동일한 종적 공동체에 속한다는 사실을 매우 확실하게 확정할 수 있다. 이러한 보르제와 젠구의 보체 결합 방식을 머지않아 비달F. Widal과 르 주르L. Le Sourd가 장티푸스 진단에 사용하여 성공했고, 바서만과 브룩은 장티푸스와 수막염 진단에 사용하여 성공했다. 그 후에도 많은 다른 연구자가 돼지 수두, 콜레라, 임질과 같은 질병의 진단에 이 방식을 사용했다.

1906년에 "바서만과 브룩은 처음으로 인간과 동물의 장기에서 추출된 항원을 증명하기 위해 이 반응을 사용하는 것으로 생각을 바꿨다. 이 두 사람은 특수하게 결핵 면역된 혈청의 도움을 받아 용해된 결핵균 물질(투베르쿨린Tuberkulin)이 결핵에 걸린 사람의 장기에 나타난다는 사실을 증명했고, 투베르쿨린의 도움을 받아 혈액 속에 특수한 항체, 즉 반-투베르쿨린Antituberkulin이 나타난다는 사실도 확인했다."[79] 이 실험은 당시에는 그다지 높은 평가를 받지 못했다. 바일Edmund Weil은 "결핵에 걸린 집단에서는 혈액 속에 특수한 항원과 항체를 확인하는 데 성공한 것처럼 보이고, 섬모 결핵의 경우에는 혈액 속에서 견핵균 물질을 확인하는 데 확실히 성공했다는 (바서만과 그의 동료들이 행한) 실험을 받아들일 수 없었다."라고 분명하게 서술하고 있다.[80] 바서만과 그의 동료들이 행한 실험은 직접 실천적이거나 이론적인 영향을 주지 못했다. 더욱이 실험의 결과는 그렇게 확실한 성공도 거두지 못했지만, 그런데도 바서만의 매독 연구를 위한 실험적 출발점이 되었다.

이렇게 매독 연구를 부추긴 자극은 어디서 왔을까? 이 점을 추적하는

---

[79] Carl Bruck, *Handbuch der Serodiagnose der Syphilis*(2rd ed.), Berlin: Springer, 1924, S. 3.
[80] E. Weil, "Das Problem der Serologie der Lues in der Darstellung Wassermanns", *Berliner klinische Wochenschrift* 58(1921), S. 967.

것은 매우 흥미로운 일이다. 이 상황을 바서만 자신은 다음과 같이 서술하고 있다. "부처 국장 프리드리히 알트호프Friedrich Althoff는 나이서Max Neisser가 첫 번째 여행을 마치고 돌아왔을 때,[81] 나를 내각으로 불렀다. 그때 매독에 관한 실험-생물학적 연구 분야에서는 프랑스의 연구가 크게 약진하고 있었는데, 그는 나에게 매독에 관한 연구를 제안하면서 이 분야에서 독일의 실험 연구가 독보적으로 담당해야 할 몫을 확보해야 한다고 말했다."[82] 따라서 바서만 반응의 발생은 처음부터 순수하게 과학적 요소에 의해 조건 지어진 것이 아니었다. 일반 교양인들이 매우 중요하다고 생각하는 분야에서 국가 간의 경쟁, 정부 관리들이 천명하는 일종의 여론vox popuri과 같은 사회적 동기도 한몫했다. 이에 부응하는 과학적 연구 활동을 고무하는 여론의 압력도 강했다. 스피로헤타 팔리다의 발견에서 보았듯이, 여기서도 본래 과학적 성과를 낸 것은 잘 조직된 집단이지 개인이 아니었다. 1921년에 『베를린 임상 주간지』Berliner Klinischen Wocheschrift에서 분담한 공저자들 사이에서 벌어진 생생한 논쟁과 개인별 항변은 이 연구 공동체에서 단 한 사람의 유일한 발견자를 찾아내는 데 별반 도움을 주지 못한다. 에를리히와 논쟁한 덕분에 보르데와 젠구는 혈청학에 중요한 도구를 고안해 냈고, 바서만과 브룩은 이 도구를 완성하여 확대시켰다. 프랑스와 경쟁한 덕분에 알트호프는 새로운 지형의 지도를 그렸고, 필요한 압력을 행사했다. 나이서는 의사로서 자신의 경험과 병리학적 자료를 제공했다. 바서만은 실험실 감독으로서 계획에

---

[81] 나이서는 본래 영장류 연구자인데, 그때 원숭이를 이용한 자신들의 실험을 지휘하기 위해 인도네시아로 출장을 다녀왔다. 인도네시아는 원숭이가 서식하는데 기후조건이 적당했기 때문이다―옮긴이 주.

[82] August von Wassermann, "Zur Geschichte der Serodiagnostik der Syphilis", *Berliner klinische Wochenschrift* 58(1921), S. 967. 브룩에 따르면 바서만 팀의 공동 연구자들은 알트호프보다 나이서에게서 더 많은 자극을 받았다.

대한 책임을 졌고, 브룩은 바서만의 동료로서 실험을 진두지휘했다.[83] 지베르트Conrad Siebert는 혈청을 준비했고, 나이서의 조수인 슈흐트A. Schucht는 장기 추출물을 조달했다. 이들이 모두 우리가 알고 있는 바서만 반응을 확립하기 위해 기여한 사람들의 '이름'이다. 그러나 누가 다른 사람들로부터 더 많은 자극을 받았을까? 기술적으로 조작하고, 변환하고, 연결시킨 것에 대해 우리는 누구에게 감사해야만 하는가? 시트론은 결정적으로 투약법을 개선했고, 란트슈타이너Karl Landsteiner, 마리Auguste Charles Marie, 레바디티Constantin Lebaditi 등은 실제적인 추출 준비 작업을 마무리했다. 개인의 능력, 경험적 사실, 생각들은 -'잘못된' 것이든, '옳은' 것이든- 모두 손에서 손으로, 머리에서 머리로 전달되었다. 그리고 생각들은 한 개인의 머릿속에 머물러 있는 동안에도, 사람들 사이에 전달되는 도중에 있으면서도 확실히 내용상의 변화를 겪었다. 그것은 교환된 지식에 대해 완전히 이해하는 일이 매우 어려웠기 때문에 더욱 그랬다. 아무도 예견하지도, 의도하지도 못했던 지식이 마침내 형성되었다. 아니 그것은 본래 개별자들의 예견이나 의도에 반反하는 것들이었다.

바서만과 그의 동료들은 콜럼버스와 같은 운명을 타고났다. 그들은 자신들만이 아는 인도를 찾아 항해를 떠났고, 거기에 이르는 길을 찾았다고 확신했다. 그러나 뜻밖에도 그들은 아메리카 대륙을 발견했다. 이것이 모두가 아니다. 그들의 여행은 계획된 방향을 향해 똑바로 나아가는 순탄한 항해가 아니라 끊임없이 방향을 바꿔가면서 가야 했던 잘못된 출발이었다. 그들이 도착한 곳도 원래 목표했던 곳이 아니었다. 그들은 항원이나 양수체에 대해 증명하려 했지만, 오히려 오래된 집단의 소망을 달성하는 데 그쳤다. 그것은 바로 매독에 걸린 혈액을 증명한 것이었다.

---

83 바서만과 브룩이 역할을 바꿔 임무를 수행할 때도 있었다.

1906년 5월 10일 발표된 첫 번째 논문, "매독에서 나타나는 혈청 진단적 반응" Eine serodiagnostische Reaktion bei Syphilis에는 바서만, 나이서, 브룩이 서명했다. 그 내용에 따르면 먼저 보체 결합 방식에 의해 매독에 감염된 장기와 혈액 속의 항원을 확인하는 일이 저자들에게는 중요했고, 다음으로 매독에 걸린 환자의 혈액 속에 항체를 확인하는 일이 중요했다. 특히 항원의 확인 가능성이 매우 활기차게 모색되었다. 저자들은 다음과 같이 서술하고 있다. "그 방법은 다음과 같다. 매독물질로 미리 처리된 비활성 상태의 혈청을 원숭이에게서 추출하여 이 혈청을 매독환자에게서 획득한 장기 추출물이나 혈청 같은 물질과 섞는다. 여기에 보체(정상적인 기니피그의 신선한 혈청)를 첨가하여 일정한 시간 동안 결합하도록 놓아둔다. 그런 다음에 우리는 특수하게 용혈된 비활성 상태의 혈청과 그 속에 들어있는 붉은 혈액 미립자에 의해 처음에 첨가된 보체가 완전히 가라앉았는지, 부분적으로 일부만 가라앉았는지 검사한다. 그러면서 붉은 혈액 미립자가 완전히 용해되었는지, 부분적으로 남아 있는지 기록한다. 다시 말해 용혈소가 억제되는 정도를 기록하는 것이다."[84] "우리가 규칙적으로 매독환자의 혈액순환에서 매독 물질이나 항원의 증거를 획득하는 데 성공했다면, 그것은 매우 큰 진단적 의미와 치료적 의미를 갖게 될 것이다. 많은 경우에 우리는 이미 이러한 증거 확보에 성공했지만(혈액의 혈청 대신에 섬유소가 제거된 혈액에서 추출한 것을 검사하는 것이 이 증거를 확보하는 데는 더 적합한 것으로 보인다), 다른 경우에는 실패했다. 실패한 경우에는 분명히 면역된 혈청의 강도가 결정적인 역할을 한 것으로 판단된다. 따라서 혈청의 강도 문제야말로 우리가 풀어야 할 다음 과제임이 틀림없어 보인다. 그러나 우리 지역에서는 모든 실험에서 원숭

---

[84] August von Wassermann, Albert Neisser, and Carl Bruck, "Eine serodiagnostische Reaktion bei Syphilis", *Deutsche medizinische Wocheschrift* 32(1906), S. 745.

이의 극단적인 감수성을 고려할 때, 아마도 매독에 가장 민감하게 작용하는 특수한 혈청을 얻을 수 없을 것으로 판단된다."[85]

아무리 편견을 안 가지고 보더라도, 우리는 여기에 서술된 반응이 매우 원시적이고 오늘날 바서만 반응이라 부르는 것과 크게 차이 난다는 점을 인정해야만 한다. 바서만 반응에서 가장 결정적 특징인 원숭이에게서 얻은 면역된 혈청은 −섬유소가 제거된 혈액 추출물과 마찬가지로− 오늘날 전혀 사용되지 않는다. 왜냐하면, 오늘날 우리가 찾는 것은 항원이 아니라 단지 양수체일 뿐이기[86] 때문이다.

몇 년 후에 이 논문의 공저자인 브룩은 그 내용을 비참여자가 보았던 것과 전혀 다른 관점에서 보았다. 이 점에 관해 언급하는 것이 중요하다. 브룩은 1924년에 다음과 같이 서술했다. "바서만, 나이서, 브룩이 토론하는 가운데 브룩이 이 문제에 대해 논의할 것을 주문했다. 그는 긍정적 결과를 … 도출했다. 그래서 그는 당시에 자신의 상관이었던 바서만에게 **오늘날까지도 원칙적으로 변함없이 남아 있는 원초적 방법**을[87] 시연해 보였고, 공식적인 기록을 남길 수 있었다. 동시에 브룩이 작성하고 바서만, 나이서, 브룩이 서명한 최초의 보고서, '매독에서 나타나는 혈청 진단적 반응' Eine serodiagnostische Reakion bei Syphilis이 출판되었다."[88] 브룩은 이미 씨앗 속에 들어있는 잘 익은 과실을 앞질러 보았지만, 많은 씨앗이 과실을 맺지 못한다는 사실을 미처 몰랐다. 이와 유사한 현상을 우리는 바서만의 경우에도 찾아볼 수 있다.

---

[85] Ebenda, S. 746.
[86] 반응의 도식에 따라 보면 양수체인데, 그것이 이른바 참된 양수체인지는 의심스럽다.
[87] 인용자(프렉) 강조.
[88] Carl Bruck, *Handbuch der Serodiagnose der Syphilis*(2rd ed.), Berlin: Springer, 1924, S. 3.

같은 저자들의 두 번째 논문, "보체의 고정화에 의한 특수한 매독 물질의 증명에 관한 보다 향상된 보고" Weitere Mitteilungen über den Nachweis spezifisch-luetischer Substanzen durch Komplementverankerung가 슈흐트와 공저로 같은 해인 1906년에 출판되었다.[89] 여기서도 장기에서 추출한(즉 항원 검사) 특수한 매독물질에 대한 증거가 우선적으로 중요하게 언급되고, 다음으로 매독에 걸린 사람의 혈청 속에 들어있는 항체에 관한 연구가 언급되고 있다. 그리고 필요한 통제와 결과를 통계적으로 분석하는 기술이 상세하게 서술되고 있다. 말하자면 매독에 걸린 장기에서 추출한 76건의 시료 중 64건에서 매독 항원을 탐지하는 데 성공했다(또한 매독에 걸린 것이 확실한 태아에서 추출한 29건 모두에서 매독 항원을 탐지하는 데 성공했다. 그러나 진행성 마비를 보이는 뇌에서 추출한 7건 중에는 단 한 건도 매독 항원을 탐지할 수 없었다.). 257건의 매독 혈액을 검사한 사례에서는 49건만 양수체 검사에 성공했다(19%). 양수체 검사인 두 번째 실험의 시행은 항원 검사인 첫 번째 실험보다 훨씬 적은 결과를 얻었다. 이로써 우리는 저자들이 왜 첫 번째 실험을 항원검사라고 부르는지 그 이유를 알게 되었다. 반응 이론과 관련하여 저자들은 "매독 항원과 매독 항체 간의 특수한 반응"이[90] 스피로헤타에 대한 면역성을 나타낸다

---

[89] August von Wassermann, Albert Neisser, and Carl Bruck, A. Schucht, "Weitere Mitteilungen über den Nachweis spezifisch luetischer Substanzen durch Komplementverankerung", *Zeitschrift für Hygiene und Infektionskrankheiten* 55(1906), S. 451~477.
[90] 이 실험에 대해 1921년에 바일은 다음과 같이 서술했다(E. Weil, "Das Problem der Serologie der Lues in der Darstellung Wassermanns" *Berliner klinische Wochenschrift* 58(1921), S. 967). "이 논문을 잘 읽어보면, 모든 사람은 틀림없이 다음과 같은 확신을 갖게 될 것이다. 그것은 스피로헤타 항원을 증명하는 것이 문제라면, 여기서 놀랄 정도로 엄밀성을 가지고 작동하는 반응이 나타난다는 사실이다. 진행성 마비 환자의 뇌에서 얻은 7개의 추출물은 모두 음성으로 반응한 (그 당시에는 진행성 마비 환자의 뇌 속에 스피로헤타 균이 있다는 사실이 아직

는 점을 완전히 확신했다. 이러한 견해는 곧 밥Hans Bab과 뮐렌Peter Mühlen 의 연구 성과에 의해 지지받았다. 밥과 뮐렌은 실험에 이용된 간의 스피로헤타 수치와 간에서 채취한 추출물의 활동성 사이의 상관관계를 입증한 인물로 알려졌지만, 이들의 견해는 나중에 잘못된 것으로 밝혀졌다.

이윽고 시트론은 혈액 속의 미립자 추출물에 매독 항원이 포함되어 있다는 결론을 계속 유지할 수 없다는 점을 증명했다. "왜냐하면 비록 드물기는 해도 건강한 사람에게서 추출한 것에서도 같은 반응이 나타났기" 때문이다. 그 후로 매독 항원을 탐지하는 일은 일반적으로 거부되었다. 비록 초기의 실험에서는 실제로 '좋은' 결과가 도출되었고, 또한, 특별히 강조되기도 했지만 말이다.

인식론적으로 중요한 전환이 매독 항체를 증명하는 (양수체를 탐지하는) 중에 일어났다. 초기 실험에서는 매독이 확실한 경우에도 단지 15~20%만이 긍정적 결과를 나타냈다. 그러던 것이 후기의 통계에서는

증명되지 않았다) 반면에, 매독 조직에서 추출한 69개의 추출물 중에서 특별한 항원은 64번이나 증명되었다. 매독에 걸리지 않은 조직의 14개 통제 실험에서는 예외 없이 음성으로 반응했다."

1924년에 브룩은 항원 탐지에 관해 −나중에 완전히 폐기되었지만− 다음과 같이 서술했다. "항원 탐지라는 맥락에서 보체 결합이 또한, 임상적으로도 사용 가능한 기술인지를 검증하기 위해 나이서, 브룩, 슈흐트가 매독 환자에게서 뽑은 혈액 추출물에 대해 매독 항체가 포함된 혈청을 검사하려고 시도했다. 처음에는 결과가 가망이 있는 것처럼 보였으나, 매독 환자에게서 안전한 결과를 도출할 수 있을 만큼 완전하지 않았다. 어쨌든 매독환자에게서 뽑은 혈액추출물이 정상적인 사람의 혈액추출물과 생물학적으로 구별된다는 점은 분명해 보였다. 이러한 차이는 어디에 기인하는가? 그것은 매독 혈액 속에 있는 증가된 항원의 내용에 기인하는가, 아니면 다른 요인에 기인하는 것인가? 이것은 하나의 공개된 물음이다. 오늘날 우리는 적어도 반응의 참된 본성에 관한 약간의 정보를 가지고 있기 때문에 이러한 실험은 단지 2차적인 중요성을 띨 뿐이다."(Carl Bruck, "Zur Geschichte der Serodiagnose der Syphilis" *Berliner klinische Wochenschrift* 58(1921) S. 7) 첫 문장에서 내(프렉—옮긴이 주)가 강조한 '또한'이라는 단어는 1906년의 사태에는 일치하지 않지만, 1924년 브룩에게서 나타나듯이, 이 '2차적 중요성'과는 일치한다.

어떻게 70~90%로 높아졌는가? **이러한 전환은 바서만 반응이 본래 고안했던 것이 유용한 실험이었음을 의미한다.** 실제로 반응 이론, 반응의 개념을 둘러싼 역사적·심리학적 환경은 거의 중요하지 않다. **매독에 대한 바서만 반응의 관계가 하나의 사실이라면, 그것은 먼저 높은 유용성 때문에 사실이 된 것이고, 그리고 구체적인 경우에 성공할 가능성이 매우 높았기 때문에 사실이 된 것이다.** 이러한 결정적인 전환이 일어난 시점을 우리는 정확하게 규정할 수 없다. 이러한 전환을 의식적으로 불러온 저자의 이름도 우리는 댈 수 없다. 우리는 이러한 전환이 언제 일어났는지 정확하게 서술할 수도, 어떻게 일어났는지 논리적으로 확신할 수도 없다.

이러한 전환이 종종 논란되었다. 그러나 주인공들조차도 기술이 먼저 다듬어져야만 한다고 말하는 것 외에 달리 말할 수가 없었다. 우리는 이따금 시트론이 이러한 전환에 기여했다고 서술하는데, 그 이유는 혈청 사용량을 증가시킬 것을 주장한 사람이 시트론이었기 때문이다. 바서만과 그의 동료들은 본래 환자의 혈청 0.1cm^3를 사용했는데, 시트론은 0.2cm^3를 추천했다. 그러나 오늘날에는 —모든 시약이 다만 엄밀하게 서로 조정되기만 한다면— 환자 혈청을 0.04cm^3 정도만 사용해도 좋다고 알려져 있다. 바서만 반응을 사용할 수 있게끔 만들어 준 것은 원칙적으로 시약의 상호 조정과 결과를 해석하는 방법을 숙지하는 일이었다.

이와 관련하여 적절한 균형을 유지하기란 결코 쉬운 일이 아니었다. 결과는 유동적이었다. 한편으로 (심지어 매독환자가 아닌 경우에도) 너무 많은 결과가 양성으로 나왔고, 다른 한편으로 또한, (매독환자의 경우에도) 결과가 너무 많이 음성으로 나왔다. 최소한의 비특이성과 최대한의 민감성 사이에서 최상의 중간 지점을 찾아내야만 했다. 그러나 이것은 전적으로 대부분 익명의 연구자들로 구성된 집단적 연구의 몫이었다. 익명의 연구자들은 시약을 한때는 '더 많이', 다른 때에는 '더 적게' 첨가했고, 반응시간도 때로는 '더 길게' 때로는 '더 짧게' 허용했으며, 결과의 해석도 때로는 '보다 엄격하게' 때로는 '덜 엄격하게' 했다. 그리하여 얻어낸 결과가 비특이성과 민감성 사이의 최상의 중간 지점이다. 이에 덧붙여 준비된 시약을 변경하는 일이나 다른 기술적 조정, 이를테면 통제와 예비검사, 적정과 조화 등도 일어났다. 1910년에 시트론은 다음과 같이 서술했다. "몇몇 저자는 용혈소를 완벽하게 차단한 시험관만을 양성이라고 보았다. 이 방식이 잘못되었다는 점은 브룩과 슈테른M. Stern 같은 저자들이 출판한 통계에 의해 밝혀졌다. 용혈소를 차단시켰을 때, 매독이 아주 확실한 경우조차도 종종 음성 반응을 보였다. 외관상으로 볼 때는 모든 경우에 양성으로 보였는데도 말이다."91 이것은 민감성이 낮은 국면을 서술한 것이다.

1921년에 바일은 다음과 같이 서술했다. "우리가 이 실험을 했을 때, 명심해야 할 것은 바서만 반응이 아직 기술적으로 충분히 완성되지 못했다는 점이다. 바서만 반응이 매독에 대한 임상적 적용이 가능하기 위해서는 반응이 덜 민감하게 일어나도록 실험을 진행시켜야만 했다. 또한, 우리가 목표로 했던 반응도 대부분 가까스로 양성의 결과를 얻었다는 사실을 언급해 두어야만 하겠다. 당시에는 이런 것들이 대단히 중요한 의미를 띤 것이었지만, 오늘날 가까스로 양성을 보이는 결과는 더 이상 양성으로 생각되지 않는다."92 여기서는 민감성이 강조되는 시대와 비특이성의 국면이 서술되고 있다.

그래서 바서만 반응과 관련된 모든 분야에서 집단적 경험은 반응이

---

91 Julius Citron, *Die Methoen der Immunodiagnostik und Immunotherapie und ihrepraktische Verwertung*, Leipzig: Thieme, 1910, S. 187.
92 Edmund Weil, "Das Problem der Serologie der Lues in der Darstellung Wassermanns", *Berliner klinische Wocheschrift* 58 (1921), S. 968.

유용하게 사용될 수 있을 때까지 −이론적 물음이나 개인의 생각과 전혀 상관없이− 일어났다. 그것은 보람 있는 일이었지만, 힘든 작업이었다. 그러나 이러한 집단적 연구는 단지 매독과 관련된 물음, 그리고 매독 혈액을 바꾼다는 문제가 특별히 사회적 중요성을 지닌다는 사실의 결과로서만 일어났다.

일찍이(1907) 폭넓게 시행된 많은 실험이 보여주듯이, 항원, 즉 스피로헤타 물질을 반응에 공급하는 확실히 매독에 걸린 조직에서 추출하는 대신에 건강한 정상적인 장기에서 뽑아낸 알코올성 추출물이나 수성 추출물이 사용될 수도 있다. 하지만 이 추출물은 특수한 항원, 즉 스피로헤타 팔리다와 관계가 없는 것들이다. 이 점에 대해 란트슈타이너, 뮐러와 푀츨, 포르게스Otto Porges와 마이어Georg Meier, 마리와 레바디티, 레바디티와 야마누치T. Yamanouchi가 거의 동시에 보고했다.

이에 따라 "스피로헤타 항원과 스피로헤타 양수체, 따라서 특수한 항원-항체의 반응이 증명되었다고 믿었던" 바서만과 그의 동료들의 이념은 완전히 잘못된 것으로 판명되었다. 이러한 잘못은 크로Hugo Kroó의 새로운 실험에 의해 특히 분명해졌다. 크로는 비록 스피로헤타 항체가 탐지된다 하더라도, 죽은 스피로헤타에 의한 면역화를 가지고는 인간에게서 바서만 반응의 양성을 기대할 수 없다는 점을 증명했다. 바서만 반응은 결국 매독에 걸린 피의 특수한 변화만을 증명해 줄 뿐이다. 그 밖에 우리에게 알려진 것은 오늘날 더 이상 없다. 오늘날에는 이론적·도식적 항원 대신에 소나 인간에게서 추출한 알코올성 추출물이 거의 독점적으로 사용되고 있다. 여기에 자흐스Hans Sachs의 제안으로 콜레스테롤이 첨가되었다.[93] 이러한 추출물에도 매독 혈청은 함께 응집된다. 이 응집을

---

[93] 이 훌륭한 콜레스테롤 첨가는 혈청학자들이 하나의 개념에 대해 혼동했기 때문에 생긴 결과이다. 알코올 추출물에는 어떤 단백질도 나타나지 않기 때문에, 혈청학

우리는 어떤 조건 아래서, 즉 매우 실천적인 응집 반응이 일어날 수 있는 특수한 조건 아래서 즉시 볼 수 있다. 매독 혈청과 장기 추출물의 혼합에 따라 생겨나는 침전물은 특히 보체에 영향을 미친다(이 영향은 흡착에 기인하는 것으로 보인다). 여기서는 보체를 (양의 혈액 속 미립자+이와 상응하는 용혈 양수체로 구성된) 용혈소 체계에서 제거하는 일이 중요하다. 이로써 용혈소의 억제가 일어나고, 이것은 바서만 반응의 양성을 나타낸다.

다른 이론(즉 **바일의 자동항체이론**die Autoantikörpertheorie)에 따르면, 바서만 반응은 복잡하게 뒤엉킨 생물학적 지시자(용혈소)와 결합된 불안정한 반응이 아니라 면역 반응-보르데와 젠구에 따르면 참된 보체 결합-이지만, 이 반응은 **스피로헤타 팔리다**와 함께 직접 일어나는 것이 아니라 매독이라는 질병의 조직을 분해한 생성물과 함께 일어난다. 건강한 사람에게서 획득된 장기 추출물과 환자의 조직을 분해한 생성물은 일치한다. 이것은 환자의 조직을 분해한 생성물을 사용할 수 있음을 말해준다. 또 다른 이론들도 있지만, 이 이론들의 핵심은 어쨌든 바서만의 가정이 틀렸다는 것이다.

브룩 자신은 1921년에 받은 '엄청난 행운의 충격'에 관해 서술한다. 행운의 충격이란 "바서만의 생각을 실제로 실행해 가는 동안에 매독 반응-반응의 본질에 대해서는 오늘날 아직 완전히 밝혀지지 않았지만-이 발견된" 것을 말한다.[94] 바일도 1921년에 바서만에 의해 시작된 전제는

자들은 작동 원리를 알코올로 분해되는 유지질체Lipoid-Körper 그룹에서 찾았다. 그러나 혈청학자들은 유지질체를 화학적으로 정확하게 파악하지 못했다. 콜레스테롤의 첨가는 아마도 추출물의 콜로이드 상태의 불안정성을 증가시키는 원인이었을 것이다.

[94] Carl Bruck, "Zur Geschichte der Serodiagnose der Syphilis" *Berliner klinische Wochenschrift* 58(1921), S. 581.

틀렸지만, 위대한 실천적 중요성을 지닌 발견이 우연히 일어났다고 주장했다.[95] 라우벤하이머Kurt Laubenheimer는 1930년에 다음과 같이 덧붙였다. "바서만과 그의 동료들이 오늘날 간단히 바서만 반응이라 부르는 이 방법을 발견하기까지 사고과정이 머지않아 옳지 않은 것으로 밝혀진다 하더라도, 바서만 반응이 존속해온 20년 동안 반응 자체는 혈청에 의한 매독의 진단에 십분 그 진가를 발휘했고, 오늘날까지도 다른 보다 최신의 방법에 의해 완전히 대처되지 못하고 있다."[96] 끝으로 프라우트Felix Plaut는 1931년에 아주 공평한 평가와 함께 다음과 같이 언급했다. "일반적으로 혈청학을 다루고, 특수하게 바서만 반응을 다루는 상황에서 어떤 사람들은 실제로 바서만이 잘못된 전제에서 출발했다고 비난하고 싶어 한다. 반응 작용이 아직 완결되지도 못한 실험이 실제로 그렇게 행해졌다면, 바서만이 잘못된 가설에서 출발했다는 것은 하나의 축복이다. 왜냐하면, 바서만이 올바른 가설을 기다렸다면, 그는 자신의 반응을 발견하지 못했을 것이기 때문이다. 바서만이 죽고 6년이 지난 오늘날까지도 우리는 무엇이 반응의 올바른 가설인지에 대해 아직 아는 바가 없다. 바서만 반응의 발견에 행운이 작용했다는 어리석은 주장은 앞으로도 끊임없이 제기될 것이다. 이러한 종류의 연구에서 문제의 발견이 단지 순수 우연의 문제에 지나지 않는다면, 그것을 우리는 행운이라 말해도 좋다. 그러나 바로 여기서 반론이 일어난다. 바서만은 우연히 자신의 반응을 발견한 것이 아니다. 오히려 그는 반응에 대해 연구했고, 그러면서

---

[95] Edmund Weil, "Das Problem der Serologie der Lues in der Darstellung Wassermanns", *Berliner klinische Wocheschrift* 58(1921), S. 969.
[96] K. Laubenheimer, "Serumdiagnose der Syphilis" In K olle, Kraus, and Uhlenhuth(q.v.), *Handbuch der pathologische Mikroorganismen*, vol. 7, S.217. 라우벤하이머도 또한, 바서만 반응이 어떻게 변했는지 알지 못했고, 따라서 바서만 반응을 증명하려는 것이 아니라 발전에 관해 말한다는 점을 알지 못했다.

실험을 아주 체계적으로 진행시켜 갔다. 그랬기 때문에 그는 당연히 오늘날 우리가 알고 있는 당시의 인식에 기초하여 자신의 반응을 발견할 수 있었던 것이다. 그러나 영리한 생각은 흔히 운이 좋아야 얻을 수 있을 것이고, 솜씨 좋은 손재주는 행운이 따라야 얻어진다는 말이 옛날부터 전해져 온다. 이렇게 말하는 것은 엄밀히 말해 훌륭한 연구자의 개성을 이루는 본질 가운데 말로 설명할 수 없는 부분이 있음을 나타낸 것이라 하겠다. 훌륭한 연구자란 우리가 문제 삼는 많은 가능성 가운데 성공으로 이끌 수 있는 유일한 가능성을 직관적으로 선택하는 사람이다."[97]

바서만 자신이 나중에 이 문제에 대해 어떻게 생각했는지 확인해 보는 것도 중요한 일이다. "여러분은 다음과 같은 사실을 기억할 것입니다. 내가 매독의 혈청 진단법을 창안했을 때, 진단용으로 사용할 수 있는 양수체를 찾아내려는 생각이 분명한 나의 의도였습니다. 다시 말해 항원과 결합되는 관련 물질, 항원과 유사한 것들이 넘쳐나고 있었기 때문에 보르데와 에를리히에 의해 정립된 법칙에 따라 부과된 보체와 결합하는 물질을 찾아내려는 생각에서 출발했습니다. 그 당시에 나는 동료였던 브룩과 함께 나이서가 매독환자의 장기나 인위적으로 매독을 감염시킨 원숭이의 장기를 항원으로 사용했습니다."[98] 공평한 판단자라면 그가 아무리 좋은 의지를 가졌다 하더라도 바서만의 생각에 결코 동의할 수 없었을 것이다. 왜냐하면, 바서만은 첫 번째 실험에서 '진단 목적으로 사용할 수 있는 **양수체**'를 찾으려고 한 것이 아니었기 때문이다. 그는 처음에 '미생물이 용해된 물질'이라고 생각되는 '매독 물질', 즉 **항원**을 찾으려

---

[97] Flex Plaut, "Eie theoretische Begründung der Wassermannschen Reaktion", *Münchener medizinische Wochenschrift* 78(1931), S. 1363.
[98] August von Wassermann, "Neue experimentalle Forschungen über Syphilis", *Berliner klinischer Wochenschrift* 58(1921), S.193.

했고, 다음으로 '매독 유발자에 대한 특수한 항체', 즉 **특화된** 양수체를 찾으려 했다. 그러나 (1) 매독물질(항원)의 증명이 진단적 반응 일반에는 적합하지 않다는 사실과 (2) 반응을 나타내는 양수체가 –그것이 진정한 양수체라면– 어쨌든 특수한 반 유발자 양수체Anti-Erreger-Amboceptor가 아니라는 사실이 나중에 밝혀졌다. 그래서 바서만 연구의 최종 결과는 본래 의도했던 것과 본질적으로 달라진 것이었다. 그러나 15년이 지난 후에도 바서만의 생각 속에는 최종 결과와 처음에 의도했던 것을 일치시키려는 노력이 진행되고 있었다. 그가 모든 발전의 단계에 깊숙이 개입함으로써 지그재그로 발전해 온 발견의 길이 직선으로 목표를 지향해 가는 길로 바꾸고 말았다.[99] 어떻게 그렇게 달라질 수 있었을까? 시간이 흐르면서 바서만은 그동안 더 많은 경험을 축적했고, 경험이 쌓이면서 자신이 범한 오류에 대한 생각은 잊혀 갔다. "매독 조직에서 떼어 낸 69개의 추출물 가운데서 64번이나 특수한 항원이 나타나는 것을 증명하고", 14개의 통제 실험에서 예외 없이 음성의 결과를 얻은 일이 바서만 자신에게는 더 이상 가능한 일이 아니었을 것이다.

그리하여 수많은 발견의 패러다임으로서 간주될 수 있는 다음과 같은 사실, 즉 **잘못된 전제와 재현될 수 없는 최초의 실험에서 많은 오류와 우회로를 거쳐 하나의 중요한 발견이 일어났다**는 사실이 확립된 것이다. 행동의 주인공은 그 행동이 어떻게 일어났는지 말해 줄 수 없다. 주인공은 행동

---

[99] 나는 연구자들의 공적을 깎아내리거나 공적에 관해 논의하려는 것이 내 의도가 아님을 분명히 강조해 둔다. 내가 저자의 다양한 입장과 매우 중요한 반응의 발견에 저자가 기여한 몫에 관해 언급하는 것은 순전히 인식론적 목적 때문에 일어난 일이다. 그것도 그들이 모두 실수를 저질렀다는 점을 나타내기 위해서다. 거장에 대한 존경과 관련하여 그 위대함을 증명해 주는 것은 성공이 아니라 노력하는 방식이다. 사람들은 존경받는 연구자를 청동으로 만들어진 기념물로 표현하는 것이 아니라 살아있는 사람으로 표현할 때 존경받는 연구자가 위대해진다는 사실을 나는 믿는다.

방식을 합리화시키고 이념화시킨다. 이 행동을 목격한 사람 중에서 어떤 사람은 그것을 행운의 사건이라 말하고, 호의적인 뜻을 지닌 사람들은 천부적으로 타고난 직관이라고 말한다. 양쪽의 목격자들이 하는 주장이 모두 과학적 가치를 지니지 않는다는 점은 아주 분명하다. 아무리 하찮은 일이라도 과학적 문제를 이들은 말로 이렇게 처리해 버리지는 않을 것이다. 인식론은 과학이 아니란 말인가?

개인-인식론적인 관점에서는 우리의 문제가 풀리지 않는다. 우리가 어떤 발견 그 자체를 연구할 수 있으려면, **사회적 관점을** 취해야만 한다. 다시 말해 우리는 발견을 **사회적 사건**으로서 고찰해야만 한다.

과학 이전의 낡은 생각, 즉 처음에는 윤리적으로 강조된 유행병으로서 매독의 이념이,[100] 다음으로 매독에 걸린 혈액을 바꾼다는 –그 실현을

---

[100] 이 매독이라는 질병의 논의가 유일하게 윤리적으로 강조된 점에 대해 다시 한 번 주목해 보자. 우리는 예를 들어 앞서 인용한 라이흐(1894)의 소책자에서 매독 환자의 가족에 대한 다음과 같은 서술을 본다. "카토루피노Cattolupino의 가족은 모두 통제 범위를 넘어 무절제, 폭력, 조잡한 행동, 오만, 과도한 자기평가, 일반적으로 가능한 것의 극단적 한계에 대한 불신, 싸움걸기, 반목, 시비걸기, 수다떨기, 약점 잡기와 이것저것 간섭하기, 인간적 무지, 깊은 천박함, 재치나 사려, 그리고 조심성이 전혀 없음, 부에 대한 경멸적 아부 등을 보였다." "이러한 도덕적 악은 모두 근본적으로 물리적 악에 기초하고 있음이 틀림없다." "그때 감염된 매독은 유전된 것으로 판명되었고, 잘못 취급되었음이 확실해 보였다." 일찍이 이 만큼 도덕적 타락의 원천으로 간주된 질병도 없었다. 나병이 강한 심정적 함의를 나타내긴 했지만, 그것은 운명을 가리키는 것이었지 도덕을 가리키는 것이 아니었다. 오직 성교와 결부된 매독만이 도덕적 색조를 띠었다. 심지어 오늘날에도 공공의 분야에서 성적인 것은 도덕적인 것과 널리 결부되어 있다. 가이겔은 처음부터 성관계에 의해 생겨나는 매독 '특유의 나쁜 성벽'에 관해 분명히 말하고 있다(Alois Geigel, *Geschichte, Pattologie und Therapie der Syphilis*, Würzburg: Stuber, 1867, S. 4). "매독은 인간 종의 번식을 매개하는 은밀한 작용과 결부된 암묵적인 방식에서 되살아났다. 악령이 감미로운 관계를 짓밟듯이, 15세기 말에 나타난 매독은 사람들도, 의사들도 들어본 적이 없는 충격적인 것이었다. 그 이후로 매독은 독기처럼 젊은이와 아름다운 사람들에게 달라붙었고, 끊임없이 자라는 무서운 죄의 부담처럼 단 한 번의 실수에 매달려 아직 태어나지 않은 무구한 아이의 피를 독으로 물들였다."(같은 책, S. 1)

집요하게 요구하는— 생각이 매독 문제에 대한 강력한 사회적 분위기를 환기시켰다.

매독에 관해 특별히 도덕적으로 강조함으로써 연구가 주목받거나 연구의 의미, 발전 동력은 충분히 높게 평가받지 못했다. 수백 년 동안 결핵은 인류에게 훨씬 더 많은 손해를 입혔지만, 유감스럽게도 그렇게 강력한 주목을 받지 못했다. 왜냐하면, 결핵은 '저주받은 불명예스러운 질병'이 아니라 이따금 '낭만적인' 병으로 간주되었기 때문이다. 여기에는 어떤 미지근한 합리적 설명이나 통계도 도움이 될 수 없다. 결핵 연구는 사회로부터 그렇게 강한 요구도 받지 않았고, 연구에 도움을 청하는 어떤 사회적 긴장감도 없었다. 우리는 결핵 연구에서 어떤 성과도 기대하지 않았고, 따라서 결핵 연구는 바서만 반응이나 살바르산의 성공과는 비교도 되지 않았다. 천포창(즉, 물집증Pemphigus) 연구 분야에서도 확실히 국가 간의 경쟁은 일어나지 않았다. 어떤 공중 보건당국의 책임자도 자국의 최고 연구자에게 물집에 관해 연구하라는 격려를 하지 않았을 것이다. 왜냐하면, 물집은 사회적으로 중요한 질병이 아니기 때문이다. 물집 연구를 위한 병원도, 경험이 많은 감독권자도, 열정적인 조력자도, 공공기금도 보이지 않는다. 어떤 공동체적 논의도, 경쟁도, 공적인 환호성도 물집 연구를 촉구하지 않았다. 연구자 집단 내에서도 물집 연구에 필요한 고도의 긴장이나 특별히 중요하다는 감정을 불러일으키지 못했다.

매독과 관련된 이러한 일반적인 분위기 속에 매독에 감염된 혈액을 바꾼다는 고전적 이념을 만들어낸 특수한 태도가 덧붙여졌다. 혈액검사에 대한 여론의 강력한 요구가 없었더라면, 바서만의 실험도 결코 반응실험의 발전과 발전에 필요한 '기술적 완성'에 이르지 못했을 뿐만 아니라 집단적 경험의 축적을 위해 절대적으로 필요했던 사회적 환호도 받지 못했을 것이다. 바서만은 처음에 결핵 혈청학 분야에서 일했다. 그때 거기에 많은 검사자가 있었던가? 축복받은 동료-경쟁자들amici hostes이 있었던가? 경쟁자들 사이에서 이루어지는 수천의 실험을 첨예하게 조합하는 일이 일어났던가? 결과적으로 결핵 혈청학 분야에서 활동은 많은 것을 이루지 못했다. 그러나 결핵 혈청학 분야에서 활동은 매독에 관해 바서만이 처음 쓴 두 개의 논문보다 확실히 '나쁘지' 않았다. 바서만의 매독에 관한 두 논문은 저자 자신과 제자들에게는 완벽한 것처럼 보였지만, –결과적으로 볼 때– 결코 완성된 것이 아니었다.

　사회적 분위기가 비로소 소규모의 사고 집단을 만들어냈다. 이 사고 집단 구성원들 간의 지속적인 협력과 상호관계에서 집단적 경험이 이루어졌고, 익명의 연구자들이 행한 공동의 노력으로 반응이 완성되었다. 항원이 무엇인지 증명하는 일은 포기되었다. 초기에 바서만 반응의 증명력은 15~20%에 불과했지만, 다음에는 70~90%로 높아졌다. 이것이 반응 결과를 안정시키고, 탈개인화시켰다. 그리하여 바서만 반응이 사용될 수 있게 되었고, 알코올 추출법의 소개로 마침내 실용적이 되었다. 진정한 사회적 수단에 따라 일어난 기술적 실행은 적어도 양적으로도, 전체적으로도 의회에서, 언론에 의해, 규제 및 법칙의 제정을 통해 표준화되었다.

　전적으로 개인의 일이라는 전제에서 볼 때 단지 우연이나 기적에 의해서만 설명되었던 것이 집단의 일이라는 가정하에서는 이 작업에 대한 충분히 강한 동기가 주어지자 말자 쉽게 이해되었다. 돌멩이가 동굴 속으로 굴러떨어진다면, 그것은 우연이다. 그러나 먼지가 모공에 들어가는 것은 필연이다. 먼지는 이리저리 날리다가 마침내 모공에 들어간다. 모든 개별 입자인 먼지에는 우연한 장소인 이곳에서 먼지는 안정을 찾게 되기 때문이다.

　추출을 준비하는 데는 물 외에도 알코올이 사용되었고, 나중에는 아세

톤도 사용되었다. 매독에 걸린 장기 외에도 건강한 사람의 장기가 필요했다. 이러한 사실들은 실험실의 통상적인 관행으로 곧장 드러난다. 많은 연구자가 이러한 실험을 거의 동시에 실시했지만, **이 실험의 고유한 원작자는 집단 속에, 공동체의 필요에 매몰되고 만다.**

어떻게 하나의 '참된' 인식이 잘못된 전제와 초기의 불분명한 실험, 많은 오류와 우회로를 거쳐 일어나는가? 이 문제는 다음과 같은 비유를 통해 잘 설명될 것이다. 모든 강물은 처음 잘못된 방향 설정이나 우회로와 사행蛇行에도 불구하고 마침내 바다에 이른다. 이것은 어떻게 가능할까? '**바다 자체**'란 없다. 가장 낮은 곳, 물이 실제로 모이는 곳을 우리는 다만 바다라고 **부를** 따름이다. 바다! **충분히 많은 물이 강물로 흘러가고, 중력장이 존재하는 곳이라면, 어디서든지 마침내 강물은 틀림없이 바다에서 만나게 될 것이다.** 여기서 중력장은 옳음을 부여하는 사회적 분위기와 대응하고, 물은 모든 사고 집단의 일과 대응한다. 한 방울의 물이 흘러가는 순간의 방향은 전혀 중요하지 않다. 결과는 중력의 일반적인 방향에 의해 좌우된다.

이러한 방식에서 바서만 반응의 발생과 발전도 이해된다. 바서만 반응은 또한, 많은 사고과정 가운데서 역사적으로 한 번쯤 일어날 수 있음 직한 매듭으로서 나타난다. 고전적인 혈액 이념, 보체 결합이라는 새로운 이념, 화학적 사상과 이 화학적 사상에 의해 영향받은 관습 등이 그 매듭을 형성한다. 이들은 서로 충돌하면서 발전하는 가운데 매듭을 만들어내고 하나의 고정·불변하는 점을 이룬다. 이 고정·불변하는 점은 새로운 노선의 출발점이 되고, 이 노선은 사방 어디로든지 발전해 가고 다시금 다른 사상과 맞부딪힌다. 낡은 노선이 어디서도 변하지 않고 남아 있는 것은 없다.[101] 언제나 새로운 매듭이 생겨나고, 낡은 매듭은 새로운 매듭으로 대체된다. 이 전진적인 흐름의 물결 위에 하나의 연결망이 생겨나고, 이 연결망이 곧 실재 또는 진리라고 불린다.

그러나 우리는 방금 설명한 것으로 역사적, 집단 심리학적, 개별 심리학적 계기에서 바서만 반응의 전체적이고 객관적인 내용을 **즉각** 재구성할 수 있는 것처럼 이해해서는 안 된다. 바서만 반응의 연구에는 언제나 발전사적으로 설명될 수 없는, 강압적이고 움직일 수 없는 그 무엇이 남아 있다. 예를 들어 매독 혈청학에 관한 바서만의 초기 작업이 발표된 후에 많은 사람이 바서만의 연구 성과를 검증하고, '기술적으로 연마하려' 했다는 점은 집단 심리학적으로 설명될 것이다. 그러나 양성 반응에 도달하고, 이 결과의 객관적 내용이 무엇인지는 **우선** 역사적 발전의 계기에 의해 설명되지 않는다. 이를 검증하려는 아주 다양한 결합이 검토되었지만, 모두 똑같이 좋은 결과를 산출하지는 못했다. 오직 하나가 – 또는 최소한 몇 개만이– 좋은 것으로 간주되었을 뿐이다. 어떤 결합이 좋은 것인지는 우리가 위에서 말한 계기들에서는 설명할 수 없다.

이 설명은 추출물의 문제에도 그대로 적용된다. 물 외에 알코올 추출이 행해졌다는 점은 집단 심리학적으로 분명한 사실이다. 그러나 알코올 추출법이 실제로 사용될 수 있음은 **우선** 역사적 근거, 집단 심리학적 근거, 개별 심리학적 근거에 의해 설명되지 않는다. 이것은 이미 살펴보았듯이(이 책 110, 171, 194쪽 참조), 지식의 능동적·수동적 요소 문제에 상응한 문제다. 알코올 추출을 소개하는 것은 능동적 요소지만, 그 사용 가능성은 독자적인 인식 작용과 관련하여 강압적이고 수동적으로 일어난다.

이 문제에 좀더 가까이 다가가 다음과 같은 점을 살펴보자. 즉 **이 강압은 비교 인식론적 고찰에 의해 비로소 풀릴 것이고, 내적인 사고 양식 상의 강압**

---

101 위에서 바서만 반응이 매독의 개념에 회고적으로 어떤 영향을 미쳤는지 참고할 것.

(Denkstilzwang)으로서 설명될 것이다.

여기서 우리는 먼저 역사적 정황Geschichtliches에 관해 보고해야만 하겠다. 매독에 걸린 혈액을 바꾼다는 오래된 이념은 위에서 서술한 바서만의 단계에는 남아 있지 않다. 그러기에는 바서만 반응이 너무 복잡하게 뒤얽혀 있고 이론적으로도 덜 명료하다. "다른 방식에 의해, 가능하다면 보다 단순한 방식에 의해 보체 결합 반응을 교체하려는" 시도는 "다음과 같이 네 개의 큰 부류로 나누어 볼 수 있다. 첫째로 순수 유지질과 비누의 도움으로 매독의 혈청 진단에는 그 의미가 이미 잘 알려진 보체의 결합 반응과 침전 반응에 도달하려는 시도가 있었다. 이와 관련하여 포르게스와 마이어의 레지틴Lezithin 실험,[102] 작스와 알트만Karl Altmann의 콜레스테롤+올레인산 나트륨 실험, 헤르만Otto Hermann과 페루츠Alfred Perutz의 나트륨 글리코 콜레이트+콜레스테롤 실험 등이 언급된다. 두 번째 시도는 글로부린 침전물을 어쩌면 실제로 사용할 수 있다는 점과 관련 있다. 여기에는 클라우스너Erwin Klausner의 정수된 물에 의한 침전물 조사, 브룩의 질산 침전물, 알코올 침전물, 젖산 침전물 조사가 해당된다. 세 번째 부류는 보체 결합 반응을 다른 화학적·생물학적 방법과 교체하려는 시도를 다룬 것이다. 이와 관련하여 우리는 한편으로 쉐어만Walter Schürmann의 과산화수소-페놀-염화제2철 H2O–Phenol-Einsenchlorid 방식, 란다우Wilhelm Landau의 요오드 기름 Jodöl 방식, 비에너Emmerich Wiener와 토르데이Arpad von Torday의 골드시안화물 Goldzyan 방식을 들고, 다른 한편으로는 바이크하르트Wolfgang Weichardt의 에피파닌 반응Epiphanin-Reaktion, 아스코리Maurizio Ascoli의 메이오스타민 반응Meiostagmin Reation, 카어보넨Juhani Jaakko Karvonen의 교착Konglutination, 휘르쉬펠트와 클링거R. Klinger의 응집 반응

---

[102] 레지틴: 달걀노른자, 동물의 뇌수에 가장 많이 포함된 인지질燐脂質을 말한다—옮긴이 주.

Gerinnungsreaktion을 든다. 끝으로 네 번째 부류의 연구는 보체 결합 방식에서 통상 장기 추출물의 도움으로 보체 결합 현상 대신에 응집 현상을 진단에 이용하려는 시도다. 여기서 미카엘리스Leonor Michaelis, 야콥스탈Erwin Jacobsthal, 브룩과 히다카S. Hidaka의 근본적인 연구가 유래하고, 마찬가지로 마이니케Ernst Meinicke, 작스와 게오르기Walter Georgi, 돌트Hermann Dold, 헤흐테Hugo Hechte, 브룩 등의 방법도 고려된다. 이들은 보체 결합 방식에 가치 있는 것으로 보완하고 통제한다는 큰 실천적인 의미를 부과했다."[103]

나아가 적어도 바서만 반응의 다양한 변형과 단순화에 대해 언급해야만 하겠다. 따라서 기니피그의 혈청에 들어있는 보체를 사용하는 것이 아니라 인간의 혈청에 들어있는 보체를 사용하는 방법이 있다(이른바 슈테른, 노구치Noguchi Hideyo 등의 능동적 방법). (면역된 토끼의 혈청에서 추출하는 본래의 방법에서) 어떤 용혈소의 양수체를 첨가하지 않은, 오히려 인간의 혈청에 정상적으로 들어있는 것을 사용하는 방법도 있다(바우어Richard Bauer). 모유에는 양수체도, 보체도 없다. 항원이 이미 매독 혈액 속에 들어있어야만 하므로, 항원 없이, 어쩌면 추출물의 부과 없이 출발하는 방법도 있다(씨아라Olinto Sciara). 그밖에도 환자의 혈청을 비활성화시키는 방법과 보체의 사용, 추출물의 준비, 용혈소의 생산, 혈액 속 미립자를 사용하는 방식, 시약의 보존 등과 관련된 아주 많은 변형이 있다.

끝으로 바서만 반응이 불러온 눈사태의 규모를 평가하기 위해 우리는 1927년 라우벤하이머의 "매독의 혈청 진단"에 관한 논문 모음집에서 – 최신 업적에만 국한시켰는데도 – 이 주제와 관련하여 약 1,500명의 연구

---

[103] Carl Bruck, *Handbuch der Serodiagnose der Syphilis*(2rd ed.), Berlin: Springer, 1924, S. 4.

자가 언급되고 있다는 사실을 말해둬야겠다.[104] 여기에 라우벤하이머가 충분히 고려하지 못한 외국어 문헌과 거의 알려지지 않은 연구 활동, 임상적으로 소개된 보고서와 1927년 이후 출판된 문헌들을 모두 보탠다면, 그 수는 대략 1만 건이 넘을 것으로 추산된다. 확실히 이렇게 많은 연구 활동을 헌신적으로 다룬 특수한 문제는 그리 많지 않을 것이다.

---

[104] Kurt Laubenheimer, "Serumdiagnose der Syphilis", In Kolle, Kraus, and Uhlenhuth(q.v.), *Handbuch der pathogenen Mikroorganismen*, Bd. 7, I.

04

바서만 반응의 역사에 관한 인식론적 고찰

1. 일반적 추론

지식 영역을 깊이 파고들어 갈수록 사고 양식의 결합은 더욱더 공고해진다.

매독의 역사에 관한 서술과 바서만 반응에 관한 서술을 비교해 보자. 그러면 바서만 반응을 서술하기 위해서는 좀더 많은 기술적 표현이 필요하다는 점이 드러날 것이다. 더 많은 기초 지식, 다시 말해 많은 전문가의 의견 제시가 필요하다. 왜냐하면, 우리는 일상 경험의 세계를 벗어나서 특수한 과학의 세계로 깊숙이 파고 들어가야만 하기 때문이다. 동시에 우리는 집단적이고 개별적인 인식 주관에 좀더 가까이 다가간다. 이때 우리는 틀림없이 많은 이름을 거론할 것이다.

그것은 일반적인 현상이다. 과학의 영역을 깊이 파고들어 갈수록 우리는 사고 집단과 더욱더 크게 결합하게 될 것이고, 연구자와 더욱더 직접 접촉하게 될 것이다. 간단히 말해 인식의 능동적 요소가 증가할 것이다.

이와 병행하여 다른 변화도 감지되는데, 그것은 필연적으로 일어나는 수동적 관계의 수도 증가한다는 점이다. 왜냐하면, 모든 인식의 능동적 요소에는 필연적으로 생겨나는 수동적 관계가 대응하고 있기 때문이다. 이 대응관계에 관해 우리는 앞에서 이미 언급한 바 있다. 예를 들어 추출을 준비하는 데 알코올을 사용하는 것은 능동적 지식 요소지만, 이 추출에 알코올을 사용할 수 있다는 점은 수동적으로 일어난 사실, 즉 필연적으로 일어난 사실이다.

이와 같은 광경은 다른 과학의 영역에서도 목격될 수 있다. 예를 들어 화학적 원소Elemente의 역사를 서술하기 위해 우리는 크게 두 단계, 즉 이른바 과학 이전의 원소론과 과학적 화학의 단계를 구분해서 봐야만 한다. 이 두 단계에는 지식의 능동적 부분과 수동적 부분이 모두 들어있다. 그래서 원소 개념과 원자 개념은 역사적 계기와 사고 집단적 계기에 의해 아주 잘 구성될 수 있다. 이들 개념은 말하자면 집단적 상상에서 유래한 것들이다. 하지만 화학에서 이들 개념을 사용할 수 있다는 것은 **우선** 인식하는 사람과 무관하게 벌어지는 상황이다. 산소의 원자량 16이라는 수가 거의 관습적·자의적으로 유래한 것이라고 우리는 알고 있다. 그러나 산소의 원자량이 16이라고 받아들여진다면, 수소의 원자량은 필연적으로 1,008이 되어야만 한다. 이때 두 원소 간의 질량비를 나타내는 비율은 수동적 지식 요소다.

실제로 역사의 첫 번째 단계에서 능동적 지식 요소와 수동적 지식 요소의 수는 역사의 두 번째 단계에서 두 지식 요소의 수보다 적다. 바로 이 점을 우리는 논증하려 한다. 모든 원칙, 모든 화학 법칙은 능동적 부분과 수동적 부분으로 나누어 볼 수 있다. 우리가 한 영역 속으로 깊숙이 파고 들어가 보면, 파고 들어갈수록 **두 요소**의 수는 점점 더 많아진다. 지식의 깊숙한 내면에는 —우리가 소박하게 예상할 수 있듯이— 단지 수동적인 요소만 있는 것이 아니다.

우리는 과학적 사실을 잠정적으로 다음과 같이 정의할 수 있다. 과학적 사실이란 **사고 양식에 따른 개념 관계를 말한다. 물론 이 개념 관계는 역사적 관점, 개별 심리학적 관점과 집단 심리학적 관점에서 탐구될 수 있다. 하지만 이들 관점에서 개념이 즉각 내용적으로 완전하게 구성되는 것은 아니다.** 이로써 저 현상은 지식의 능동적 부분과 수동적 부분이 분리되지 않고 결합되어 있음을 나타낸다. 그리고 사실의 수가 늘어나면, 이와 함께 지식의 능동적 부분과 수동적 부분의 수도 늘어나는 현상이 나타난다.

또 다른 현상도 언급되어야만 한다. 그것은 하나의 지식 영역이 확장되고, 발전을 거듭할수록, 의견차는 점점 줄어든다는 사실이다. 우리는 매독의 역사에서 매우 다양한 의견이 있었음을 본다. 하지만 바서만 반응의 역사에서는 다른 의견을 가진 사람이 그렇게 많지 않다. 또한, 반응 실험이 개선될수록 의견차도 점점 더 줄어든다. 216쪽의 서술에 따르면, 매듭의 수가 늘어날수록 자유로운 공간은 점점 줄어들고, 많은 모순이 생겨나는 것처럼 보이며, 그리고 사고의 자유로운 전개도 제한받는 것처럼 보인다. 이 점이 매우 중요하다. 하지만 그것은 더 이상 사실을 분석할 때 해당되는 말이 아니라 오류를 분석할 때 해당되는 말이다.

2. 관찰, 실험, 경험

> 사고 양식의 변화로서 발견, 사고 역사의 결과로서 과학적 사실, 그리고
> 사고 집단적 저항을 알려주는 것으로서 과학적 사실

관찰과 실험에 관해 널리 퍼진 신화가 있다. 그것은 인식하는 주관이 "왔노라, 보았노라, 이겼노라"veni-vidi-vici라는 공식에 따라, 전쟁에서 승

리한 시저Julius Cäsar처럼 일종의 정복자로서 그려지고 있다는 점이다. 우리가 어떤 것을 알려고 하면, 우리는 관찰하거나 실험을 한다. 그러면 우리는 그것을 알게 된다. 많은 과학적 전장에서 승리를 거둔 과학자라 하더라도, 자신의 업적을 돌이켜 생각해 보면, 이 소박한 이야기를 믿게 될 것이다.

　관찰을 하다 보면, 우리는 첫 번째 관찰이 어쩐지 좀 불충분하다는 생각이 들었을 것이고, 반면에 두 번째나 세 번째 관찰은 이미 '사실에 적합하다'라는 생각이 들었던 적이 있다는 점을 대체로 인정할 것이다. 하지만 예를 들어 오늘날 역학Mechanik과 같이 매우 한정적인 영역을 제외하고, 사정은 그렇게 간단하지 않다. 역학은 매우 오래된, 누구나 잘 알고 있는 일상적 사실을 활용한다. 새롭게 생겨난, 아직 우리가 잘 모르고 있고 복잡하게 뒤엉킨 영역에서 중요한 것은 우선 보고 질문하는 법을 배우는 일이다. 전통과 교육, 습관에 의해 **양식에 적합한 준비를 갖추도록, 즉 지향된 제한적인 지각과 행위를 위해 준비**를 갖추도록 환기될 때까지 이 새로운 영역은 파악되지 않는다(그것은 아마도 모든 다른 영역에서도 근본적으로 다 그럴 것이다). 대답은 대부분 물음 속에 미리 형성되어 있다. 우리는 단순히 예, 아니오라고 결단하고, 수많은 확신을 가지고 결단한다. 방법과 장비가 우리 자신을 위해 사고를 대부분 스스로 작동시킨다. 그때까지 저 알려지지 않은, 복잡하게 뒤엉켜 있는 영역은 절대로 파악되지 않는다.

　바서만과 그의 동료들은 보르데-젠구Bordet-Gengou의 방법에 따라 실험했다. 보르데와 젠구는 장기 추출물에서 매독 항원을 찾았고, 혈액 속에서 매독 항체를 찾아내려고 했다. 초기 작업에서 우리는 구체적인 성과를 내기보다 많은 희망을 보았다. 실험은 성공하기도 하고, 실패하기도 했다. 그러나 실패 이유를 저자들은 전혀 눈치채지 못했다. 원숭이에게서 얻은 면역 혈청의 적정 수준을 어떻게 결정해야 할지 알지도 못한 채, 그들은 잘못된 길을 가고 있었다. 두 번째 실험에서 실험에 성공한 횟수, 다시 말해 예상된 결과를 산출한 수가 이미 충분히 많아졌기 때문에 그 통계를 출판하게 되었다. 매독에 걸린 76개의 추출물에서 매독 항체가 탐지된 경우는 64개였다(76개 중에서 7개는 진행성 마비 뇌에서 추출한 것인데, 이 경우에는 모두 매독 항체 탐지에 실패했다. 실패한 이유에 관해 바일은 자신의 독창적인 생각을 피력했다). 우리가 뇌에서 추출한 7개를 제외한다면, 항체 탐지 성공률은 거의 93%에 달했다. 14개의 통제실험은 모두 음성으로 나왔다(즉 14개의 비교 연구에서는 확실히 매독 추출물이 검출되지 않았다). 따라서 그것은 우리의 가정과 100% 일치했다.

이러한 결과는 기대 이상이었음을 오늘날 우리는 잘 알고 있다. 첫째로 장기 추출물에서 일반적으로 항체를 증명하기란 정말 어렵다. 최고의 기술을 가지고도 우리는 매우 불규칙한 결과만을 산출할 수 있을 따름이다. 둘째로 확실히 매독에 걸리지 않은 장기에서 획득한 추출물도 또한, 매독 혈청과 보체 결합을 할 수 있다. 따라서 음성으로 나온 통제실험은 확인될 수 없고, 양성으로 나온 결과의 높은 비율도 매우 우연하게 얻은 것이다. 어쨌든 바서만의 첫 번째 실험은 재현될 수 없다.

바서만의 전제는 유지될 수 없었고, 그의 첫 번째 실험은 재현 불가능한 것이었다. 하지만 이 두 사실은 모두 큰 발견법적 가치를 지닌 것이었다. 따라서 바서만의 시도는 실제로 모두 가치 있는 실험이었지만, 언제나 불명료하고 완성되지 못한 일회성에 그치고 말았다. 바서만의 실험이 확실하고 엄밀하며 임의로 재현될 수 있다면, 그것은 본래의 연구목적에 더 이상 필요한 것이 아닐 것이고, 단지 논증 목적이나 일시적 확신을 주는 데 그치고 말 것이다. 바서만의 첫 번째 실험을 이해하려면 그의 관점에서 생각해 보아야 한다. 그는 완벽한 계획을 갖추고 있었고, 결과에 대해서도 확신하고 있었다. 그러나 방법은 아직 매우 미흡했다. 이 점이 그를 심각하게 괴롭혔는데, 예를 들어 원숭이를 면역시키려고 수없이 많은 인간 매독 시료를 사용했다. 왜냐하면, 스피로헤타 팔리다 Spirochäta pallida의 순수 배양이 그 당시에는 아직 이루어질 수 없었기 때문이다. 물론 원숭이 시료를 주사한 통제 동물이 있긴 했지만, 적어도 거의 모든 원숭이에게 공급된 혈청은 매독항체와 함께 인간 단백질에 대한 항체도 포함되어 있었다. 따라서 이 혈청과 보체 결합은 언제나 특별히 매독에 전문화되어 있는 것이 아니었다. 더욱이 추출물의 적정성과 다른 예비실험도 아직 완전하게 행해진 적이 없었다. 따라서 시약도 서로 완전히 매치되지 않았다. 그뿐만 아니라 우리는 어느 정도의 용혈 억제 Haemolysehemmung를 양성으로 간주하고, 어느 정도를 음성으로 간주해야 할지에 대해서도 알지 못했다(이 책 207(3장 주석 91, 92) 참조). 따라서 실험의 기준을 세세히 정하지도 못했고, 때로는 실험 결과가 모호했던 것도 사실이다. 그리고 실험 결과를 양성으로 봐야 할지, 음성으로 봐야 할지 결정하지 못한 때도 가끔 있었다. 바서만은 이 혼란스러운 소리들 가운데서 내면에서 우러나오는 멜로디를 분명히 들었다. 하지만 이 멜로디는 실험에 참여하지 않은 사람들에게는 들리지 않았다.[1] 바서만과 그의 동료들은 귀를 기울여 들었고, 멜로디가 선택될 때까지 기구를 조작

---

[1] 바서만이 머릿속에 떠오르는 진리의 개별적 요소를 강조한 것은 적절해 보인다. 그러나 바서만 반응에 대해 최초로 비판한 마이어G. Meier는 이를 '개인적 저음을 지닌 초방법론'이라고 꼬집었다. 본문에서 멜로디를 듣는다는 표현은 마이어의 이 말을 가리킨다.*

* 이에 관한 자세한 설명은 E. Weil, "Das Problem der Serologie der Lues in der Darstellung Wassermanns", *Berliner klinische Wochenschrift* 58(1921), S. 698을 참조할 것—옮긴이 주.

하여 주파수를 맞췄다. 그리하여 멜로디는 실험에 참여하지 않은 사람들에게도 (편견 없이) 들릴 수 있게 되었다. 이 멜로디가 처음 들린 그 순간을 누가 결정할 수 있었을까? 멜로디를 들리게 하는 사람들과 이 멜로디를 듣는 사람들의 공동체는 점점 그 수가 늘어났다. 여기서 첫 번째 시도의 옳고 그름에 대해 말하는 것은 적절하지 않다. 왜냐하면, 옳다는 것은 –비록 실험 그 자체가 옳다고 말해질 수 없다 하더라도– 바로 그 첫 번째 실험에서 직접 발전해 온 것이기 때문이다.

한 번의 실험으로 연구가 자명해진다면, 대체로 실험을 할 필요가 없을 것이다. 왜냐하면, 실험을 분명히 구축하기 위해서는 그 결과에 대해 처음부터 우리가 알고 있어야만 하기 때문이다. 미리 알고 있지 않다면, 우리는 실험을 제한하거나 합목적적으로 인식할 수 없다. 알려지지 않은 것이 많을수록, 연구 분야가 생소할수록 실험은 더욱더 불분명해진다. 어떤 분야가 이미 연구되어 있기 때문에 결론이 나올 가능성이 있느냐, 없느냐에 실험이 한정되고, 어쩌면 어떻게 양적으로 결정할 것이냐에 한정된다면, 이 실험은 언제나 보다 분명해질 것이다. 하지만 이 실험은 더 이상 자립적인 것이 아니다. 왜냐하면, 이 실험은 **앞서 행해진 실험 체계와 결정에 의해 견인되고 있기** 때문이다. 오늘날 물리학이나 화학이 대부분 이러한 상황에 놓여 있다. 물리학과 화학의 체계는 이미 자명한 형식savoir vivre이 되어 있지만, 이들 체계를 어떻게 적용하고 어떤 효력이 있는지에 대해서는 알려진 것이 전혀 없다. 세월이 흘러 자신이 활동한 작업 영역을 되돌아보게 되면, 우리는 더 이상 창조적인 일을 도모해야 할 필요성을 느끼지 못하고, 창조적인 일을 이해하지도 못하게 된다. 연구 활동이 발전해 가는 길은 합리화되고 도식화된다. 결과는 의도에 맞춰 변경된다. 그러니 어떻게 다른 것이 있을 수 있겠는가? 우리는 이제 완성된 개념을 갖고 있다. 이 완성된 개념을 가지고 우리는 더 이상 미완성의 사상Gedanken을 표현할 수 없다.

인식은 인식하는 사람을 변화시켜, 그가 인식된 것과 조화롭게 적응하도록 만든다. 이러한 상황이 인식의 기원에 대한 지배적인 생각 내의 조화를 확보해 준다. 그리하여 왔노라-보았노라-이겼노라의 인식론은 점차로 신비로운 직관의 인식론에 의해 보강된다.

이것은 착각의 조화(또는 우리가 이제 그렇게 부를 수 있는 것처럼, 사고 양식의 내적 조화)가 영향을 미친다는 사실을 보여주는 하나의 예다. 착각의 조화가 과학적 성과의 응용 가능성, 우리와 무관하게 존재하는 현실에 대한 확고한 믿음을 만들어낸다. 그러나 합리적 인식론은 **인식 기능의 세 요소를**[2] 받아들이는 것에 근거하고, 인식과 이 세 요소 간의 상호관계에 근거한다. 합리적 인식론은 필연적으로 인식의 본래 대상인 사고 양식을 탐구한다.

우리가 실험에 관해 말한 것은 보다 고도의 관찰에도 그대로 적용된다. 왜냐하면, 실험은 이미 방향이 정해진 관찰이기 때문이다. 내가 최근에 발표한 박테리아의 가변성에 관한 연구 분야에서 관찰한 것을 상기해 보자. 어쨌든 박테리아의 가변성이 나에게는 생소한 것이었다.[3]

우리는 환자의 오줌에서 채취한 연쇄구균Streptokokkus을 배양했다. 이때 연쇄구균이 특이하게 빠르고 풍부하게 성장해 가는 것이 우리의 주목을 끌었다. 연쇄구균에서 색소형성은 매우 드문 경우다. 나는 그렇게 강렬하게 색소를 형성하는 연쇄구균을 본 적이 없었고, 다만 그것에 대해 읽었던 것이 어렴풋이 기억날 따름이었다. 그래서 나는 이 세균을 아주

---

[2] 그것은 개인, 집단, (인식되어야만 하는) 객관적 현실을 말한다. 이 책 158쪽 참조— 옮긴이 주.

[3] L. Fleck und O. Elster, "Zur Variabilität der Stereptokokken", *Zentralblatt für Bakteriologie*, Abt. 1, 125(1932), S. 180~200.

자세하게 살펴보기로 했다. 나는 통상적으로 영양을 공급하여 배양한 세균을 동물에 주사했다. 그밖에 몇몇 혈청학적 실험과 함께 특히 색소를 화학적으로 분석했다. 그러나 이 일은 주로 가변성을 연구하는 것으로 바뀌고 말았다. 어째서 이런 일이 일어났는가?

몇 달 전에 나는 몇몇 동료들의 요청을 받아들여 세균학의 종 개념에 관한 포괄적인 조사를 준비하고 있었다. 이 조사로 인해 나는 세균의 변이 현상에 깊이 관여하게 되었다. 그것은 주로 장티푸스Coli-Typhus 대장균 집단의 세균이었는데, 그 특이한 가변성 때문에 체계화가 어려웠다. 그래서 이 세균이 특히 나의 관심을 끌었던 것이다. 나는 변이, 위치 변화, 이른바 세균의 전이 등에 관한 세부 요소를 모두 수집했다. 그리고 가변성 영역에서 질서를 확립하지 못한다면, 어떤 일관된 종 개념도 얻을 수 없다는 사실을 알았다. 이 질서는 이와 관련된 반 로겜 학파Van Loghemschen Schule의 일에 다가가는 개별 개념에 대한 원칙적인 논의 없이는 형성될 수 없는 일이었다. 이 심리학적 토대 위에서 연쇄구균의 관찰도 가능해졌다. 연쇄구균을 다루는 실험실 연구자들이라면, 누구나 습관적으로 포도상 구균을 떠올린다. 나는 서로 다른 색깔을 띤 포도상 구균의 군체를 분리하는 것에 관해 읽은 적이 있다. 그래서 나는 동료들에게 균주가 밝은 색 군체와 어두운 색 군체로 구별될 수 있는지를 찾아볼 것을 권했다. 그 다음날 나는 바로 그러한 구별이 일어났다는 대답을 들었다. 통상 노랗고 투명한 수백 개의 군체와 나란히 아주 작고 흰 덜 투명한 군체가 자라고 있었던 것이다. 이제 우리는 다음과 같은 사실을 확인하기 위해 연쇄상 구균을 몇 세대에 걸쳐 관찰하는 일련의 실험을 진행했다. 그것은 (1) 아주 작은 이 군체가 우리의 균주에 속하는지 여부와 (2) 이 작은 군체가 다른 군체와 얼마나 구별되는지 확인하려는 일이었다.

첫 번째 물음에 대한 대답은 긍정적이었다. 왜냐하면, 이 군체는 특징적인 군체와 형태학적, 생화학적, 동물병리학적으로 동일한 세균을 포함하고 있었기 때문이다. 두 번째로 연구방향을 정하기 위해서는 연구 방법의 선택과 문제 형성의 적절성에 대한 많은 예비검사가 필요했다. 이것이 실제로 문제되는지는 한 번도 분명하고 확실하게 주장된 적이 없다. 새로운 군체는 이전에 보았던 군체와 확실히 다른 것인가? 처음에 차이가 났던 모든 것들, 즉 크기의 작음, 더 밝은 색깔, 불투명성 등은 다음 세대에도 변함없이 나타나는 것이 아니었다. 그러나 놀랍게도 처음에 분명하게 파악되지 않았던 저 특수한 군체의 자손과 다른 군체의 자손 사이에서 차이가 분명해졌다. 아니 이 차이는 피펫으로 옮겨 담을 때 잘 분화된 군체를 거의 무작위로 선택함으로써 이동과 함께 더 뚜렷해졌다. 이렇게 일어나던 모든 차이는 다시 옮겨 담을 때 줄어들었다가 마침내 —우리가 포괄적인 경험을 한 후에는— 더 이상 일어나지 않고 고정되었다. 우리는 색깔이 엷거나 짙은 것을 분리해 내지 않고, 다른 구조를 하면서도 동일한 색깔을 띤 군체를 분리해 냈다. 다시 말해 본래 군체의 구조적 변이는 색깔의 강도보다 훨씬 더 뚜렷하게 나타났고, 더욱이 구조적 변이는 색깔의 변화와 반대로, 이동에도 불구하고 계속 남아 있을 수 있는 변이로 전환되었다. 이렇게 다른 종류의 군체를 옮겨 담음으로써 우리는 마침내 나중에 연쇄상 구균의 —곱슬곱슬한 유형(유형L)과 반대인— 매끄러운 유형(유형G)이라 부르는 것을 만들어냈다.

　나중에는 매끄러운 유형이 언제나 곱슬곱슬한 유형보다 더 투명했다. 처음에 해리 현상으로 언급되었고 연구의 출발점을 형성했던 보다 불투명한 군체는 투명한 매끄러운 유형과 같은 군체가 아니었다. 이것은 진정한 해리 현상일까? 이 의문은 여전히 풀리지 않고 남아 있다. 왜냐하면, 우리는 최초의 관찰을 재현시킬 수 없기 때문이다. 우리는 최초의 관찰을 분명하게 서술할 수 없다. 왜냐하면, 작업 중에 만들어진 관계와 개념은 최초의 아무 제약 없이 관찰했던 것을 서술하는 데 적합하지 않기 때문이다.

연쇄구균학 영역에서 이룬 우리의 작은 확신을 역사적으로 서술하는 것은 인식론적 사례로서 기여할 수 있을 것이다. 그것은 다음과 같은 점을 나타낸다. ① 우연히 제공된 시료, ② 연구 방향을 결정하는 심리학적 분위기, ③ (전문가의 관습에서 나오는) 집단 심리적으로 동기화된 연상, ④ 재현될 수도, 회고적으로 분명히 파악되지도 않는 '최초의' 관찰, 즉 **하나의 혼돈상태**, ⑤ 천천히 애써 밝혀낸 '본래 우리가 본 고유한 것', 즉 **경험의 축적**, ⑥ 개량된 것과 간략하게 과학적 명제로 요약된 것은 근원적 의도와 '최초의' 관찰 내용에 대해 오직 유전적으로만 관련 있고, 그밖에는 달리 관련이 없는 인위적 구조물이라는 점, 다시 말해 최초의 관찰이 일찍이 이로부터 생겨난 같은 부류의 사실에 속할 필요가 없다는 점이다.

따라서 직접적인 관찰과 관련 있고, 직접적인 관찰에서 논리적 추론에 의해 도출된 어떤 기초명제Protokollsätze란 실제로 있을 수 없다. 동시에 어떤 지식을 추후에 정당화하는 일은 가능하지만, 본래의 고유한 인식 활동 중에는 아무것도 정당화될 수 없다. 결과는 최초의 관찰에서 말해진 언어로 언표될 수 없고, 거꾸로 최초의 관찰은 결과를 나타내는 언어로 언급될 수 없다.

'최초의 관찰'에 관해 말하는 모든 명제는 하나의 가정이다. 우리가 어떤 가정도 세우지 않고, 단지 의문부호만 칠 뿐이라면, 의문부호 자체는 이미 의문시되는 것과 일련의 과학적 문제를 분류하기 위한 전제다. 따라서 그것도 또한, 사고 양식에 따른 전제다.

우리는 다음과 같이 생각할 수 있을 것이다. "한천 접시에 오늘 크고 노란 투명한 군체 100개와 작고 밝은 불투명한 군체 2개가 나타났다." 우리의 경우에 이 명제는 순수 관찰된 것이고, 아무 전제 없이 타당한 것으로 간주될 수 있을 것이다. 그러나 이 명제는 이미 '순수 관찰된 것' 보다 훨씬 더 많은 것을 포함하고 있고, 다음에 확실하게 주장될 수 있는 것보다 훨씬 더 많은 것을 포함하고 있다. 이 명제에서 우리는 군체들 간의 차이를 예상하게 될 것이고, 이 차이는 실제로 실험이 진행된 한참 후에 비로소 확정될 것이다. 물론 이 차이는 예상했던 것과 전혀 다른 것으로 확인될 것이다. 이 점이 매우 중요하다.

우리는 크기와 밝기가 완전히 똑같은 군체를 하나도 찾아내지 못한다. 따라서 우리는 서로 다르게 형성된 102개의 군체를 갖고 있는 셈이다. 서로 다른 군체라고 말하기 위해서는 이러저러한 차이가 **충분히 중요한 지**, 그리고 이 차이가 과학적으로 가치 있는 것인지를 먼저 따져보아야만 한다. 서로 차이 나는 군체에서도 여전히 공통된 **유형의 군체**를 확립할 수 있을지 없을지와 확립할 수 있다면 **어떻게** 확립할 것인지도 따져보아야만 한다. 이 2개의 군체가 다른 100개의 군체와 다를 수 있다는 사실, 2개의 군체와 100개의 군체, 양자가 서로 연관되어 있다는 사실은 '순수 관찰'이 아니라 이미 하나의 —증명될 수도, 증명되지 않을 수도 있는— 가정이거나, 아니면 하나의 다른 가정에서 파생된 것일 수도 있는 전제다.

실제로 인식하는 사람은 자기주장의 가설적 본성을 알지 못한다. 위에서 언급한 명제가 '순수 관찰'을 서술한 것이 아니라 하더라도, 그것은 '직접 관찰한 것'을 표현한 것일 수도 있고, 한천 접시를 보고 **미리 형성되어 있던 것**을 즉각 나타낸 것일 수도 있다. 경험 많은 전문가, 즉 박테리아의 변이 현상을 연구하는 전문가라면, 모든 군체가 다양한 형태를 취하는 것을 보더라도 잘못된 길로 빠지지 않을 것이다. 그는 '중요하지 않은 차이'를 보고 멈춰 서지 않을 것이다. 어떤 분석이나 가정 없이도 첫눈에 군체의 두 유형을 알아볼 것이다. '순수 관찰, 즉 아무 전제 없는 관찰'은 물론 심리학적으로 일어나지 않지만 논리적으로는 가능하고, 또한, 지식은 추후에 구성되는 것으로서 정당화하는 데 필요하다는 점에 대해 우리는 반대할 수 있을 것이다. 따라서 우리의 경우에는 구체적으로 다음과 같이 말할 수 있다. 즉 전문가는 102개의 군체 중에서 두 개가 다른 것이라는 것을 즉각 알아내고, 나머지 100개 가운데 우연적이고 비본질적인 차이는 무시해 버릴 것이다. 경험을 통해 얻은 이 능력에서, 오랜 관찰을 통해 일련의 비교와 결합에서 어떤 결론을 즉각 이끌어내는 것은 분명히 매우 엄격하게 행해질 것이고, 엄격하게 행해져야만 할 것이다. 이에 부응하는 다음과 같은 방식이 말해진다. 즉 102개의 군체 **모두**가 지닌 **모든** 특성과 이 특성이 이론적으로 어떻게 결합이 가능한지를 조사한다. 그러면 **전적으로** 자신의 본질에 따라 생겨나는 다양한 종류의 군체가 발견될 것이다. 그것은 다음과 같다.

I.	직경 5~6mm 군체	………	30
	직경 4~5mm 군체	………	60
	직경 3~4mm 군체	………	10
	직경 1/2~1mm군체	………	2
		합계:	102
II. (도수에 따른) 색깔 100의 군체		………	70
	밝은 색깔 80의 군체	………	25
	밝은 색깔 70의 군체	………	5
	밝은 색깔 5의 군체	………	2
		합계:	102

투명도와 다른 **모든** 특성과 관련해서는 동일하다. 위의 <표>에 나타난 수치를 서로 비교하고, 해당 군체의 배열을 수치별로 배치해 보자. 그러면 우리는 오직 두 개의 매우 작은 군체에서만 모두 밝은 색깔이 다른 특성과 함께 두드러지게 나타난다는 사실을 알게 될 것이다. 그리고 이 두 군체를 다른 군체들과 비교해 봤을 때, 이 차이가 다른 나머지 특성들의 불확실성을 훨씬 능가한다는 사실도 알게 될 것이다. 따라서 이 두 군체는 별개의 유형을 한 군체일 것이고, 이 점을 우리가 증명했어야만 했다. 그것도 아무 전제 없이 증명했어야만 했던 것이다.

이렇게 설명하는 것에는 많은 이론가들이 빠지는 심각한 오류가 포함되어 있다. 첫째로 전제는 이미 탐구 대상의 선택과 한계를 분명히 하는 일을 포함한다. 102개의 전혀 다툴 여지가 없는 군체 가운데는 몇몇 의심스러운 점이 있다. 그것도 우리가 군체라고 간주할 수 있을지, 아니면 —그때마다 전제에 따라 생겨나는— 우연한 구성물로 간주해야 할지 애매한 입자와 점이 분명히 있다.

둘째로 어떤 형성물의 특성을 **모두** 언급하는 것은 대체로 의미가 없다. 왜냐하면, 특성의 수가 임의로 많아질 수 있기 때문이고, 또한, **특성을 규정할 수 있는** 수도 한 분야의 사고 습관에 의존적이고, 따라서 이미 방향이 정해진 전제 속에 포함되어 있기 때문이다. 이에 따라 기계적 결합은 임의로 일어나거나 본래 고유한 사고 양식에 제약되어 일어난다.

셋째로 위의 <표>에 나열된 결합과 기계적 결합으로는 새롭게 발견할 수 있는 것이 아무것도 없다. 그것은 낱말을 기계적으로 결합시켜 놓는다고 해서 시의 의미가 살아나는 것이 아닌 것과 같다.

그래서 우리는 전제 없는 관찰을[4] 소거해 버리고자 한다. 그것은 심리

---

[4] 카르납R. Carnap의 체계(『세계의 논리적 구조』 *Der logische Aufbau der Welt* (1928)는 아마도 '세계'를 '주어진 것'에서, 궁극적인 요소로서 '직접 체험한 것'에서 구축하

학적으로 난센스이고, 논리적으로 장난감에 불과하다. 그러나 이행의 도수Skala에 따른 두 유형의 관찰, 즉 ① **처음에 불분명하게 보는 것**과 ② **발전된 직접적인 형태지각**은 적극적으로 연구할만한 가치가 있는 것처럼 보인다.

직접적인 형태지각은 특정한 사고영역에서 경험하고 있음Erfahrensein을 필요로 한다. 즉 많은 체험 후에, 어쩌면 전형(모범Vorbildung)에 따라 우리는 비로소 의미, 형태, 폐쇄적인 통일성을 직접 지각할 수 있는 능력을 획득한다. 동시에 모순되는 형태를 보는 능력은 당연히 상실된다. 그러나 이러한 지향된 지각에 대한 준비되어 있음이 사고 양식의 주요 요소를 결정한다(앞의 194쪽 참조). 이로써 형태지각은 이미 말한 사고 양식의 요건이 된다. 경험하고 있음의 개념은 경험 자체가 숨기고 있는 비합리성에도 불구하고, 원칙적으로 인식론적 의미를 획득한다. 이 의미야말로 앞으로 우리가 밝혀야 할 대목이다.

이와 반대로 처음 본 불분명한 것에는 양식이 없다. 복잡하게 뒤엉키고 혼돈된 채로 함께 주어지는 다양한 양식의 부분적 동기와 서로 모순된 분위기가 아직 방향을 정하지 못한 채, 시선을 이리저리 굴리고 있다. 즉 사상적 시각 영역의 다툼이 일어난다. 사실적인 것도, 고정불변한 것도 없다. 우리는 이리도 볼 수 있고, 저리도 볼 수 있다. 거의 임의대로 본다. 어떤 토대도, 강압도, 모순도, '확고한 사실의 기반'도 없다.

따라서 모든 경험적 발견은 사고 양식의 확대, 사고 양식의 발전, 또는 사고

려는 최후의 가장 진지한 시도일 것이다. 이 점을 카르납은 이미 스스로 —단계적으로— 포기해 버렸기(『인식』 Bd. II. S. 432) 때문에, 이에 대한 비판은 필요하지 않다. 기초명제의 절대주의를 포기해 버린(『인식』, Bd. III. S. 215) 그의 관점과 관련하여, 그가 궁극적으로 사고의 사회적 조건을 발견할 수 있었기를 우리는 소망한다. 그래야만 그는 사고규범의 절대주의에서 벗어나게 될 것이고, 당연히 '통일과학'Einheitswissenschaft도 포기하게 될 것이다.

양식의 전환으로서 파악될 수 있다.

세균학자들은 왜 그리 오랫동안 변이 현상을 보지 못했을까? 우선 변이가 너무나 당연한 것으로 받아들여지고 있을 때는 서로 무관한 세부사항을 두고 논쟁하던 시기가 있었다. 즉 빌로트T. Billroth는 일반적인 패혈증성 구균coccobacteria septica이 모든 형태로 마음대로 변형할 수 있다고 확신했다. 이어서 고전적인 파스퇴르-코흐Pasteur-Koch의 시대가 도래했다. 이들은 모두를 설득시킬 수 있는 실제적인 성공을 거두었고, 개인적 힘으로 생생한 세균학의 사고 양식을 만들어냈다. 그때 사람들은 오직 엄격한 정통적인 방법만 인정했고, 극히 제한적이고 천편일률적인 발견물만 지니고 있었다. 예를 들어 배양된 것을 24시간 이내에 재접종하는 것만을 일반적으로 허용했고, 아주 신선한 2, 3시간된 배양이나 (6개월 이상 된) 낡은 배양은 탐구할 가치도 없는 것으로 간주했다. 그래서 배양할 때 일어나는 모든 –새로운 양식의 변이 이론이 시작되는 출발점인– 2차적 변이에는 주목하지 않았다. 어떤 도식과 완전히 일치하지 않는 것은 '퇴행적 형식', 즉 일종의 병리적 현상으로 간주되거나 외부 조건에 의해 일어나는 것, 즉 '인위적' 변형으로 간주되었다. 그리하여 직접 확인되지 않는 것을 맹신하는 착각의 조화가 그대로 신봉되었다. 우리가 제한된 일정한 방법을 조사에 사용했기 때문에 조사 방식도 경직되어 있었다. 이렇게 형성된 사고 양식은 한편으로 많은 형태지각과 많은 사실을 응용할 수 있게 한 반면에, 다른 한편으로는 다른 형태지각과 다른 사실은 응용할 수 없게 만들어 버렸다. 우리는 정말 사정이 급변한 것을 절감한다. 물론 변이 사상이 완전히 사라져 버린 것은 아니었다. 그러나 변이의 관찰을 고전학파의 후계자들은 기술적 실수로 간주했고, 단순히 침묵으로 일관하거나 거부해 버렸다. 어느 정도 변이를 진지하게 받아들인 최초의 상세한 관찰은 나이서와 마찌니A. Neisser und R. Massini에 의해 일어났다(1906). 그것은 이른바 박테리아 콜리 돌연변이bacterium Coli mutabile에 관한 관찰이었다. 그들은 도저히 침묵을 지킬 수 없었다. 왜냐하면, 이 관찰은 전적으로 사고 양식에 따라 행해진 것이었고, 어떤 점에서는 확실히 혁명적인 것이었기 때문이다. 즉 저자들은 오직 **하나**만 변형시킨 고전적 방법을 사용했는데, 그것은 배양된 지 하루가 지난 것과 배양된 지 며칠이 지난 것을 조사했던 것이다. 그들이 한꺼번에 많은 것을 변형시켜 소개하려 했다면, 자신이 발견한 것을 오랫동안 숙고하면서 기다려야만 했을 것이다. 그들은 며칠이 지나자 군체 내부에 변형된 세균이 포함된 덩어리가 자라는 것을 발견했다. 이 덩어리를 다른 접시에 옮겨 놓자 그들은 또한, 박테리아 군체에서 다른 것이 2차적으로 자라는 현상을 목격했다. 이것은 곧 가장 애호되는 연구대상이 되었다. 그리하여 맹목적으로 착각의 조화를 쫓는 일이 사라졌고, 많은 발견도 비로소 가능해졌다. 새로운 변이 이론은 고전적인 세균학이 형성된 본고장에서보다 다른 나라에서 발견되었다. 이 점이 매우 특징적이다. 변이 이론은 전통의 영향을 덜 받는 미국에서 가장 번창했고, 코흐의 조국에서는 대부분 도전을 받았다. 더욱이 특징적인 것은 변이 이론이 단순히 종의 변이 시대로 되돌아간 것이 아니라 과거에 해석되었던 종 개념과 다른 방식으로 해석되기 시작했다는 점이다. 그것은 다른 개념에서도 마찬가지다. 여기서 우리는 단순히 지식의 증대에 대해 언급하거나 단순히 코흐 이전 시대와의 관련에 대해 언급하는 것에 그쳐서는 안 된다. 사고 양식이 변했다. 더욱이 특징적인 것은 이러한 사고 양식의 변화(또는 경험의 형성)가 일어나는 동안에, 이에 대한 최초의 자극인 이른바 나이서와 마찌니의 관찰은 바깥의 새로운 영역에 머물러 있었다는 점이다. 나이서와 마찌니의 관찰은 오늘날 '고전적인' 변이를 관찰한 것이 아니라 박테리오파지Bakteriophage[5] 효과를 관찰한 것으로 파악되고 있다(이제 고전적인 변이라는 이 말이 벌써 고전의 맥락에서 사용될 수 있다).

이 사례에서 또한, 다음과 같은 세 단계가 통찰될 수 있다. 그것은 ① 불분명하게 보는 것과 부적절한 최초의 관찰, ② 비합리적이고, 개념 형성적이며, 양식이 전환된 경험 상황, ③ 발전된, 재현될 수 있는, 양식에 따른 형태지각이다.

이 점에 대한 서술은 인식이 어떻게 생겨나는지 구체적으로 보여준다. 많은 연구자는 자신의 고유한 연구 방식과 유사한 것을 확실히 인정할 것이다. 양식이 무시된 최초의 관찰은 감정의 혼돈상태, 즉 놀라움, 유사성에 대한 탐구, 검증, 철회, 희망과 좌절로 점철된 혼돈상태와 같다. 감정과 의지, 이해는 분리될 수 없는 하나의 통일로서 작동한다. 연구자는 만져본다. 모든 것은 허물어지고, 이를 지지해 주는 확고한 토대는 어디에도 없다. 모든 것은 자신의 의지에 따라 일어나는 인위적인 결과로 받아들여진다. 이렇게 형성된 것은 다음에 검증할 때는 모두 사라지고 없다. 연구자는 자신에게 부딪쳐 오는 저항을 탐구한다. 그것은 자신이 수동적으로 느낄 수 있는 사고상의 강압Denkzwang, 즉 필연이다. 이때 그는 기억과 교육의 도움을 받는다. 즉 과학적으로 증명하는 순간에 연구자는 자신의 모든 신체적·정신적 선행자들, 모든 친구와 적을 의인화시킨다. 이 모두가 연구자의 연구를 촉진시키거나 저지시킨다. 연구자가 할 일은 자신이 당면한 복잡하게 뒤엉킨 혼동과 무질서 속에서 자신의 의지에 따르는 것과 자의적으로 생겨나고 자신의 의지에 반발하는 것을 구별하는 것이다. 이 일은 연구자가 추구하는 연구 기반이고, 본래 사고집단이 언제나 찾고 또 찾았던 확고한 연구 기반이다. 이것이 바로 우리

---

5 박테리오파지란 세균을 숙주세포로 하는 1㎛미터 크기의 바이러스를 의미한다. 박테리오는 '세균'이란 뜻이며, 파지는 '먹다'는 뜻을 가지고 있는데, 단순히 세균의 균체를 녹여서 먹는다고 하여 박테리오파지라고 한다—옮긴이 주.

가 말하는 수동적 연결이다. 따라서 인식활동이 일어나는 일반적인 방향은 다음과 같다. 그것은 **최소한 자의적으로 일어나는 사고 속에서 가장 강력한 사고에 의한 강압, 즉 필연**을 확보하는 일이다.

그래서 **사실**Tatsache은 다음과 같이 생겨난다. **먼저 초기의 무질서한 사고 속에는 저항의 신호가 숨어 있고, 다음으로 특정한 사고에 의한 강압이 일어난다. 그리고 마침내 직접 지각되는 형태가 만들어진다.** 그것은 언제나 사고 역사적 맥락에서 일어난 결과이며, 언제나 특정한 사고 양식에 따라 생겨난 결과다.[6]

모든 경험과학은 이 '사실의 확고한 기반' 확립을 목표로 한다. 다음과 같은 두 가지가 인식론적으로 중요하다. 첫째로 이러한 일은 언제까지나 계속될 것이고, 끝도 없고, 시작도 없다. 지식은 집단 속에 살고 있고, 다시금 끊임없이 변해 간다. 이에 따라 사실 체계도 또한, 변해 간다. 말하자면 일찍이 지식의 수동적 요소로 설명되던 것이 나중에는 능동적 요소들 가운데서도 나타날 수 있다. 예를 들어 우리는 산소와 수소 사이의 원자량 비례관계인 16: 1.008을 하나의 —주어진 조건 속에서— 수동적으로 생겨난 수數라고 설명했다. 이제 예를 들어 산소 O가 다른 두 요소로 분할된다면, 그 비율의 수는 선행하는 기존 방법의 불신에서 설명될 것이고, 틀림없이 다른 비례관계의 수로 대체되어야만 할 것이다.

둘째로 이미 지적했듯이, 인식의 수동적 요소만을 따로 떼서 서술하는 것은 불가능한 일이다.

---

[6] 엄청난 사고 양식의 변화, 따라서 의미 있는 발견이 일반적으로 사회적 의미 갈등을 겪는 불화의 시기에 흔히 일어난다. 이 점을 확신하는 것이 과학사회학Soziologie der Wissenschaft에는 중요하다. 이와 같은 '불안정한 시기'에는 의미의 갈등, 관점의 차이, 모순, 불명료성 등이 나타나고, 어떤 형태와 의미를 직접 지각할 수 없다. 이러한 상태에서 새로운 사고 양식이 생겨난다. 초기 르네상스 시기에 통용되었던 말의 의미나 2차 세계대전 후에 통용되던 말의 의미를 비교해 보라.

논리적으로도, 역사적으로도 수동적 요소와 능동적 요소는 완전히 분리되지 않는다. 아니 필연적 연결을 포함하지 않은 이야기란 있을 수 없다. 이 점에서 신화는 단지 과학과 양식만 다를 뿐이다. 과학은 전망을 **고려하지 않고** 자신의 체계 속에서 지식의 수동적 요소만을 최대한으로 받아들인다. 신화는 그러한 수동적 요소를 거의 포함하고 있지 않다. **그러나** 신화는 예술적으로 구성되어 있다.

경험은 필연적으로 지식에 비합리적이고 논리적으로 정당화될 수 없는 요소를 불러들인다. 입론적 소개는 다른 사람에게 주는 일종의 헌정이고, 지식으로 들어가는 관문을 열어준다. 경험은 언제나 개인적으로만 도달될 수 있다. 이러한 경험에 의해 우리는 비로소 활동적이고 자립적인 인식 능력을 갖게 된다. 경험하지 않는 자는 단지 학습할 뿐이고, 결코 인식하는 것이 아니다.

모든 실험적 연구자는 개별 실험이 아무것도 증명하지도, 강압하지도 못한다는 점을 안다. 증명하기 위해서는 언제나 온전한 실험과 통제 체계를 갖춰야만 하고, 하나의 전제(양식)에 맞게 실험과 통제를 결합시켜야만 하며, 또한, 전문가에 의한 설명도 필요하다. 이러한 전제를 설정하는 능력, 교범과 사상에 따른 연습이 우리가 경험Erfahrenheit이라 부르고자 하는 것을 형성한다. 그것도 모든 실험적·비실험적인 지식 체계, 즉 분명하게 파악되는 동시에 불분명한 '본능적' 지식 체계를 모두 갖추고서 형성된다. 실험적으로 가공된 영역에 관한 요약 보고는 언제나 연구자가 겪은 해당 경험의 아주 작은 부분만 포함한다. 그러나 그것은 중요한 것이 아니다. 다시 말해 그것은 양식에 따른 형태지각을 가능하게 하는 것이 아니다. 그것은 마치 노랫말이 멜로디 없이 만들어지는 것과 같다.

바서만 반응에 대한 바서만의 보고는 다만 매독과 어떤 혈액 특성 간의 관계를 서술한 것에 지나지 않는다. 그러나 이것은 중요한 것이 아니다. 중요한 것은 바서만과 그의 제자들, 계승자들이 터득한 적용 방식과 혈청학의 수행 능력에 대한 **경험**이다. 이 **경험**이야말로 바서만 반응뿐만 아니라 다른 많은 혈청학적 방법을 **비로소 재현할 수 있게 하고, 적용할 수 있게 했다**. 다만 천천히 일반화되고, 언제나 숙련자들에 의해 다시금 실천적으로 획득되어야만 했던 이 **경험**을 바서만 반응의 최초 비판자들은 놓치고 말았다. 이 경험이 바서만과 그의 동료들에게서 처음으로 생겨난 것이라는 점은 위에서 말했다. 그러나 오늘날 바서만 반응을 독자적으로 수행하는 사람들은 누구나 좋은 결과에 도달하기 전에 포괄적인 경험을 해야만 한다. 이 포괄적인 경험에 의해 우리는 비로소 사고 양식에 참여한다. 오직 이 경험에 의해서만 우리는 매독-혈액-관계를 특정한 형태로 지각할 수 있다.

우리는 이러한 경험을, 즉 비합리적인 '혈청학적 감응'을 어디서 특별히 필요로 하는가? 여기서 이 점을 구체적으로 나타내기 위해 다음과 같은 몇 가지를 말해둬야겠다.

1. 장기 추출물을 준비하고, 용량을 정하는 일에 필요하다. 이 일은 아마도 대부분 경험을 필요로 하는 활동일 것이다. 여기서 경험은 이론적인 것뿐만 아니라 추출물을 균일하게 희석시키는 기술에도 필요하다. 왜냐하면, 비숙련자는 추출물을 빨리 희석시키거나 천천히 희석시켜 동일하지 않은 결과를 초래하기 때문이다. 이 점에서 바서만 반응은 너무 민감한 것이어서 한 사람이 확정한 추출물의 희석 방식이 ―우리가 흔히 증명하듯이― 언제나 다른 사람에게도 즉각 옳은 것으로 받아들여지지 않는다. 이렇게 혈청 검사를 실시하는 사람들의 심리적-물리적 차이로 인해 모든 반응에 신선하게 제공되어야만 하는 알코올 추출의 콜로이드 용액 분산도에는 특징적 차이가 난다.

2. 모두 다섯 개를 서로 조정해야 하는 문제가 있는 시약, 즉 반응효과

를 가능한 한 크게 하고 결과를 가능한 한 분명히 하기 위해서는 경험이 필요하다. 통상 그래왔듯이, 실험이 팀 단위로 일어난다면, 실험은 오케스트라에 버금가는 연습을 필요로 한다. 새로 참여하는 팀원이 다른 팀에서는 아무리 일을 잘 했다 하더라도, 사람이 바뀌면 종종 진행 과정에서 혼란이 일어난다. 이러한 사실은 아무리 훌륭한 연구자라도 시민연대로 구성된 바서만 의회(이에 관해서는 이미 말했다)에서[7] 최악의 결과를 초래하게 되었는지, 그 이유를 잘 설명해준다.

3. 그밖에 측정, 피펫 사용, 혈청의 저장, 용기 세척 등에도 분명히 통상적인 기량이 필요하다.

우리는 바서만 반응과 매독의 관계에서 인식론을 파악한다면, 다음과 같이 말할 수 있다. 바서만 반응의 발견—또는 발명—은 일회적인 역사 과정 속에서 일어났다. 그것은 경험적으로 재현되거나 논리적으로 정당화될 수 없다. 사회심리학적 동기와 일종의 집단적 경험에 의해 반응은 —많은 오류가 있음에도 불구하고— 많이 개선되었다. **매독에 대한 바서만 반응의 관계—이 의심할 수 없는 사실—도 이러한 관점에서는 어쩔 수 없는 사고사가 만들어낸 하나의 결과물이다.** 이러한 사실은 결코 사회와 단절된 **고립된 실험**에 의해 증명될 수 없고, 다만 확장된 경험, 즉 하나의 **특화된 사고양식**, 보다 선행하는 지식에서 나온 경험, 많은 성공과 실패를 거듭하면서 완성된 경험, 실험, 많은 연습과 교육, **보다 많은 개념의 적응과 변혁**—이것이 인식론적으로 가장 중요하다—에 의해 구축된 경험에 의해서만 증명될 수 있을 따름이다. 이러한 경험이 없었더라면, 우리는 매독의 개념과 혈청반응의 개념을 확립하지 못했을 뿐만 아니라 연구자를 훈련시키지도 못했을 것이다. 그리고 잘못된 많은 연구와 이로 인해 생겨난 오류

---

[7] 이 책 176쪽 참조—옮긴이 주.

는 과학적 사실을 구축하는 건축자재에 해당한다. 이 점에서 바서만 반응의 개선은 다음과 같은 문제를 해결한 것으로 볼 수 있다. "우리는 어떻게 **매독**을 정의하고, **혈액검사**를 실시할 것인가? 그리하여 **어느 정도 경험**이 쌓인 후에는 거의 모든 연구자가 실천적으로 충분한 기준에 따라 **매독과 혈액검사의 관계**를 결정지을 수 있었다." 이러한 인식의 집단적 특징이 즉각 다음과 같은 문제 형성에서 나타난다. 즉 인식의 집단적 특징은 필연적으로 접근할 수 없는 경험에 도달하여, 따라서 활동 방식을 다른 연구자와 비교하는 것에서 나타나고, 그리고 아직 완성되지 못한 전통적인 매독 개념과 혈액검사 개념 간의 어떤 연관에서 필연적으로 나타난다.

매독과 바서만 반응 간의 사실관계는 —주어진 관계에서— **강한 사고상 강압을 극대화하고, 자의적 사고를 극소화하는 그러한 종류의 문제 해결 속에 들어 있다.** 이러한 방식에서 **사실은 사고 저항의 양식에 따른 신호를 나타낸다.** 사고 양식은 사고 집단에 수반되기 때문에, 우리는 사실을 간단히 '**사고 집단의 저항 신호**'라고 표시할 수 있다.

3. 사고 집단에 대한 보충 설명

> 사고 양식과 사고 집단의 일반적 정의, 사실에 관하여, 일시적인 사고 집단과 안정적인 사고 집단, 사고 집단의 일반적인 구조와 특성, 사고 집단 내에서 작동하는 사고 집단의 사회적 힘, 집단 내의 사고 교류와 집단 간의 사고 교류.

2절의 과제는 가장 단순한 관찰이 어떻게 사고 양식에 의해 제약되고, 따라서 사고 공동체와 어떻게 결부되는지 서술하는 것이었다. 그래서 우리는 사고를 탁월한katexochen 사회적 활동이라 불렀다. 이 사회적 활동은 결코 개인의 한계 내에 자리 잡고 있을 수 없다.

공동체 활동은 두 가지 형식을 취할 수 있다. 그것은 예를 들어 무거운 짐을 공동으로 나르는 것처럼 단순히 하나에 다른 하나를 덧붙이는 것이거나, 축구 경기, 대화, 또는 오케스트라 연주와 비교될 수 있는 본래의 집단 활동을 가리킨다. 후자의 집단 활동에서 중요한 것은 개인적 활동의 총합을 나타내는 것이 아니라 특별한 형성이 일어난다는 점이다. 이 두 활동의 형식은 사고에서 발견되고, 특히 인식에서 발견된다. 우리는 오케스트라 연주를 합주의 의미나 규칙을 고려하지 않고 단지 개별 악기를 연주하는 것만으로 설명해도 좋은가, 아니 설명할 수 있을까? 이러한 규칙은 사고에 대한 사고 양식을 포함한다. **성공적인 적극적 인식론의 방법은 모두 이 사고 양식의 개념에서 드러난다.** 이 다양한 사고 양식을 우리는 서로 비교해 볼 수 있고, 역사적 발전의 결과로서 탐구할 수 있다.

모든 양식이 그렇듯이, 사고 양식도 특정한 사회적 분위기와 그 분위기를 현실화하는 실행으로 이루어져 있다. 사회적 분위기는 다음 두 측면과 매우 밀접한 관련이 있다. 그 하나는 선택적 지각을 위한 준비고, 다른 하나는 선택적 지각에 부합하는 지향된 행동을 위한 준비다. 분위기는 그때마다 어떤 집단적 계기와 이 계기를 적용한 집단적 수단이 우세한가에 따라 종교, 과학, 예술, 관습, 전쟁 등과 같은 자신의 타당한 표현을 만들어낸다. 그리하여 우리는 **사고 양식을 지향된 지각과 이에 상응하여 지각된 것을 사상적·실질적으로 처리하는 것이라고 정의할 수 있다.** 사고 양식을 특징짓는 것은 사고 집단이 관심을 갖는 문제의 보편적 징표다. 즉 그것은 사고 집단을 자명한 것으로 고려하는 판단이고, 사고 집단을 인식의 수단으로 이용하는 방법이다. 이러한 사고 양식은 어쩌면 지식체계의 기술적·문헌적 양식에 수반되기도 한다.

공동체에 속하는 집단적 사고 양식은 모든 사회적 형성을 배분하고, 각 세대의 독자적인 발전을 뒷받침하는 사회적 강화를 불러올 것이다(이 점에 관해서는 아래서 논의할 것이다). 사고 양식은 개인에게 강압적인 것이 되어, '달리 생각될 수 없는 것을' 규정한다. 각 시대는 특정한 사고상의 강압에 의해 지배되고 있고, 집단의 분위기를 공유하지 못하고 다른 생각을 하는 사람은 화형에 처해진다. 그리고 다른 생각을 하는 사람은 –다른 사회적 분위기가 다른 사고 양식과 다른 가치평가를 하지 못하는 한에서– 범죄자라는 집단 가치를 부여받게 된다.

그러나 모든 사고 양식에는 또 다른 여지도 숨어 있다. 첫째로 낡은 양식을 변함없이 고수하는 작은 공동체가 있다. 오늘날 점성술과 마술이 존재하는 이유도 이 때문이다. 점성술이나 마술을 행하는 사람은 모두 기인奇人이다. 기인이란 사회의 하층민 가운데 교육받지 못한 사람과 함께 어울려 살거나 정서적 공동체를 이루지 못해 사기꾼으로 전락해 버린 사람을 가리킨다. 둘째로 모든 사고 양식 속에는 언제나 진화사적 흔적, 다양한 요소가 각기 다른 사고 양식에서 유래한 흔적이 발견된다. 아마도 새로운 개념은 선행하는 사고 양식과 아무 관계가 없다면, 거의 형성되지 못할 것이다. 변하는 것은 대개 개념을 덮고 있는 색채뿐이다. 그것은 마치 일상생활 속에서 말하는 힘의 개념에서 과학적 힘 개념이 유래하고, 신비롭게 이야기되던 매독 개념에서 새로운 매독 개념이 유래하는 것과 같다.

이러한 방식에서 사고 양식의 역사적 맥락이 생겨난다. 우리는 이념의 발전 과정이 종종 원시적인 선행 이념Präideen에서 근대적인 과학적 견해로 이행되는 과정임을 알고 있다. 그러한 이념의 발전 과정은 수많은 매듭으로 서로 연결되어 있고, 언제나 사고 집단의 모든 지식 체계와 관련되어 있다. 따라서 그때마다 이념의 구체적 표현이 역사적 사건의 유일한 특징을 나타낸다. 예를 들어 우리는 원시적인 정령 신앙에서 질병의 전염이라는 단계를 거쳐 질병유발자 이론에 이르는 감염 질병의 이념이 발전해 온 과정을 추적해 볼 수 있다. 또한, 최근 이론은 위에서 언급했듯이, 이미 지나가 버린 낡은 이론과 가까이 있다. 그러나 어떤 이론이 계속 유지되는 동안에 몇몇 구체적 문제의 해결은 언제나 양식에 따라 일어났다(157쪽 참조). **이러한 양식에 따른 문제 해결이 오직 하나만 가능하다면, 그것을 우리는 진리라 부른다.** 진리는 '상대적'인 것이 아니고, 하물며 통속적 의미에서 '주관적'인 것도 아니다. 진리는 언제나 −또는 거의 언제나− 사고 양식 내에서만 온전하게 결정된다. 우리는 같은 사상에 대해 A에게는 참이고, B에게는 거짓이라고 말할 수 없다. A와 B가 동일한 사고 집단에 속한다면, A와 B에 대한 사상은 참이거나 거짓이다. 그러나 A와 B가 다른 사고 집단에 속한다면, 그것은 결코 **동일한** 사상일 수 **없다**. 왜냐하면, 그 사상은 틀림없이 A와 B 가운데 하나에 대해서는 불분명하거나, A나 B가 생각하는 것과 서로 다르게 이해될 것이기 때문이다. 또한, 진리는 인습적인 것이 아니다. 오히려 진리란 **역사적 종단면에서 볼 때 사고사적으로**denkgeschichtliches **일어나는 사건이고, 일상적인 맥락에서 볼 때에는 양식에 따른 사고상의 강압**stilgemäßer Denkzwang, **즉 필연이다.**

비과학적 진술에도 또한, 내용상 강압적으로 일어나는 관계가 포함되어 있다. 신화, 즉 비너스Venus, 헤파이스토스Hephaistos, 아레스Ares에 관한 그리스 신화를 생각해 보라. 비너스는 헤파이스토스의 아내이고, 아레스의 애인이라는 점을 우리는 받아들일 수밖에 없다. 모든 시인이 알고 있듯이, 충분히 오랫동안 회자되어 온 상상의 직물은 언제나 실질적·형식적인 방식으로 '스스로' 생겨난 불가피한 관계를 이루고 있다. 기사단 소설에서는 예를 들어 '야생마'Pferd 대신에 '말'Roß을 사용할 수 없다. 이 두 낱말은 양식상으로만 다를 뿐이다. 논리적으로는 동의어인데도 말이다. O가 16이라면, 반드시 H는 1.008이어야만 하는 예와 똑같은 강압적인 결합이 음악적 상상력에도 있다. 화가도 자신만의 고유한 양식의 강압에 대해 잘 알고 있다. 이 점을 우리는 좋은 양식을 갖춘 그림에 다른 그림 조각을 덧붙여 둠으로써 쉽게 증명할 수 있다. 본래의 그림과 덧붙인 그림의 두 부분은 —비록 내용적으로 잘 조화되도록 만들어 놓았다 하더라도— 서로 조화를 이루지 못한다. 따라서 모든 정신적 창조물은 '결코 다른 것으로 존재할 수 없고', 과학적 명제에서 나타나는 강압적 방식의 수동적 결합에 부합하는 관계를 포함한다. 이 관계를 우리는 말하자면 객관화시킬 수 있다. 이러한 객관화를 촉구하는 특별한 개인적·집단적 조건이 있다. 그리고 이 관계에서 우리는 '아름다움' 또는 '진리'를 나타낸다.

인식의 영역에서 자유로운 사고의 자의성에 대항하는 **저항의 표시**Aviso eines Widerstandes를 우리는 '**사실**'이라 부른다.[8] 이 저항의 표시에는 '**사고 집단적**'이라는 형용사가 붙어 다닌다. 왜냐하면, 모든 사실은 다음과 같이 사고 집단과 세 개의 관계를 맺고 있기 때문이다. ① **모든 사실은 그 사고 집단의 정신적 관심이 향하는 노선에 따라 생겨난다**. 왜냐하면, 저항은 노력이 일어나는 곳에서만 가능하기 때문이다. 그래서 흔히 미학 또는 법학에서 사실이라 불리는 것도 자연과학에서는 사실이 아니다. ② **저항은 사고 집단 자체 속에서만 작동하고, 모든 참여자에게는 사고상의 강압으로 체험되는, 나아가 직접 체험되는 형태로서 매개된다**. 인식에서 저항은 어떤

---

[8] 저항Widerstand이란 독일어 어휘의 의미에서 생각해 보면 쉽게 이해된다. 즉 주관과 객관이라는 인식구조에서 대상Gegenstand은 주관에 '대립해 있는 것'gegen stehend을 가리키는 말이다. 따라서 인식이란 객관이 주관에 주어질 때, 주관이 대상을 일종의 저항wider-stehen으로 체험하는 것을 말한다. 이러한 인식의 구조는 현상학의 '노에시스-노에마'라는 의식 구조에서 잘 나타나 있다. 이 책 66쪽의 옮긴이 주 7)을 참조할 것—옮긴이 주.

경우에도 집단 간에 해소되지 않는 현상들의 결합으로 나타난다(216쪽 참조). 이 결합은 '진리'로서 단지 '논리적으로' 제약받거나, '실질적으로' 제약받는 것으로 나타날 뿐이다. 비교 인식론의 연구, 또는 단순한 비교에 따라 일어나는 사고 양식의 변화가 비로소 과학적 처리의 강제적 결합에 접근할 수 있도록 허용한다. 고전적인 세균학에서는 (그 당시의 견해에 따라) 종적 특징이 불변적이라는 명제가 타당했다. 당시의 연구자에게 이 명제가 왜 타당한지(또는 종적 특징이 왜 이런 식으로 파악되어야만 하는지)를 묻는다면, 그는 다만 "그것이 진리이기 때문"이라고 대답할 수밖에 없을 것이다. 사고 양식이 변함에 따라 우리는 비로소 고전적 견해가 주로 적용된 방법론에 의해 제약받고 있었다는 점을 알게 된다. 저 명제 속에 들어있는 수동적 연결이 능동적 연결로 바뀐 것이다(110쪽의[9] 정의를 참조). ③ **사실은 반드시 사고 집단의 양식에서 표현되어**

---

[9] 우리가 사실이 발전한다는 연관에서 사실을 고찰해 보면, 이렇게 생겨난 것 속에는 다음과 같은 점이 들어있다. 그것은 오직 특정한 강압적 방식의 결합만이 이 인위적으로 고립된 관계 내부에서 중요한 것으로서 나타난다는 점이다. 능동적 부분은 우리가 싸워야 할 방해물인 것처럼 보인다. 방해물은 움직임을 단지 훼방만 놓을 뿐이고, 촉진시킨다는 느낌이 전혀 들지 않는 파열음을 낼 뿐이다. 그러나 사실을 사실 연관과 발전에 따라 고찰한다면, 우리는 곧 지식의 능동적 부분과 수동적 부분이 서로 입장을 바꿔가면서 많은 역할을 하고, 인식 활동에 능동적이고 수동적으로 설정된 것이 모두 사고 양식의 속성에 의존한다는 점을 알게 될 것이다. 바서만 반응과 매독의 관계를 나타내는 사실에서 오늘날 우리에게 '매독'은 가장 능동적으로 구성된 개념이고, '바서만 반응의 개념'은 덜 능동적으로 구성된 개념이다. 바서만 반응과 매독의 관계 자체의 양식은 수동적으로 주어지는 것임이 틀림없다. 매독을 죄에 물든 쾌락에 대한 -보다 높은 존재가 내리는- 징벌로 주어지는 화류병이라고 보는 사람들에게는 이 질병이 수동적(객관적)으로 주어진다고 생각될 것이지만, 바서만 반응은 매독과 아무 관계 없는 능동적(인위적)인 구성에 불과하다고 생각될 것이다. 왜냐하면, 임질과 다른 성병도 모두 화류병으로 파악되는 매독으로 계산되어야만 할 것이기 때문이다. 또한, 매독을 오늘날 우리가 생각하는 것과 같은 방식으로 한정하여 보는 사람이 있었다 하더라도, 그 역시도 여전히 바서만 반응에 대한 관계를 (우리가 어떤 방식으로 이 반응을 그에게 알려준다 하더라도) 명증적으로 보지 못했을 것이다. 왜냐하면, 반응 결과는 질병의 단계에 의존하

야 한다.

사실이란 이러한 방식으로 일어나는 '사고 집단의 저항 표시'로 정의된다. 이러한 사실에는 아이가 어디에 세게 부딪쳐 아파서 우는 소리에서 환자의 환각 상태를 넘어 과학의 복잡하게 뒤엉킨 체계에 이르기까지 가능한 확인 방식의 총 도수Skala가 모두 포함되어 있다.

하나의 사실은 결코 다른 사실과 완전히 무관한 것이 아니다. 사실은 다소 다르게 표시되는 별개의 것들이 결합된 덩어리로 나타나기도 하고, 자신의 고유한 법칙에 따르는 지식의 체계로서 나타나기도 한다. 그래서 각 사실은 많은 다른 사실들로 환원되고, 또한, 변화와 발견은 모두 본래 각 영역에 무제한 영향을 미친다. 지식이 축적되어 조화롭게 발전된 체

고, 따라서 그것은 절대적·객관적·독립적으로 나타나는 질병과 양립할 수 없기 때문이다. 그는 무신론적 명민함gottlose Spitzfindigkeit에서 (필연적으로 생각하면서) 반응, 매독의 한계, 매독의 분류를 설명할 것이다. 왜냐하면, 화류병이란 실험실에 적합한 혈액의 분석에 의해 결정되기보다 도덕적 양심의 분석에 의해 더 잘 결정될 것이기 때문이다. 102쪽에 언급된 16세기 질병의 역사는 바서만 반응과 다른, 일찍이 벌 받은 신실한 젊은이의 기억을 통해 형성된 죄에 기초하여 매독을 진단한다. 이 경우에는 우리의 개념에 따른 매독이 아니다. 그 당시의 개념에 따르면, 그것은 화류병이다. 이 질병의 역사를 저술한 저자에게는 바서만 반응과 매독에 대한 바서만 반응의 관계가 전혀 자명한 것이 아니었고, 심지어 잘못된 발명이었을지도 모르겠다. 16세기에 나온 매독을 화류병이라고 보는 결의론에서 그 관계는 매우 흥미롭다. 도식적으로는 오늘날 우리가 말하는 매독의 일반적인 모습과 상응할지 모르지만, 세부적으로는 결정적인 차이가 있다. 매독은 다음과 같은 현상의 결과이다. 즉 성교에 따른 1차 감염이 귀두의 반점으로 나타나고, 일정한 휴지기가 지난 후에 다시 반점이 나타나는 것이 일반적인 증상이다. 그러나 (102-103쪽에 서술한 것처럼 시간 간격, 개별 증상 등에서) 세부적인 것은 이 질병의 실체가 나타내는 오늘날 행태와 일치하지 않는다. 오늘날 행태가 이미 어느 정도 암시되고 있었지만, 세부적인 내용은 많은 부분이 후대에 와서 비로소 채워졌다. 행태는 말하자면 세부 내용의 현실화를 추구한다. 또한, 그대로 남아 있을 수 없는 경우에는 행태가 새로운 적합한 것을 알려준다. 이 새로운 적합한 것을 찾는 것이 단순히 오류였을까? 아니면 포괄적인 개념의 탄생이 처음에는 너무 폭넓고 모호한 것처럼 보이다가 나중에 내용적으로 풍부해지고, 이를 통해 비로소 엄밀하게 한정되는 것처럼 보이는 것일까?

계는 다음과 같은 특징을 지닌다. 그것은 새로운 모든 사실이 기존의 모든 사실을 –비록 미미하다 할지라도– 조화롭게 변경시켰다는 점이다. 이때 발견이란 모두 구축된 사고 집단의 세계 전체를 새롭게 창조하는 일을 말한다.

이렇게 하여 사실의 다방면에 걸친 관련 운행이 일어난다. 이 운행은 끊임없는 상호작용에 의해 균형을 유지한다. 이 서로 엮인 관련 운행의 광주리가 '사실의 세계'에 강한 견고성을 부여하고, 불변하는 현실의 느낌과 자립하는 세계의 실존을 일깨워 준다. 지식 체계 간의 상호 관련이 적을수록, 지식은 더욱더 마술적인 것이 되고, 현실은 덜 안정적이고 더욱더 경이로운 것이 되는 경향이 있다. 그것도 언제나 집단적인 사고 양식에 따라 일어난다.

사고 양식의 공동체적 담지자를 우리는 사고 집단이라 부른다. 사고 집단을 우리가 사고활동의 사회적 제약을 연구하는 수단으로 이용하듯이, 사고 집단의 개념에 우리는 어떤 불변적인 단체나 사회계급의 가치를 부과해서는 안 된다. 사고 집단은 말하자면 실체적 개념이라기보다 –물리학의 중력장 개념Kraftfeldbegriffe과 비교될 수 있는– 기능적 개념이다. 사고 집단은 두서너 사람이 서로 생각을 교환할 때 생겨난다. 그것은 순식간에 생겨났다 사라지는 일시적이고 우연적인 사고 집단이다. 그러나 이 사고 집단에 특정한 사람들이 함께 들어오면, –달리 참여자를 붙잡아 둘 방도가 없지만– 종종 다시금 집단이 형성되는 독특한 분위기가 생겨난다.

이 우연적이고 **일시적인** 사고 집단 외에 **안정적**이거나 비교적 안정된 사고 집단도 있다. 이 안정된 사고 집단은 특히 잘 조직된 사회단체 주변에서 형성된다. 더 큰 단체가 충분히 오래 지속되면 우리는 사고 양식을 갖추게 되고, 또한, 형식적 구조도 얻게 될 것이다. 완성된 사고 양식의 실행은 어떤 규율되고 동등하며 신중한 수준 위에 내려앉는 창조적인 분위기를 자아낸다. 이러한 상황 속에서 오늘날 과학은 특수한 사고 집단의 형성을 나타낸다.

사고 공동체는 공식적인 공동체와 완전히 일치하지 않는다. 어떤 종교적 사고 집단에는 실제로 신앙을 가진 모든 사람이 속한다. 공식적인 종교 공동체에는 종교에 대해 어떤 생각을 하고 있는지에 상관없이 형식상으로 종교를 받아들이는 모든 구성원이 속한다. 그리하여 우리는 형식상으로 어떤 교구에 속하지 않더라도, 종교적 사고 집단에 속할 수 있다. 거꾸로 종교적 사고 집단에 속하지 않으면서도 우리는 어떤 교구에 살 수 있다. 그리고 사고 집단의 내적 구조, 즉 조직도 공식적인 의미에서 말하는 공동체 조직과 다르다. 다시 말해 공동체 주변에서 생겨나는 정신적 지도자와 조직은 공식적인 위계질서 및 조직과 일치하지 않는다.

안정된 사고 집단 속에서 우리는 사고 양식과 사고 집단의 보편적인 사회적 특성을 그 상호관계에서 충분히 탐구할 수 있다. 이렇게 안정된 (또는 비교적 안정적인) 사고 공동체는 달리 조직된 공동체Gemeinden[10]와 마찬가지로, 어느 정도 형식적·내용적으로 외부와 차단되어 있다. 사고 공동체Denkgemeinde는 법률적 제도와 관습에 따른 제도, 이따금 특별한 언어 또는 적어도 특수한 단어 등에 의해 –절대적으로 묶여 있는 것은 아닐지라도– 형식적으로 차단되어 있다. 예를 들어 우리는 오래된 길드 조합Zünfte이 특수한 사고 공동체라고 생각한다. 그러나 중요한 것은 사고 집단이 특수한 사고 세계로서 내용적으로 차단되어 있다는 점이다. 모든 상업 거래, 예술의 영역, 종교적 공동체, 지식의 영역에는 도제 기간이 있다. 이 도제 기간에 순수 권위주의적인 사상적 암시가 일어난다.

---

10 여기서는 최소한의 행정구역 단위를 말한다—옮긴이 주.

이 암시는 어떤 '보편적이고 합리적인' 사상 구조로도 대체될 수 없다. 전문가에게만 합법적인 기준이 되는 가능한 최선의 과학 체계, 과학의 궁극적인 원리 구조가 초보자에게는 이해될 리 만무하다. 이러한 상황을 우리는 이미 혈청학의 사고 차단[폐쇄]에서 설명했다. 혈청학에는 단지 ('합리적'이 아닌) 전통적인 의례Einweihung만 있을 뿐이다.

그래서 모든 교훈적인 소개는 언어적으로 '이끌어주는 것Hinein-Führung, 즉 부드러운 강압이다. 교육학도 과학의 역사적 방법을 활용함으로써 많은 도움을 받는다. 왜냐하면, 더 오래된 개념은 사고가 덜 전문화되어 있다는 이점이 있고, 따라서 신참에게는 쉽게 이해되기 때문이다. 그밖에 오래된 개념은 잘 알려져 있고, 따라서 이미 많은 도제의 신뢰를 받고 있다. 어떤 사고 양식에서 의례는, 따라서 과학적 입문은 인식론적으로 우리가 민속학과 문화사에서 알고 있는 의례와 유사하다. 의례 작용은 단지 형식적으로 일어나는 것이 아니다. 신성한 정신이 신참의 머리 위에 내려앉고, 지금까지 신참에게는 보이지 않던 것들이 보이기 시작한다. 이것은 사고 양식에 동화된 결과다.

모든 사고 공동체의 조직적 차단은 허용된 문제를 사고 양식에 따라 제한하는 것과 별도로 일어난다. 언제나 많은 문제가 무시되거나 사소하고 무의미한 것으로서 배제될 것이다. 근대 자연과학도 또한, '실제로 일어나는 문제'와 필요 없는 '가상의 문제'를 구별한다. 이 구별에서 특수한 가치평가와 특징적인 편협함, 즉 폐쇄적인 각 공동체에 공통적으로 들어있는 특징이 생겨난다.

모든 사고 양식과 나란히 그 실천적 효력, 즉 응용도 일어난다. 모든 사고는 응용될 수 있다. 왜냐하면, 추측하는 것이 적합한지, 적합하지 않은지 입증하는 것도 또한, 사고 활동을 요구하기 때문이다. 따라서 증명도 전제처럼 사고 양식과 밀접한 관련이 있다. 사고상의 강압, 사고 습관, 또는 적어도 사고 양식이 다른 사고와 갈등을 빚는 대항의지 Widerwille는 사고의 응용과 사고 양식 간의 조화를 감시한다. 길드 조합은 분명히 실천적 목표를 지향하는 공동체다. 직업에 따라 그때마다 다르게 생겨나는 유사한 실천적 문제를 우리는 어떻게 풀어갈 것인가? 이 물음을 풀어가는 것이야말로 교육의 힘이다. 예를 들어 그림이 그려진 벽면의 틈새는 방에 그림을 그리는 화가와 인테리어 업자에게 전혀 다른 것으로 보일 것이다. 화가는 벽면의 손상을 보고, 틈새에 맞게 벽면을 취급할 것이다. 인테리어 업자는 벽면의 구조를 걱정하고, 실제로 벽면 내부의 깊숙한 곳을 들여다보는 경향이 있다. 이들의 생각이 양식에 따른다는 것은 각자의 생각을 적용해 가는 곳에서 그대로 드러난다.[11]

위에서 언급했듯이, 사고 자체의 공동체를 나타내는 공통된 구조적 징표는 모두 어쩌면 형식적·내용적으로 안정적인 집단(예를 들어 교회 공동체, 무역동맹 등)의 조직과 무관하게 존재한다. 이 사고 공동체의 일반적인 구조는 다음과 같다. 즉 그것이 신앙적 도그마든, 과학적 이념

---

[11] 이와 비슷하게 웍스퀼Uexküll도 많은 관계에서 적어도 세계상이 주관적으로 제약된다는 문제를 알고 있었다(Uexküll, *Theoretische Biologie*, Berlin, 1928, S. 30). "물리학은 객관적 세계가 절대적으로 존재한다는 믿음을 가지고 완벽하게 자신을 확신하고 있다."(S. 61) "이에 대해 생물학은 세계가 있듯이, 주관도 있고, 모든 세계는 오직 주관과의 관계에서만 이해될 수 있는 현상의 세계라고 주장한다." 그리고 같은 책, 231쪽에서는 "우주는 기능한다는 범위 내에서 보면, 완벽하게 계획된 전체와 결부된 환경세계를 갖춘 주관"이라고 말한다. 따라서 주관적이지 않은 우주와 완벽한 계획이 과연 있을까? 우리가 받아들일 수 없는 웍스퀼의 환경론 명제를 모두 차치하더라도, 그의 문제 해결에는 인식의 사회적 요인에 대한 올바른 가치평가가 결여되어 있다. 또한, 웍스퀼은 언급하는 세계Merkwelt와 작용하는 세계Wirkwelt를 구분했다. 우리는 이 구분에도 동의할 수 없다. 왜냐하면, 이 구분은 실제로 존립할 수 없고, 불필요한 형이상학에 빠져들고 말 것이기 때문이다. '언급'Merken은 어떤 '작용'Wirken없이 단지 수동적으로만 일어나는가? 아니면 거꾸로 작용은 언급 없이 능동적으로 일어나는가? '작용'과 그 결과는 '언급'에 의해 일어나는 것과 달리 평가될 수 있는가?

이든, 예술 사상이든 간에, 모든 사고의 형성에는 사고 집단의 구성원이 속하는 더 작은 비밀스러운 사적 영역kleiner esoterischer Kreis과 더 큰 공개된 공적 영역glößerer exoterischer Kreis이 있다. 하나의 사고 집단은 많은 영역과 서로 교차하면서 성립한다. 개인은 많은 공적 영역에 속하고, 사적 영역에는 거의 –아니 전혀– 속하지 않는다. 회원들 간에는 단계적 위계질서가 있고, 어떤 한 단계와 다른 영역을 결합시키는 많은 연결고리가 있다. 공적 영역은 사고의 형성과 직접 관련이 없고, 오직 사적 영역의 매개에 의해서만 사고의 형성에 관계한다. 사고 양식의 형성에는 많은 사고 집단 구성원이 관여하고, 집단 구성원은 오직 회원에 대한 신뢰에 기초한다. 그러나 회원들은 결코 별개의 존재가 아니다. 그들은 다소 –의식적으로든 무의식적으로든– '여론', 즉 공적 영역에서 통용되고 있는 생각들에 의존한다. 이렇게 여론 의존적인 방식에서 일반적으로 사고 양식의 내적 폐쇄성과 이를 지속적으로 지켜가려는 견고화의 경향Beharrungstendenz이 생겨난다.

이로써 그때마다 생겨나는 사적 영역은 공적 영역과 관련을 맺는다. 그것은 우리가 사회학에서 대중에 대한 엘리트의 관계라고 알고 있는 것과 같다. 대중이 보다 강력한 위치를 차지하게 되면, 그 관계는 민주적 특징을 주조해낼 것이다. 우리는 여론에 민감하고, 엘리트는 대중의 신뢰를 얻으려고 애쓴다. 바로 이러한 상황에서 오늘날 대부분 자연과학적 사고 집단도 형성된다. 엘리트의 지위가 강화되면, 엘리트는 대중과 일정한 거리를 유지하려고 애쓸 것이고, 자신을 군중과 격리시키려고 할 것이다. 그러면 비밀과 독단이 사고 집단의 삶을 장악하게 된다. 이러한 상황에서 종교적 사고 집단이 생겨난다. 전자의 민주적 형식은 이념의 발전과 진보로 나아갈 것임에 틀림없고, 후자의 비밀과 독단이 지배하는 집단은 상황에 따라 보수주의와 경직성에 빠지고 만다.

개인도 또한, 집단 내의 사고 교류Denkverkehr에서 각기 특별한 자리를 차지한다. 예를 들어 스승과 제자처럼 두 개인 사이에는 심적으로 높은 지위와 낮은 지위를 나타내는 관계가 있다. 그것은 본래 개인 간의 관계가 아니라 엘리트와 대중 간의 관계다. 따라서 엘리트와 대중의 관계는 한편으로 근원적으로 신뢰에 의존하고, 다른 한편으로는 여론, 즉 '건전한 인간오성'에 의존한다. 동일한 사고 집단 내에 동등한 심적 수준을 지닌 두 사람이 있다면, 이 두 사람 사이에는 언제나 초개인적 이념에 기여하는 어떤 사고 연대성Denksolidarität의 감정이 들어있다. 이 연대성의 감정이 두 사람을 서로 지적으로 의존하게 하고, 공통된 분위기를 불러일으킨다. 한번 제기된 물음은 원칙적으로 결과 없이 남아 있을 수 없다. 모든 물음은 숙고되고, 사고 양식 속에 자리 잡는다. 이러한 심정적 동지는 몇 문장만 말해도 느낄 수 있고, 따라서 참된 이해가 가능해진다. 반면에 우리에게 심정적 동지의식이 없다면, 우리는 서로 모르고 지나쳐 버릴 것이다. 그리하여 모든 집단 내의 사고 교류는 특수한 의존 감정에 의해 지배받게 된다. 사고 집단의 일반적인 구조는 다음과 같은 사실을 필요로 한다. 그것은 **집단 내의 사고 교류가 그 사회학적 사실로 인해 –내용이나 논리적 정당성과 상관없어– 사고 형성의 강화를 불러온다**는 점이다. 회원에 대한 신뢰, 여론에 대한 의존성, 동일한 이념의 생성에 기여하는 동등한 수준의 구성원들이 지닌 사상적 연대성 등은 모두 동일한 지향 목표를 향한 사회적 힘이다. 이 사회적 힘이 모든 공통적인 특수 분위기를 만들어내고, 언제나 사고 형성에 강력한 연대성과 양식에 따르려는 의지를 부여한다. 사적 영역과 시간적·공간적 거리가 멀수록, **같은 사고 집단 내의** 생각들을 오랫동안 매개할수록, 생각은 더욱더 확실하게 나타난다. 결합이 어린 시절 사상적 교육에서 나온 것이거나 몇 세대를 거친 전통에서 나온 것이라면, 그 결합은 바위처럼 단단해질 것이다.

어느 발전 단계에 이르면, 사고 습관과 규범은 자명한 것이 되고, 더 이상 숙고할 필요가 없는 유일하게 가능한 것으로서 받아들여진다. 그러나 한번 의식되었다 하면, 그것은 또한, 초자연적인 것, 독단, 가치체계 또는 유용한 관습으로 생각될 수도 있을 것이다. 이와 관련해서는 과학의 역사, 스포츠의 역사(고대의 반#종교적이었던 활동에서 근대의 건강을 위한 스포츠에 이르기까지)를 비교해 보라.

근대사회의 복잡하게 뒤엉킨 구조는 사고 집단이 공간적·시간적으로 매우 꼬여 있고, 서로 관련되어 나타나기 때문에 그렇다. 우리는 (예를 들어 상인들의 사고 공동체, 군인들의 사고 공동체 등과 같은) 직업의 사고 공동체, 스포츠, 예술, 정치, 의복의 유행, 지식, 종교 등의 사고 공동체를 본다. 하나의 사고 공동체가 더 전문화되고 내용적으로 한정될수록, 구성원들의 특수한 사고 결합은 더욱더 공고해진다. 이 결합은 민족과 국가, 계급, 연령의 한계를 훨씬 뛰어넘는다. 스포츠나 정신Spiritismus의 사회적 역할을 비교해 보라. 스포츠 생활에서 시합match, 반칙foul, 낙승walkover[12] 등과 같은 특수한 용어, 정치에서 디마쉬demarche(외교적 또는 정치적 책략), 폭로exposé, 주식거래에서 균형Salddo, 계정konto, 매수자hausse(강세 쪽), 매도자baisse(시세 하락을 예상하고 파는 사람), 예술에서 소도구staffage, 표현Expression 등은 민족 언어의 한계에도 불구하고 그 사고 집단 내에서 특유하게 사용되는 용어들이다. 이들은 모두 인쇄된 문자, 영화, 라디오 등이 사고 공동체 내에서 사상적으로gedankliche 영향을 미칠 수 있게 하는 용어들이고, 또한, 거리상으로 아무리 멀리 떨어져 있고 인적 교류가 거의 없다 하더라도, 사적 영역과 공적 영역 간의 연관을 가능하게 해 주는 용어들이다.

---

[12] 경쟁 상대가 없어 걸어가도 이기는 게임을 말한다—옮긴이 주.

사고 집단의 일반적인 구조에 대한 좋은 예는 패션계의 사고 공동체가 제공해 준다. 그것도 다만 우리가 패션을 쫓는 사람들의 심적 공통성을 파악할 뿐이고, 통상적인 경제적·사회적 요인이나 특수한 직업적·상업적 유행의 요인을 무시해 버리는 한에서 말이다. 그리하여 문제 되는 것은 근대라는 시대 전체를 통해 유행했던 내용과 무관한 유행이라는 사고Mode-Denken 자체다.

유행하게 될 것을 즉각 알아차리고 이를 무조건 중요하다고 생각하는 준비성, 다른 집단에 속하는 사람들과 연결되어 있다는 연대성의 느낌, 은밀한 사적 존재에 대한 무한한 신뢰가 유행이라는 사고 집단의 독특한 분위기를 만들어낸다. 유행에 가장 충실하게 따르는 사람들은 스스로 공적 영역에 있음을 알게 된다. 유행은 사적 영역의 강력한 독재자와 직접 접촉하지 않는다. 말하자면 오직 집단 내의 교류를 활성화시키는 방식에서 탈개인화된, 집단 내 교류의 방식에 의해 강요된 전문적인 '창조'가 유행이 된다. 유행에 동기를 조금 부여하는 것이란 없다. 유행은 간단하게 다음과 같이 말한다. "이것이 올겨울에 필요한 것이어요."ce qu'il vous faut pour et hiver, "파리 여자들이 입고 있지요."à Paris la femme porte …, "파리사람들 사이에서는 많은 젊은 여성들이 봄에 선보이죠."Lancé au printemps par quelques jeunes femmes de la société parisienne … 이것은 매우 강한 방식의 강압인데, 그 이유는 그것이 힘으로 의식되는 것이 아니라 자명한 필연성으로 의식되기 때문이다. 이 필연성을 인정하지 않거나 인정할 수 없다고 믿는 사람들에게는 필연성이 고통이다. 그녀는 내쫓기거나 찍혔다는 느낌을 받는다. 왜냐하면, 집단 내 모든 동료가 자신의 배반을 곧 눈치챌 것이라는 점을 그녀도 잘 알고 있기 때문이다. 사적 영역의 사람들에게 강압은 훨씬 덜 할 것이다. 그들은 스스로에게 많은 새로운 것을 허용할 것이고, 이 새로운 것이 나중에 사고 집단의 교류에서는 강압이 된다. 그러나 새로운 것은 자신의 고유한 창조 양식을 특정한 '필연적인 관계'와 관련짓는다. 예를 들어 황제의 허리에 바로크식 소매 없는 옷을 두르게 하거나 그 비슷한 짓을 할지도 모른다.

사고 양식을 서로 비교해 보면, 즉각 우리는 두 개의 사고 양식 사이에 크고 작은 차이가 있을 수 있다는 점을 알게 된다. 그래서 물리학자의 사고 양식이 우연히 생기론자들Vitalisten의 사고 양식과 유착되지 않는다면, 일반적으로 물리학자의 사고 양식과 생물학자의 사고 양식 간에는 별로 차이가 나지 않을 것이다. 그러나 물리학자와 문헌학자를 문제 삼을 때, 그 차이는 매우 크다. 또한, 근대 유럽의 물리학자와 중국의 의사 또는 카발라 신비주의자Kabbala-Mystiker들[13] 간의 사고 양식은 차이가 너무 크다. 이러한 경우에는 사고 양식의 불일치가 너무 커서 이들 간의 차이에 비해 물리학자와 생물학자 간의 일반적인 차이는 사라지고 만다. 우리는 양식의 뉘앙스, 양식의 다양성, 별도의 양식에 관해 직접 말할 수 있을 것이다. 그러나 사고 양식에 관한 완벽한 이론을 구축하는 것이 우리의 당면 과제일 수는 없다. 우리는 다만 집단 간의 사고 교류에 관해 몇몇 특징을 좀더 언급해 보자.

두 사고 양식 간에 차이가 클수록, 사고의 교류는 점점 줄어든다. 집단 간에 관계가 있다면, 그것은 해당 집단의 특이성과 무관한 공통된 특징을 나타낼 것이다. 우리는 다른 집단의 원리를 –일반적으로 언급할 때- 자의적인 것으로서 받아들이고, 다른 집단의 원리를 정당화하는 것은 선결문제 미해결의 오류petitio principii에 빠지게 된다. 다른 사람의 사상

---

[13] 카발라히브리어: קַבָּלָה, Kabbalah는 유대교 신비주의를 말한다. 히브리어 '키벨'에서 유래한 '전래된 지혜와 믿음'을 가리키는 말이다. 카발라는 신비주의의 양식을 그대로 좇는다. 많은 유대인은 카발라가 토라에 내재된 깊은 의미를 연구하는 것으로 본다—옮긴이 주.

양식Gedankenstil은 신비주의처럼 느껴진다. 사상 양식이 다른 사람들에 의해 거부되는 물음도 종종 매우 중요한 것으로 고찰된다. 다른 사람의 설명이 증명되지 않았거나 핵심을 벗어난 것으로 고찰되기 때문에, 이들의 문제는 종종 중요하지 않거나 무의미한 유희로 고찰되기도 한다. 그때마다 집단과 유사한 것에 따라 생겨나는 별도의 사실과 별도의 개념은 (예를 들어 자연과학에 의해 '정신적 사실'이 주목받지 못하듯이) 단순히 주목받지 못하는 자의적인 발명으로 간주되거나, −덜 분화된 집단의 경우에는− 다른 것을 나타내게 된다. 즉 (동일한 정신적 사실이라도 예를 들어 신학자들에 따라 다르게 받아들여지듯이) 다른 사고 언어로 번역되거나 받아들여지게 된다. 그래서 자연과학도 많은 연금술의 사실을 넘겨받았다. 이른바 건전한 인간오성은 일상적인 사고 집단을 개인화시킨 것이다. 그래서 건전한 인간오성은 많은 특수한 사고 집단을 위한 보편적인 기부자가 되었다.

언어 자체가 어떤 특수한 집단 간의 교역상품이 되기도 한다. 왜냐하면, 모든 언어는 사고 양식에 따라 다소 뚜렷한 색채를 띠기 때문이다. 이 언어의 색채는 집단에서 집단으로 이행됨으로써 변하고, 집단 간의 이행과 함께 그 의미도 달라진다. 물리학자와 문헌학자 또는 체육인이 사용하는 '힘', '에너지', 또는 '노력'이라는 말의 의미를 비교해 보자. 또는 철학자와 화학자가 사용하는 '설명', 또는 예술가와 물리학자에게 '빛', 법률가와 자연과학자에게 '법칙'이라는 단어의 의미도 비교해 보자.

이로써 우리는 간단히 모든 집단 간의 사고 교류는 사고 가치의 전환 또는 변화를 초래한다고 말할 수 있다. 이렇듯 사고 집단 내의 공통적인 분위기가 사고 가치를 보강해 주듯이, 집단 간의 사상Gedanken이 바뀌는 동안에 겪는 분위기 전환은 가능한 −아주 미세한 색채 변화에서 거의 완전한 의미 변화를 넘어서 모든 의미를 부정하기에 이르기까지- 전체 범위에서 사고 가치 도수 변화를 불러온다(자연 연구자들의 사고 집단에서 사용되는 철학적 용어 '절대적'의 운명을 보라).

우리는 1장에서 하나의 사고 공동체에서 다른 사고 공동체로 전환됨에 따라 매독 개념이 어떻게 변했는지 서술했다. 개념의 변화는 언제나 공동체의 구조가 변하고, 새로운 집단의 사고 양식 전체가 조화롭게 변함으로써 일어난다. 사고 양식의 조화로운 변화는 집단 개념을 서로 연결시켜 줌으로써 일어나고, 집단 개념은 사고 양식의 개념과 연결된 매듭에 의해 발생한다. 이 사고 양식의 변화-다시 말해 목표를 지향하는 지각을 위한 준비의 변화-가 새로운 발견을 가능하게 해주고, 새로운 사실을 창조한다. 이것이 집단 간 사고 교류의 가장 중요한 인식론적 의미다.

개인은 더 많은 사고 공동체에 속하고, 집단 간에 일어나는 사고 교류의 동력으로서 작용한다. 이러한 개인에 대해 우리는 다음과 같이 말할 수 있다. 사회적 현상으로서 사고의 양식에 따르는 세부 내용Einheitlichkeit은 개인의 논리적 사고 체계보다 훨씬 더 강하다. 논리적으로 모순되는 개인의 사고 요소라 하여 모두 심리적 모순에 봉착하는 것은 아니다. 왜냐하면, 양자, 즉 논리적 모순과 심리적 모순은 서로 별개의 사항이기 때문이다. 예를 들어 어떤 연관은 신앙의 문제事象, Sache로서 타당하고, 다른 연관은 지식의 문제로서 타당하다. 두 영역은 서로 영향을 주고받지 않는다. 심지어 두 영역을 나누는 것조차 논리적으로 정당하지 못하다. 한 사람이 아주 유사한 사고 집단에 참여하기보다는 전혀 갈래가 다른 사고 집단에 참여하는 일이 더 빈번하게 일어난다. 예를 들어 물리학자가 종교적 사고 양식이나 영성주의에 빠지는 경우가 종종 있었고, 그러한 일은 지금도 빈번하게 일어난다. 하지만 대체로 생물학이 자립적인 학문 영역이 된 이후에 물리학자가 생물학에 관심을 두는 일은 거의 없어졌다. 많은 의사가 역사나 미학 연구에 종사하지만, 자연과학의 연구에는 거의 종사하지 않는다. 사고 양식들이 아주 다르면, 하나의 동일한 개인 속에서도 사고 양식의 폐쇄가 일어날 수 있다. 이에 반해 유사한 사고 양식이 문제인 경우에는 사고 양식을 분리하는 것이 거의 불가능하다. 사고 양식 간의 싸움은 사고 양식의 상호 병존을 불가능하게 하고, 당사자를 아무런 생산성이 없는 존재로 만들어 버리거나 특수한 한계 영역의 양식을 만들어내는 것쯤으로 치부해 버린다. 이렇게 개인의 내부에서 유사한 사고 양식이 공존할 수 없다는 것은 사고가 목표로 하는 문제를 한정하는 것과 무관하다. 우리는 동일한 문제에 대해 아주 유사한 사고 양식을 적용하기보다 전혀 다른 사고 양식을 더 자주 사용한다. 의사의 질병 연구는 임상의사의 (또는 세균학적) 관점과 순수 화학적 관점에서 동시에 연구하기보다 임상의사의 (또는 세균학적) 관점과 문화사적 관점에서 동시에 연구하는 일이 더 자주 일어난다.

위에서 나는 풍부한 자료를 가지고 생각의 교류가 일어나는 몇몇 작은 현상을 살펴보았다. 이 서술이 단편적이라는 점을 나도 잘 알고 있다. 그렇지만 이것만으로도 특별히 자연과학적으로 훈련받은 이론가들에게 다음과 같은 사실을 보여주기에는 아마도 충분할 것이다. 그것은 아무리 지식의 단순한 이동이라 하더라도, 결코 유크리트 공간에 있는 고체의 위치 이동과 비교될 수 없다는 점이다. 생각의 교류는 결코 생각의 개조 없이 일어나지 않는다. 오히려 생각의 교류는 언제나 양식에 따른 생각의 개조와 함께 일어나고, 집단 내적으로 보강되면서 일어나고, 집단 간의 원칙적인 변화와 함께 일어난다. 이 점을 간파하지 못한 사람은 결코 적극적인 인식론에 도달하지 못한다.[14]

14 사고 형성의 사회적 소통이 어떤 결과를 초래할지 사회학자들은 원칙적으로 잘 알고 있다. 예를 들어 짐멜G. Simmel은 특히 『사회학』*Soziologie*(1908) 2장에서 사회적 분화에 관해 말한다. 르봉G. LeBon의 유명한 책, 『바보들의 심리학』 *Psychologie des foules*(1895)은 순간적으로 모인 군중에 관해, 그것도 군중의 정서적 분노 상태에 관해 주로 다루고 있다. 이것은 매우 드문 일이다. 르봉은 장소적으로 전혀 통일되어 있지 않은 우연한 공동체를 규율하고 정적으로 탐구되는 심리학과는 거리가 먼 것처럼 보인다. 그는 자신의 책에서 또한, 집단 암시에 걸린 또 다른 상황에 관해 묘사하고 있다. 즉 조난당한 보트를 발견하고 모든 뱃사람은 그 보트에 많은 사람이 타고 있다고 보았고, 심지어 그들이 신호를 보내고 고함치는 소리를 들었다고 말했다. 이 집단적 환상은 뱃사람들이 보트를 향해 다가가자 마지막 순간에 갑자기 사라져 버렸다. 그것은 보트가 아니라 가지와 잎을 물속에 드리우고 있는 나무로 밝혀졌다. 바로 이런 경우야말로 수많은 발견이 일어나는 전형으로 간주될 수 있을 것이다. 그것은 분위기에 따라 형태를 보는 것과 갑작스러운 반전, 즉 다른 종류의 형태를 보는 것을 말한다. 앞서 나타난 형태가 어떻게 가능했고, 앞선 형태와 모순되는 것이 어떻게 –아무도 눈치 채지 못한 채– 있었는지 일반적으로 우리는 즉각 알 수 없다. 이러한 일은 과학적 발견의 상황에서도 똑같이 일어난다. 과학적 발견이란 다만 흥분과 열정적인 활동에서 평정과 지속적인 활동으로 옮겨간 것뿐이다. 수많은 세대를 거쳐 지속해 온 집단의 제도화된 침착한 분위기가 –열정적 분위기가 환상을 만들어내듯이– 마찬가지로 '현실적인 형상'을 만들어낸다. 르봉의 사회학과 과학적 발견의 두 경우에는 모두 분위기의 전환(사고 양식의 전환)과 형상의 전환이 나란히 일어난다. 르봉은 단순히 순간적으로 모인 군중의 흥분을 알았기 때문에, 모든 사회화의 과정에서 심리적으로 일어나는 질적 저화 현상을 보았던 것이다. 맥두걸W. McDougall은 『집단적 마음』*The Group Mind*(1920)에서 "집단이 개인의 속성들로 이루어진" 힘을 조직에 부과했고, 이로써 사회화 과정에서 일어나는 부정할 수 없는 적극적 가치를 추구했다. 프로이트S. Freud는 (『집단심리학과 자아 분석』*Massenpsychologie und Ich-Analyse* (1921)에서 군중과 개인의 동일성과 지도자의 공통된 자아 이상을 가정함으로써 군중의 행동과 느낌의 공동체성Gemeinschaflichkeit을 개인 심리학적 요소로 해결하려고 했다. 맥두갈과 프로이트의 관점에서는 집단 영혼의 특수성과 집단 영혼에 수반되지 않는 것을 설명할 수 없다. 한스 켈젠Hans Kelsen은 집단 영혼의 개념에 강력하게 반발한다("국가의 개념과 사회심리학"Der Begriff des Staates und die Sozialpsychologie, *Imago*, 1922, VIII, 2. S. 97ff). "영적인 것은 오직 개인에게서만 가능하다. 다시 말해 개별 인간의 영혼에서만 가능하다. 모든 초개인적인 것을 상정하는 것은 개별 영혼의 피안에 있는 형이상학적 특징을 지녀야만 한다. …" 그것은 우리가 개별 영혼 밖에서 개인들 사이의 공간을 채우는 또 하나의 공간, 모든 개별자를 포괄하는 집단영혼을 가정하는 것과 같을 것이다. 논리적으로 숙고해 보아도, 신체 없이 영혼은 경험될 수 없다. 따라서 집단영혼이 있다는 생각은 반드시 개별 신체와 별개로 존재하는 집단 신체를 가정하는 것으로 나아가게 된

4. 근대과학의 사고 집단에 나타난 몇몇 징표들

사고 사회적·인식론적 의미에서 학술지 과학, 편람 과학과 통속 과학. 근대과학에 나타난 사고 집단의 민주적 특징

다. 이 집단 신체 속에 집단 영혼은 감금되어 있다(S. 125). "인식 비판적 관점에서 이 신화적 방법은 오직 인식 때문에 결정되고 인식을 통해서만 결정될 수 있는 불변적인 것들feste Dinge의 내적 관계를 바꾸고, 실체 속에서 작동하는 기능을 바꾸기 위한 잘못된 경향이고, 따라서 극복되어야만 하는 것을 의미한다."(S. 138) 이 진술은 아마도 (논쟁적 근거에서) 의도적으로 과장하여 묘사한 것처럼 보인다 (누가 공간을 가득 채우고 있는 영혼을 진지하게 생각해 보았던가?). 이 점을 제외한다면, 켈젠이 그렇게 두려워했던 사회의 구체화, 실체화도(S. 139) 그다지 위험한 것이 아니다. 왜냐하면, 실체 자체가 바로 동일한 시간대에 작동할 것이기 때문이다. 새로운 과학에는 우리가 50년 전에 알았던 것과 같은 의미에서 사용되는 실체 개념이란 없다. 이 실체 개념에는 심리학적·사고사적으로 설명되어야 할 사고의 특징과 거의 상상적인 것 외에 아무것도 남아 있지 않다. 직접 지각되어야만 하는 특수한 형태로서 '물체'의 형상에 우리는 어떻게 접근할 수 있을까? 우리는 일상생활 속에서 (더 많은 감각으로, 특히 촉각, 고통감, 근육감, 시각으로) 추론이나 습관에 의하지 않고 즉각 '물체'를 지각한다. 이 사실을 우리는 하등 의심하지 않는다. 그러나 분석은 이 '물체'를 기능으로 해체시켜 버린다.

물리학과 같이 매우 엄밀한 과학은 '실제적인'wirkliche 현상에 부합하는 것이 아니라 실체화된 허구에 부합하는 통계적 자료, 예를 들어 평균이나 개연성의 가치를 가지고 연구하는 것을 –아니 '실제적인' 현상을 실체화된 허구보다 덜 '현실적인'reell 것으로 고찰하는 것을– 꺼리지 않는다. 그렇다면 우리도 사고 집단의 개념을 소개함으로써 입게 될 손해에 대해 두려워해야 할 아무 근거도 없는 셈이다. 과학이 인식을 필요로 하면, 인식은 정당화될 것이다. 이것이 내가 바라는 바다. 위에서 언급한 것처럼, 사고 집단에 의한 인식의 형성에 대해 원칙적으로 반대하는 것을 나는 낡은 생각이라고 치부해 버릴 것이다. 왜냐하면, 철학적 원칙이란[*] 돈Geld과도 같은 것이기 때문이다. 원칙은 매우 좋은 하인이지만, 아주 나쁜 주인이기도 하다. 우리는 원칙에 따라야만 한다. 그러나 원칙에 맹목적으로 끌려 다녀서는 안 된다.

생각되는 것과 실제로 존재하는 것 사이에 경계를 우리는 예리하게 긋지 못한다. 우리는 생각에 어떤 대상을 창조할 힘을 허용해야만 하고, 대상은 사고에서 유래된 것, 더 잘 이해한다면 집단의 양식적 사고에서 나온 것으로 보아야만 한다.

---

* 여기서 철학이란 '논리실증주의'를 가리킨다. 논리실증주의는 현실적 언어를 '이상적 언어'의 원칙에 맞춰 사용할 것을 촉구한다. 이러한 논리실증주의의 원칙에 맞서 프렉은 현실적 언어의 역사적 맥락에 유의할 것을 제안했다. 이 책 109쪽 참조─옮긴이 주.

위의 3절Abschnitt에서 우리는 사고 집단의 일반적 구조, 즉 그 은밀한 사적 활동 영역과 공개적으로 드러나는 공적 활동 영역, 그리고 집단 내의 사고 교류, 집단 간의 사고 교류에 관해 서술했다. 이제 과학적 사고 집단의 특수한 구조뿐만 아니라 과학의 한계 내에서 사적 활동과 공적 활동이 어떻게 일어나는지도 살펴보자. 근대 서구의 과학 구조는 많은 공통된 특징을 지니고 있다. 따라서 우리는 여기서 (어떤 물리학자들의 사고 집단, 사회학자들의 사고 집단이라는) 구체적인 사고 집단의 특수성에 관해서는 무시해 버릴 것이다.

어떤 문제에 창의적으로 접근하고, 가장 근본적인 것을 추구해 가는 연구자(예를 들어 라듐 연구자)는 해당 문제를 풀어가는 '정예화된 전문가'로서 사적 영역의 중심에 서 있다. 이러한 사적 영역에는 또한, 유사한 문제를 풀어가는 '일반적인 전문가들', 예를 들어 모든 물리학자도 속한다. 공적 영역에서 다소 '교육을 받은 아마추어들'이 나타난다. 그래서 과학에서 사고 집단의 일반적인 구조는 **전문** 지식과 **통속** 지식 간의 대립에 제일 먼저 영향을 미친다. 그러나 과학의 영역은 매우 다양하고 풍부하므로 전문가의 사적 영역에서도 또한, 구체적인 전문가와 일반적인 전문가 영역을 구별하는 것이 필요하다. 이와 관련하여 우리는 먼저 **학술지 과학**과 **편람 과학**Zeitschrift- und Handbuchwissenschaft에 관해 살펴볼 것이다. 이 두 부류의 과학에서 전문가의 과학이 형성된다. 과학에 입문하는 의례儀禮는 특별한 교육적 방법을 기초로 하여 일어난다. 그래서 우리는 **교과서 과학**Lehrbuchwissenschaft을 네 번째의 사고 사회적denksoziale 형식이라고 불러야겠지만, 이러한 형태의 과학이 여기서는 별로 중요하지 않다.

이러한 분류의 논의를 우리는 통속 과학populären Wissenschaft에 관한 언급에서 시작한다. 통속 과학은 모든 인간의 지식 영역을 대부분 차지한다. 또한, 가장 엄밀한 전문가들조차도 이 통속 과학의 덕택으로 많은 개념을 만들어내고, 많은 비교를 하며, 심지어 일반적인 관점을 형성하기도 한다. 따라서 통속 과학이야말로 모든 인식에 일반적으로 작용하는 요인이고, 인식론적 문제로서 평가받아 마땅하다. 경제학자는 경제 **조직**에 관해 말하고, 철학자는 **실체**에 관해 말하며, 또는 생물학자는 **세포국가** Zellstaat에[15] 관해 말한다. 이때 이들은 각자 자신의 전문 영역에서 형성된 개념을 사용하는데, 이 개념은 모두 통속적 지식의 축적에 따라 생겨난 것들이다. 이들은 통속적 지식 개념 위에서 자신의 전문 과학을 구축한다. 나아가 우리는 이 전문 과학의 근저에서 언제나 다시금 다른 영역에서 유래한 통속적 지식의 구성 요소를 파악할 기회를 갖게 된다. 이 통속적 지식의 구성 요소가 종종 전문적인 지식의 내용을 정하는 기준이었다. 그것은 수십 년에 걸쳐 지식의 발전을 규정해 왔다.

통속 과학은 특별히 복잡하게 뒤엉킨 구조를 하고 있다. 종래의 사변적 인식론은 결코 현실적인 인식을 탐구하지 않고 자신의 상상으로 만들어진 형상만 연구해 왔다. 따라서 통속 과학의 인식론적 연구는 ―적어도 내가 아는 한에서는― 한 번도 일어난 적이 없다. 여기서 우리는 사변적 인식론과 통속 과학의 인식론적 연구 사이의 간극을 완전히 메울 수 없다. 단지 약간의 암시만으로 우리는 만족해야만 할 것이다.

통속 과학은 엄밀한 의미에서 비전문가들을 위한 과학이고, 성인인 일반 지식인들 사이에 광범위하게 퍼져 있는 과학이다. 이에 따라 통속 과학을 우리는 한갓 개론적 지식으로 파악해서는 안 된다. 왜냐하면, 일반적으로 개론서의 목적에 합당한 것은 통속적 서적이 아니라 교과서이기 때문이다. 통속적 서술에는 세부적인 논의가 일어나지 않고, 주요 논

---

[15] 처음에 하나의 핵을 가진 몇 개의 세포가 서로 융합하여 다핵으로 된 세포체를 이루는 '융합체' 또는 '합포체'syncytium를 사고 사회학적으로 일컫는 말이다—옮긴이 주.

쟁거리도 생략되어 있다. 이 점이 통속적 서술에서 특징적인 것인데, 이로써 인위적인 단순화가 일어나고, 다음으로 인위적으로 받아들여지는 생생하고 직관적인 설명이 덧붙여진다. 끝으로 어떤 관점을 단순히 좋아한다거나 거절하는 자명한 가치평가가 일어난다. 가장 단순하고 직관적이며 자명한 과학이라는 것이 공적 인식의 가장 중요한 징표다. **각고의 노력 끝에 찾아낸 증명이라는 특수한 사고상의 강압 대신에, 단순화와 가치평가에 의한 하나의 직관적인 형상이 만들어진다.** 통속적 지식의 정점, 목표는 세계관의 수립이다. 세계관은 하나의 특수한 형성물이다. 이 세계관에 따라 다양한 영역에서 감정적으로 강조된 통속적 지식에 대한 선택도 일어난다.

어떤 세계관도 전문가의 요구에는 부응하지 못한다. 세계관은 다만 전문가적 사고 양식의 일반적인 특징을 규정하는 배경일 뿐이다. 그리고 세계관은 모든 인간의 지식이 서로 연결되어 있다는 것에 대한 숭고한 느낌일 뿐이고, 또는 보편 과학의 가능성에 대한 믿음이거나 –비록 제한적이지만– 과학의 발전 가능성에 대한 믿음일지도 모른다. 이러한 방식으로 지식이 집단 내적으로 의존하는 순환이 일어난다. 즉 전문가의 (사적) 지식에서 통속적 (공적) 지식이 생겨난다. 단순화와 직관성, 자명성 덕분에 통속적 지식은 확실하고 원만해지며, 서로 확고하게 결합해 있는 것처럼 보인다. 통속적 지식은 구체적인 여론을 형성하고, 세계관을 조성한다. 통속적 지식은 여론과 세계관의 형태로 다시금 전문가들에게 영향을 미친다.

이러한 관계를 보여주는 좋은 예가 세균학의 시료 연구다. 시료는 전문가의 은밀한 사적 영역인 실험실에서 진단되지만, 이 진단은 모두 공적 영역에서 활동하는 일반 의사들을 위한 것이다. 예를 들어 전문가들은 목구멍에 면봉을 넣어 시료를 채취한다. 시료에 대한 진단은 다음과 같이 진행된다. "현미경으로 본 표본은 수많은 막대기 모양을 나타내 보인다. 이 세균은 그 형태와 위치에 따라 볼 때 디프테리아 세균과 일치한다. 이를 배양시키면 전형적인 뢰플러의 세균이 만들어진다." 이러한 발견이 일반 의사들에게는 매우 호의적으로 받아들여지지만, 전문가의 지식에는 부합하지 않는다. 위의 발견은 직관적이고 단순하며 자명해 보인다. 이를 일반 의사들은 신뢰한다. 그러나 **이 발견**을 어떤 전문가가 다른 전문가에게 보고할 때는 다음과 같이 적는다. 즉 **"현미경상으로:** 수많은 세균이 검출됨. 그중에서 일부는 곤봉 모양을 하고 있고, 약간은 구부러져 있음. 다른 것들은 상당히 날씬하고 길거나 아무 특징 없이 둔중한 것들임. 여러 곳에 손가락 모양과 격자무늬 모양을 한 것들이 배열되어 있고, 그밖에 다른 곳에서는 따로 불규칙하게 흩어져 있음. 그람 염색[16]: 양성, 나이서 염색[17]: 다수의 세균이 양성으로 나타남, 뢰플러 메틸블루[18]: 많은 표본이 찢겨 있음. **배양:** 코스타 배양소: 보라에 가까운 붉은 색, 약간 얼룩져 있음. 매우 제한적으로 군체를 이루고 있음. 이 군체 속에서 염색되고, 형태학 및 배열상으로 대부분 전형적으로 드러나는 세균이 검출됨. **독소의 생성** 및 중성화 검사는 실시하지 않았음. 검사한 시료의 본래 관점과 세균의 형태학적·배양적 특성에서 볼 때, 뢰블러 세균이라는 진단은 충분히 확립된 것으로 보임."

---

[16] 미생물을 염색하는 방법 중의 하나로 덴마크의 의사 그람H. C. J. Gram(1853~1938)에 의해 고안된 특수 염색법이다. 이 염색법을 이용하면 미생물을 양성균과 음성균이라는 두 무리로 크게 나눌 수 있다—옮긴이 주.
[17] 나이서A. L. S. Neisser(1855~1916): 독일의 세균학자, 피부과 의사. 임질환자의 고름에서 임균을 발견했고, 새로운 염색법으로 나병균의 존재를 증명했다—옮긴이 주.
[18] 메틸블루Methylenblau: 염기성 물감의 하나로 짙푸른 녹색의 결정이나 가루로 되어 있다. 산화되면 푸른색, 환원되면 무색으로 변하는 성질이 있고, 물에 잘 녹으며, 수용액은 살균력이 있다. 염료와 지시액으로 쓰이고 청산화물중독의 해독제와 메트헤모글로빈혈증의 치료에도 쓰인다—옮긴이 주.

이러한 표현 양식은 이론적으로는 매우 정확하다. 그렇다고 하더라도 실제로 진료하는 의사들에게는 전혀 매력적이지 않다. 적어도 이 표현 양식의 서술은 조사하려는 시료의 원천이 결론을 지지하는 것 중의 하나(정말로 가장 중요하게 지지하는 것 중의 하나)로 생각되지 않는다. "어찌된 일인가? 나는 저 면봉에 실제로 무엇이 묻어 있는지 묻지만, 너는 면봉이 있기 때문에 디프테리아라는 결론이 정당하다고 대답한다. 이것은 어리석은 일이다. 나는 너에게 책임을 뒤집어씌우고, 너는 나에게 책임을 뒤집어씌운다." 그런데도 전문가들이 찾아낸 것은 이미 상당히 단순화되어 있고, 많은 점에서 자명하다. 과학적 관점에서 중요하지 않은 것은 모두 생략된다. 예를 들어 함께 들어있는 부수적인 세균들(즉 중요하지 않은 부수적인 세균으로 간주되는 것들, 오늘날도 그렇게 간주되고 있다)은 모두 생략된다. 또한, 코리네박테리아 Corynebakterien[19] 가운데서 종의 한계가 불분명한 것도 전혀 고려되지 않는다. 면봉에 묻어 나온 시료를 현미경으로 관찰한 결과, 표본에서 발견된 막대균과 (실제로는 뒤엉키고 전문화된 사상을 구성하고 있는) 배양된 세균이 동일하다는 결론은 단순한 사실로서 서술되고 있다. 그밖에 특히 단순한 경우가 있지만, 쿵 소리 났다고 모든 것이 신속하게 일어나는 것은 아니다. 세균의 배열이 종종 그렇게 특징적으로 나타나지 않을 때도 있다. 염색도 언제나 그렇게 명료하게 성공적이 아닐 때가 많다(염색에 성공할 때도 있고, 실패할 때도 있고, 성공과 실패를 결정하지 못할 때도 있다). 배양이 현미경으로 관찰한 표본과 어긋나게 일어날 수도 있다.

어떤 특정한 경우를 서술한다 하더라도, 그 서술은 언제나 단순하다. 이 단순한 서술 속에는 자명하고 직관적인 요소가 스며들어있다. **어떤**

---

[19] 이것은 그람 양성, 곤봉 모양의 막대균으로 디프테리아균을 말한다—옮긴이 주.

지식은 모두의 참여, 아니 모두가 그렇게 불러주는 것命名**에 의해 공적이고 통속적인 것이 된다.** 그렇지 않으면 우리는 모든 낱말에 주석을 달아 다시금 그 낱말을 한정하고 설명해야만 할 것이다. 아니 본래 이 주석을 구성하는 모든 낱말이 제2의 낱말피라미드를 형성할 것이고, 그 꼭대기에 우리가 말하고자 하는 낱말이 위치한다. 그렇게 계속해서 하나의 공간 속에서 무수히 많은 차원을 나타내는 구조가 형성될 것이다. 따라서 어떤 지식—어떤 창의적인 전문 지식—은 전혀 비직관적으로 일어나고, 모든 실제적인 경우에 합목적적으로 일어나는 것이 아니다. 피라미드 구조 전체가 일반화되고 되풀이되는 요소로 환원되지 않는다는 점을 우리는 잘 알고 있다. 일반적이고 되풀이되는 요소들을 각기 분리시켜 서술한다면, 그것은 원칙적으로 저 피라미드 구조를 단순화시키는 일이 된다. 우리는 언제나 동일한 개념의 층위 위에 서 있고, 언제나 '토대 개념'에서 다 같이 멀리 떨어져 있다. 그래서 개념을 우연히 구축하는 것—인식활동 자체—에서 누구나 동일한 어려움을 겪는다. **확실성, 단순성, 직관성은 통속적 지식에서 비로소 나타난다.** 전문가는 지식의 이상으로서 확실성, 단순성, 직관성에 대한 믿음을 통속적 지식에서 확보한다. 이 믿음 속에는 통속 과학의 일반적인 인식론적 의미가 들어있다.

은밀한 사적 중심에서 그리 멀리 떨어져 있지 않은 공적인 과학을 예로 들어보자. 실제로 진료하는 의사는 세균학 전문가와 그리 멀리 떨어져 있지 않다. 우리가 '대중 교육을 받은 사람들'의 범위로 넓게 확대해 보면, 인식은 점점 더 직관적이고 단순해진다. 동시에 사고상으로 강압되는 증명도 사라지고 없다. 그리하여 인식은 자명한 것이 된다. 면봉 검사를 한 어린아이의 어머니에게 우리는 간단히 "아이의 경우에는 디프테리아가 확실합니다."라고 알려주면 된다.

고트슈타인A. Gottstein의 유명한 책, 『전염병학』*Die Lehre von den Epidimien*

(1929)은 고전적 시기의 세균학에 관해 다음과 같이 서술하고 있다.[20] "우리는 병을 앓고 있는 사람이나 접종을 통해 같은 병을 앓도록 한 감염되기 쉬운 동물을 조사해서 특정한 미세 진균류를 찾아냈다. 이 진균류가 다른 질병에는 나타나지 않는 것으로 확인되었다. 우리는 적합한 인공적 배양소에서 진균류를 순수 배양하는 방식을 고안해 냈다. 이 배양소에서 다른 남조류에 의해 오염되지 않도록 철저하게 격리시킨 다음, 세균을 몇 세대에 걸쳐 배양했다. 우리는 그 특성을 연구했고, 다른 동물에 접종하여 새롭게 질병을 유발시켰다. 이로써 증명의 고리가 완성되었다. 그것은 격리된 실험에서 언제나 특징적인 질병을 일으키는 데 성공한 것이다. 이 성공은 오늘날까지 이어져 오고 있다." 여기서 세균학적 발견은 얼마나 단순하고 확실하며 직관적으로 일어났는가! 확실히 이 서술은 더 나은 어떤 통속적 표현 양식으로도 대체될 수 없다. '일반적인 도식'으로서 이것은 확실히 옳다. 다만 이것은 자세한 설명을 필요로 하는 전문가의 지식과는 일치하지 않는다. 이 서술에는 많은 제한점과 복잡성, 연구자들 간의 모순되는 생각과 오류 외에도 발견이 이루어지는 것과 개념이 만들어지는 것 사이에서 서로 영향을 미치는 것에 관해 전혀 언급되어 있지 않다. 그래서 이 서술은 마치 처음부터 분명한 개념과 생각(예를 들어 질병의 실체 개념인 '특정한 미세 진균류'의 개념, 순수 배양, 질병과 미세 존재 사이의 관계 등)이 이미 존재하고 있었던 것처럼 말하고 있고, 이 개념과 생각의 '무모순적인' 적용만이 발견을 가능하게 하고, 다른 개념들에 의해서는 발견될 수 없는 것처럼 말한다. 이로써 진리는 객관적으로 존재하는 성질의 것이 된다. 그리고 연구자는 두 부류, 즉 진리를 발견하지 못한 멍청한 사람과 진리를 발견한 훌륭한 사람

---

[20] A. Gottstein, *Die Lehre von den Epidemien*, Berlin: Verlag Springer (Verständliche Wissenschaft, Bd. V), 1929, S. 30.

으로 배치된다. 또한, 이러한 가치평가–공적 사고의 일반적 특징–는 집단 내의 사고 교류의 요구에 의해 일어나고, 거꾸로 전문가의 인식에 영향을 미친다.

다른 예를 하나 더 들어보자. 고트슈타인의 『전염병학』 5쪽에는 매독의 역사가 다음과 같이 서술되어 있다. "1495년에 하나의 질병이 갑자기 발생하여 유례를 찾아볼 수 없는 어려움을 초래했다. 그것은 이탈리아에서 싸우고 있던 프랑스 용병대에서 발생한 매독이었다. 매독은 용병대를 넘어 유럽 전역으로 확산되었다. 이 전염병은 빠르게 퍼져나갔다. 전염병의 확산은 새로운 질병의 문제라는 의심을 공공연히 품게 했다. 이러한 의심은 그 전염병이 그때 막 발견된 아메리카대륙에서 유입되었을 것이라는 추측을 낳게 했다. 어쨌든 아메리카대륙에서 그 당시에 이 질병이 그렇게 심한 형태는 아니었지만, 만연해 있었다는 사실도 알려졌다. 매독이 아메리카대륙에서 유입되었다는 이야기는 오늘날에도 여전히 논쟁 중이다. 그러나 매독이 구대륙에서도 오래전부터 있었다는 주장이 또한, 제기되었다. 15세기 말의 모든 상황에서 매독은 여느 때와 달리 강력하게 퍼져나갔고, 특별한 어려움을 초래했다. 그 이후로 최근까지 매독은 –비록 매우 변형된 형태로 나타나기도 했지만– 풍토병으로서 의미를 잃지 않았다." 이 매독의 역사는 얼마나 단순하고 수정처럼 명료한가! '매독'이라는 특수한 질병의 개념을 힘들게 만들어낸 수고는 어디로 사라지고 없는가? 15세기 이후 20세기에 이르기까지 모든 사고 양식의 변화와 함께 이렇게 사고 양식이 변하는 동안에, 단계마다 나타나는 사고의 역사적·사회적 제약이 이 서술에는 전혀 나타나지 않는다. 이 서술은 일반적으로 사고의 발전이 일어나지 않는다는 사실을 증명하고 있다. 증명은 전문가에게 거꾸로 영향을 미치고, 인식이론가에게는 판단의 기준이 된다. 인식이론가는 다만 '옳은' 지식과 '그릇된' 지식을 묻는 논의에서 배타적으로 자신의 과제를 볼 따름이다.

지식의 직관성은 특별한 영향을 미친다. 먼저 전문가들은 어떤 생각을 다른 사람에게 이해시키기 위해 (또는 일종의 기억술에 근거하여) 형상을 만드는 능력刑象性, Bildlichkeit을 적용한다. 그러면 처음에는 하나의 인식 수단에 불과했던 형상성이 인식의 목표인 의미를 부여받게 될 것이다. 형상은 구체적으로 증명하려는 것에 대한 우위를 획득하고, 이 새로운 역할에서 공적功績은 대부분 전문가들에게 돌아간다. 앞의 3장에서 언급한 에를리히가 사용한 직관적 상징의 효과를 상기해 보라. 그러면 이 현상이 잘 설명될 수 있을 것이다. 자물쇠-열쇠라는 형상은 특수 이론이 되었고, 이 형상은 혈청학이라는 전문화된 과학의 내면을 오랫동안 지배해 왔다.

이러한 통속 과학이 미치는 일반적인 재귀적 영향 외에도 모든 학문 영역에서 많은 개별 영향이 발견된다. 하나의 예를 들어보자. 바서만 반응의 지질 이론Lipoid-Theorie 전체는[21] 지질성脂質性 물체라는 통속적인 화학 개념에 기초해 있지만, 이 지질성 물체의 통속적 개념은 전문적인 화학 개념과 일치하지 않는다. 그래서 오늘날 혈청학에서 지질로 파악되는 것이 화학에서 지질로 파악되는 것과 다른 진풍경이 펼쳐지고 있다. 그것은 생물학이 대체로 국가의 개념(유기체의 세포 국가)을 국가론이 파악하는 국가 개념과 전혀 다르게 파악하는 것과 같다.

우리가 사적 중심에서 벗어나 공적 영역의 변방으로 멀리 밀려나면, 사고는 감정적으로 강조된 직관성에 의해 점점 더 강하게 지배되는 것처

---

[21] 이것은 지질 입자의 간극이 일종의 필터 기능을 갖는다는 비전해질의 막투과에 관한 '리포이드 필터설'lipoid-filter theory을 말한다. 세포막의 투과성은 투과물질의 분자용적과 지용성에 따라 달라진다. 지용성이 같다면, 분자용적이 작을수록 투과성이 높다—옮긴이 주.

럼 보인다. 이 직관성이 인식에다 종교적으로 생각되거나 자명한 것으로 생각되는 것의 주관적 확실성을 부여한다. 여기서는 사고상으로 강압되는 필연적 증명이 더 이상 요구되지 않는다. 왜냐하면, 낱말은 이미 살이 되어 버렸기 때문이다. 이러한 조잡한 통속 과학의 예로 나는 다음과 같은 그림을 든다. 그것은 작은 물방울에 의해 감염이 일어나는 위생적 사실을 그린 그림이다. 뼈만 남은 야윈 사람이 의자에 앉아 있다. 잿빛의 얼굴을 한 그 사람은 연신 기침을 해댄다. 그는 한 손으로 힘들게 의자의 손잡이에 기대어 서 있고, 다른 손으로는 고통스러운 듯이 가슴을 쥐어 짠다. 벌어진 입에서 작은 악마의 모습을 한 나쁜 세균이 흘러나온다. … 그 옆에는 장밋빛 얼굴을 한 어린아이가 무심히 서 있다. 악마의 모습을 한 세균이 점점 아이의 입 가까이로 다가온다. … 반쯤은 상징이고, 반쯤은 신앙의 문제인 악마가 이 그림에서는 물질적으로 그려져 있다. 그러나 이 악마가 전문 과학, 즉 면역학의 공격과 방어를 그린 그림 속에도 이미 깊숙이 스며들었다.

직관을 목표로 하는 통속 과학과 반대로, 편람의 형식을 띤 전문 과학은 **어떤 정돈된 체계로 비판적으로 요약할 것**을 요구한다.

전문가는 다양한 사고 집단과 다양한 사상의 발전 노선 간의 교집합을 의인화시킨 것으로서 나타날 뿐만 아니라 새로운 생각이 떠오르는 개인적 중심으로서 나타난다. 이러한 창조적인 전문가를 우리는 이미 위에서 바서만 반응이 발견되는 역사에서 서술했고, 그리고 관찰과 실험에 관한 장에서도 서술했다. 전문가가 쓴 보고서는 우선 **학술지 과학**이라 부를 수 있는 형식을 취한다.

우리가 학술지 과학을 통일된 전체 학문과 결부시키려고 하면, 그런 일이 즉각 일어나지 않는다는 점을 우리는 곧 인정해야만 할 것이다. 즉 개별적 관점과 연구의 방법은 모두 개인적인 것이고, 따라서 이들은 서로 모순되고 일치되지 않는 단편들로 구성되어 있다. 이로부터 어떤 유기적 전체를 만들어낸다는 것은 불가능하다. 우리가 학술지에 실린 논문에서 가려 뽑아 단순히 모아 놓는다고 하여 하나의 편람을 만들 수는 없다. 사적 활동 영역 내부에서 개인적 인식의 단편들을 사고 사회적으로 바꿔놓고, 공적 영역에 미치는 재귀적 영향이 비로소 단편들을 변화시킨다. 그리하여 종합되지 않은 개인적인 단편들에서 종합된 비개인적인 부분이 만들어진다.

그래서 학술지 과학은 잠정적이고 개인적인 것으로 각인되어 있다. 그 첫 번째 특징은 다음과 같다. 그것은 검토되어야 할 문제가 분명한 한계를 지니고 있음에도 불구하고, 언제나 해당 영역에서 일어나는 모든 문제와 결부시키기 위한 우리의 노력이 강조된다는 점이다. 학술지에 발표되는 모든 논문은 서론이나 결론에서 자신의 논문이 편람 과학과 결부되어 있음을 역설한다. 그 증거로서 저자가 자신의 생각이 편람에 포함되도록 노력해 왔고, 현재 자신의 입장이 잠정적이라는 점을 든다. 저자는 또한, 계획과 희망을 언급하는 부분에서도, 논증에서도 자신의 입장이 잠정적임을 피력한다. 그리하여 학술지에 논문을 투고하는 사람들은 특별히 신중한 모습을 보인다. 이렇게 신중한 모습은 다음과 같은 특징적인 방향에서 인식될 수 있을 것이다. 즉 "나는 ~에 대해 논증**하려 했다**", "~하는 것이 가능한 것**처럼 보인다**.", 또는 부정적으로 "~하는 것은 증명될 수 없다." 이것은 학문적으로 가장 신성한 것, 말하자면 현실적 존재나 비존재에 관한 판단이고, 개별 연구자에서 정당성이 입증된 집단으로 자리를 옮겨 가는 것을 나타내는 말이다. 개인적이지 않은 편람 과학은 다음과 같은 경향을 보인다. 즉 "~한 것은 존재하고, ~한 것은 존재하지 않는다.", 또는 "이러저러한 것이 있다", "~한 것은 확실하다." 이것은 마치 모든 능력 있는 연구자가 자신의 저작을 양식 적합성에 따라 스스로 통제하는 한편, 자신의 저작에 대한 집단의 통제와 검증 활동을 요구하려는 것과 같다. 그것은 또한, 집단 내의 사고 교류가 신중하게 다루어온 불확실성에서 확실성으로 인도해 갈 수 있음을 연구자가 비로소 알게 되는 것과 같다.

두 번째 특징은 방금 말한 첫 번째 특징과 밀접한 관련이 있다. 문제의 단편성, 자료의 우연성(예를 들어 의학에서 결의론),[22] 기술적인 세부 사항, 간단히 말해 연구 자료의 유일성과 일회성이 두 번째 특징과 저자를 불가분하게 연결시켜 준다. 이 점을 모든 저자는 알고 있다. 동시에 자기 연구의 개인적 요소는 모두 자신의 실수로 느낀다. 저자는 거의 언제나 자신의 개성Person을 없애려고 할 것이다. 이것은 예를 들어 '나' 대신에 '우리'라는 말을 특징적으로 사용하는 데서 알 수 있다. 특별한 겸손을 나타내는 복수pluralis modestiae를 주어로 사용하는 것은 은밀하게 집단에 호소하는 것이다. 이 특별한 겸손과 연구자의 개인에게 돌아가는 의무는 우리라는 말로 나타내는 복수와 위에서 언급한 특징적인 신중함에서 함께 형성된 것들이다.

학술지 과학은 사고상의 모순을 제거하고 정교하게 확립되었지만, 아직 잠정적이고 불확실하며, 개인적으로 채색되어 있고, 종합되지 않았다. 이러한 학술지 과학은 우선 집단 내의 사고 변화에 의해 편람 과학으로 바뀐다. 자연과학적 사고 집단의 대중이 자연과학적 엘리트보다 우위를 차지한다. 이러한 우위를 표현하는 것으로서 공동체를 향한 노력은 이미 언급했듯이, 모든 연구자의 활동 속에 나타난다. 우리는 말하자면

---

[22] 결의론Kasuistik이란 본래 옳은 행위를 엄밀하게 정의된 법체계에 대한 순응으로 간주하는 윤리적 태도를 일컫는 말인데, 의학에서 결의론은 임상의들이 환자의 질병을 전문가의 실험보고서에 따라 (무비판적으로) 진단하는 행위를 가리키는 말이다—옮긴이 주.

선동적 요청으로서 '일반적인 검증 가능성'을 공식적으로 요구하는 셈이다. 하지만 그것은 첫째로 결코 일반적인 검증이[23] 아니고, 오히려 사고 집단에 의한 검증이다. 그것은 −둘째로− 오직 지식의 양식 적합성 Stilgemäßheit을 검증하는 가운데 일어난다.

따라서 편람은 개별적인 학술지 기고문을 단순히 종합하거나 나열한다고 하여 생겨나는 것이 아니다. 이렇게 종합과 나열이 불가능한 이유는 다음과 같다. 즉 종합은 학술지 기고문들이 종종 모순을 보이기 때문에 불가능하고, 나열은 편람 과학이 목표하는 일관된 체계를 학술지 기고문들이 결여하고 있기 때문에 불가능하다. 짜깁기가 많은 형형색색의 조각들을 덧대어 일어나듯이, 편람은 개별 기고문을 선택하여 그 배열을 잘 다듬어 정돈함으로써 만들어진다. 선택과 배열은 계획에 따라 일어나고, 계획은 후속 연구의 방향을 결정한다. 계획에 의해 근본 개념으로서 타당한 것이 결정된다. 다시 말해 어떤 방법이 받아들여질 만한 가치가 있는지, 방향 설정을 어떻게 해야 많은 것을 약속해 줄 것처럼 보이는지, 어떤 연구자가 권위자로 뽑힐지, 어떤 것을 단순히 망각 속에 매몰시켜 버릴지 등이 계획의 단계에서 결정된다. 이러한 계획은 사적인 사고 교류, 즉 전문가들 간의 토론에서 상호 간의 이해와 상호 간의 잘못된 이해(오해)를 통해, 상호 간의 양보와 상호 간의 고집 부리기를 통해 확립된다. 두 생각이 서로 논쟁하게 되면, 모든 선동적 힘이 작동할 것이다. 그러면 거의 언제나 제3의 생각이 승리한다. 이 제3의 생각은 서로 갈등하는 다른 집단의 생각을 함께 엮는 공개적인 것이다.

---

[23] 이것은 폐쇄적인 공동체가 지닌 특징적인 속성을 가리키는 말이다. 폐쇄적인 공동체는 공동체 내의 '모두'tout le monde를 위해서만 지출하고, 공동체 밖에 있는 사람들에 대해서는 최소한으로 평가하거나 단순히 존재하지 않는 것으로 치부해 버린다.

개인적이고 잠정적인 학술지 과학이 집단적이고 보편타당한 편람 과학으로 전환되는 과정을 바서만 반응의 역사에서 서술해 보자. 이 전환은 먼저 개념의 의미 변화와 문제 설정의 변화로서 일어나고, 다음으로 집단적 경험의 축적, 다시 말해 지향된 지각과 지각된 것을 특수하게 가공하기 위해 특별히 준비되어 있음으로써 일어난다. 이러한 사적인 사고 교류는 부분적으로 이미 연구자 자신이 개인적으로 내부에서 진행해 왔다. 연구자는 자기 자신과 대화하면서 숙고하고 비교하며 스스로 결단 내린다. 이렇게 내린 결단이 풍부한 편람 지식의 적합성에 덜 근거할수록, 따라서 개인적인 사고 양식이 독창적이고 예리할수록, 자신의 성과를 집단화하는 과정에 이르기까지 걸리는 시간은 더 길어진다.

일시적인 집단 내부에서 일어나는 사적인 사고 교류의 예에는 다음과 같은 논의 결과가 잘 어울린다. 의학의 역사를 논의하는 자리에서 참석자들은 옛날 교과서에 실린 역사에 관해 토론하고, 이 낡은 서술에 따라 현대적 진단 가능성에 대해 숙고했다. 참석자 중의 한 사람이 그것은 오늘날 있을 수 없는 일이라고 주장했다. 그것은 옛날 교과서 저자들이 사용한 연구방법이 오늘날 연구방법과 너무나 달라서 그렇다는 것이다. 다른 사람은 옛날 진단 방식이 언제나 원칙적으로 가능하다고 대답했는데, 그 이유는 질병 그 자체가 변하지 않았고 그대로 있어서 그렇다는 것이다. 우리는 오직 교과서 분석을 통해 하나의 상像, Bild을 만들어내려 할 것이다. 이에 대해 첫 번째 발언한 사람은 반대했다. 확실히 질병이 옛날 그대로라 하더라도, 우리는 학교에서 이미 다르게 배웠다. 그리고 우리는 질병의 어려움과 끔찍함을 서술한 너무 많은 정서적 단어를 보았지만, 그것이 진단에 어떤 실질적인 단서도 제공하지 않는다. 그래서 우리는 단순히 어떤 상을 묘사할 수 없다. 교과서에 언급된 많은 용어는 환자의 냄새, 분비물의 성층들, 발한작용의 변화, 불안 때문에 지르는 고함 등을 매우 정확하게 서술하고 있다. 그러나 열이 있었는지 없었는지에 대해 우리는 전혀 경험할 수 없다. 이로부터 생생한 토론이 전개되었다. 이 토론은 한 시간 이상 계속되었고, 결의론에서 원칙론으로 옮겨 갔다. 특이하게도 토론이 진행되는 내내, 질병 그 자체, 즉 질병의 실체는 변하지 않는다는 주장이 근본 원칙으로서 사용되고 있었다. 이 주장은 두 번째 발언한 사람이 범한 일종의 오류였다. 이 점을 그는 나중에 나에게 고백했다. 어쨌든 질병의 실체가 변하지 않는다는 이 주장은 첫 번째 발언한 사람의 무분별한 활동에 의해 강화되었고, 특이하게도 다음과 같은 공리Axiom가 가치를 지니도록 했다. 그것은 사고 집단이 와해된 뒤에는 토론 참석자 중에서 어느 누구도 토론에 대한 책임을 지려고 하지 않는다는 공리다. 위에서 질병의 실체가 변하지 않는다는 주장은 당연히 지속될 수 없었고, 그래서 짧게 유지되었을 뿐이다. 그러나 이른바 (어떤 사람의 의식된 의도와 책임이 없는) 이 주장을 몰개성적으로 형성하는 기제는 편람 과학의 진정한 명제를 위한 모범으로 기여할 수 있을 것이다. 우리가 토론하고 비판할 때 생겨나는 사상이 누구의 것인지 모르는 경우가 빈번하게 일어난다. 그때 생겨나는 의미는 한순간에 변했다가 적합해지기도 하고 일반적으로 통용되기도 한다. 이에 따라 저 주장은 초개인적 가치를 획득하게 되고, 생각하는 것의 공리와 지침이 된다.

편람이 보여주듯이, 학문의 정돈된 체계 속에서 말해지는 언표는 당연히 확실하고, 단편적으로 수록된 학술지의 서술보다 더 증명된 것으로 나타난다. 그리하여 그것은 특정한 사고상의 강압이 된다.

하나의 예를 들어보자. 질병 실체의 병인학적 개념은 학술지의 개별 작업에서 직접 유래한 것이 아니다. 그것은 궁극적으로 공적(통속적)이고 집단 외적 사상에서 온 것이다. 이렇게 생겨난 개념은 사적인 사고 교류에서 오늘날과 같은 의미를 지니게 되고, 오늘날 세균학이라는 편람 과학의 근본 개념 가운데 하나를 형성한다. 오직 개별 연구가 지향하는 선택과 구성에 의해서만 우리는 이 개념에 도달한다. 그러나 이 개념이 일찍이 편람 속에 들어있었다면, 이 개념이 학습한 것이고 일반적으로 사용되었던 것이라면, 그리고 이 개념이 체계의 주춧돌을 이루고 있었다면, 그것은 사고상의 강압이 될 것이다. 다음과 같은 명제는 무의미하다. 즉 "나병과 같은 감염된 성기 질환에서 유래한 프랑스 질병 Morbus Gallicus, 즉 매독 또는 화류병은 나병의 딸이고, 어떤 상황에서는 다시금 나병의 어머니가 될 수 있다."[24] 그러나 이 개념이 무의미하다는 것은 단지 우리의 사고 양식에서 볼 때만 그렇다. 병인학의 질병 개념에 따르면, 매독은 스피로헤타에 의해, 나병은 다른 특수한 세균에 의해 유발되는 질병이다. 따라서 매독과 나병 사이에는 아무런 관련이 없다. 그러나 우리는 징후에 따라 질병을 정의한다. 그렇다면 질병의 유사성은 부정될 수 없고, 그 진술에도 심오한 의미가 있다. 병인학의 질병 개념은 단순히 논리적으로 가능한 것도 아니고, 단순히 지식의 양이 증가함에 따라 자체적으로 생겨나는 것도 아니다. 이 점에 대해서는 일찍이 설명했다. 그런데도 오늘날 연구자들은 대부분 이 개념에 종속되어 있어서 전혀 달리 생각할 수 없다. 이러한 생각은 또한, 모든 병리학과 세균학에도 작동한다. 병리학과 세균학은 의과학이 되었고, 식물학과의 관련성은 거의 사라지고 없다. 따라서 병리학과 세균학의 사고 양식은 비생물학적으로, 즉 방법론적으로[25] 알려지는 것이고, 다만 의학적으로 적용할 때 나타날 뿐인 좁게 형성된 문제에서 알려지는 것이다.

---

[24] Simon, *Ricords Lehre von der Syphilis*, 1851, S. 15.
[25] 여기서는 세균의 형태학 및 생물학적 특징을 등한시하고, 개체군 탐구를 등한시하는 것과 함께 순수 배양에 대한 특별한 탐구의 등한시, 체계성의 결여 등이 나타난다.

이 상황은 비중의 비례관계Gewichtsverhältniss에서 구축된 화학적 원소들의 근대적 개념과 아주 닮아있다. 화학적 원소는 사적인 사고 교류에서 개별 활동에 의해 생겨난 순전히 집단 활동의 결과다. 따라서 그것은 체계적이고 비개인적인 편람 과학이다. "어떤 물질은 그것을 동시에 비중의 증가 없이 다른 것으로 전환시키려는 모든 시도와 모순된다는 사실이 보일R. Boyle 시대 이후로 점점 뚜렷하게 나타났다. 예를 들어 근저에 철이 놓여 있을 수 있는 모든 변화는 언제나 비중의 증가와 결부되어 있다. … 적어도 70개의 전혀 다른 물질이 원소로 인정되어야만 한다는 사실이 서서히 밝혀졌다."[26] 이 원소 개념의 확립에는 라부아제A. L. Lavoisier가 많은 기여를 했다. 본래 라부아제 시대에는 비중의 비례관계를 안정된 관계로서 인정하도록 가르쳤다. 오스트발트W. Ostwald는 이러한 라부아제의 업적을 서술하면서 다음과 같이 언급했다. "주목할 만한 심리학적 현상은 흔히 학문이 진보하는 중요한 순간에 일어난다."[27] 말하자면 라부아제 자신은 그의 연소 법칙과 질량 보존의 법칙에 의해 비중의 비례관계가 화학적 원소 개념의 형성에 기준이 된다는 사상에 필연적으로 의존하고 있었다. 라부아제는 자신의 법칙을 무게를 잴 수 있는 원소 외에 무게를 잴 수 없는 원소(열과 빛)에도 도입하여 "자신의 이념을 스스로 모순에 빠트린" 사람이다. 오스트발트는 전적으로 개인주의 심리학의 관점에서 이 주목할 만한 현상을 다만 심리학적으로 해명했고, 또한, 다음과 같은 점, 즉 종종 "궁극적인 단계는 하나의 새로운 이념에 의해 확인되고, 낡은 이념들에는 반대된다는 점과 바로 이 단계는 새로운 이념의 창조자에 의해 지각되는 것이 아니라 무시된다."라는 점을

---

[26] Ramsay, *Vergangenes und Künftiges aus der Chemie*, Leipzig, 1913, S. 191.
[27] Ostwald, *Jak powstala chemja?*(polnisch), S. 25~26. 폴란드어 텍스트에 따라 독일어로 번역했다.

확신했다. 이에 대한 근거를 오스트발트는 연구자의 능력 소진, 즉 이념을 마지막까지 갈고 다듬어서 더는 어떤 힘도 남아있지 않다는 점에서 찾는다. 나는 지금까지 설명이 다음과 같은 사실을 확실히 보여준다고 생각한다. 즉 우리가 회고적으로 관찰하는 이념과 '저자' 자신(즉 대표적인 연구자)이 말하는 이념의 서술 사이에는 불일치가 일어나고, 이 불일치는 새로운 이념의 본래 창조자가 개인이 아니라 사고 집단이라는 사실에 의해 간단하게 설명될 것이다. 이것은 ―우리가 누누이 강조한― 한 이념의 집단적 개조, 즉 사고 양식의 변화에 따라 일찍이 문제되었던 것을 더는 아무것도 이해하지 못하게 만들어 버리는 이념의 집단적 개조를 말한다. 근대 화학의 원소 개념은 잘 알려져 있듯이, 모두 그 전사前史를 지니고 있다. 병인학의 질병 개념의 전사와 마찬가지로, 근대 화학의 전사도 곧 신화시대와 맞닿아 있다. 그리하여 여기서 오늘날 편람의 표현 양식도 또한, 서로 다른 집단의 공적 원천에서 유래하고, 사적인 사고 교류를 통해 일어난다. 이 사례는 편람 과학의 역할을 분명히 밝혀준다. 우리는 이와 비슷한 사례를 얼마든지 임의로 만들어낼 수 있다. 편람 과학은 선택하고 혼합하고 적합하게 만들어 간다. 그뿐만 아니라 편람 과학은 공적이고 다른 집단의 엄밀한 전문가의 지식을 하나의 체계로 묶어준다. 이렇게 하여 생겨난 개념은 지도적 개념이 되고, 모든 전문가에게는 의무를 부과한다. 그리고 일시적인 저항의 신호에서 사고상의 강압이 생겨난다. 이 강압이야말로 달리 생각될 수 없는 것, 등한시되거나 지각되지 말아야 할 것을 규정하고, 거꾸로 이중의 탐구 노력, 즉 지향적 지각에 대한 준비를 확고히 하고, 스스로 형태를 갖춰가는 것을 규정한다.

근대의 진보하는 과학에서 편람 과학과 학술지 과학의 관계는 사적 영역의 특징적인 구조에서 잘 드러난다. 그것은 행진하는 군인의 대열과 많이 닮아있다. **지도자**, 즉 이 문제를 실제로 취급하는 연구자 집단은 모든 규율을, 아니 거의 모든 문제를 장악한다. 그 뒤를 **본대**本隊, 즉 공식적인 공동체가 따른다. 그리고 맨 뒤에는 낙오자들이 다소 무질서하게 따른다. 이러한 구조는 연구자들이 다루어야 할 영역에서 진보가 크게 일어날수록 더욱 선명하게 나타난다. 이 구조에서 최신 학문 활동을 총괄하는 학술지 과학이 앞장 서 가고, 그 뒤를 언제나 편람 과학이 따른다. 여기서 학술지 과학과 편람 과학 사이에는 다소간의 큰 괴리가 만들어진다. 지도자는 어떤 고정불변의 위치에 머물러 있지 않는다. 지도자가 이끄는 전위부대는 날마다 시시각각으로 다른 장소로 이동한다. 본대는 천천히 움직인다. 즉 본대는 1년, 10년 단위로 위치를 바꾸고, 종종 억지로 밀려나기도 한다. 본대가 가는 길은 전위부대가 지나간 길과 완전히 일치하지 않는다. 본대는 전위부대가 알려주는 보고에 따라 자신의 진로를 결정하지만, 언제나 독자적으로 움직인다. 우리는 전위부대가 알려주는 많은 방향 중에서 본대가 어떤 방향을 선택할지 전혀 예측할 수 없다. 그밖에 전위부대에 따라 본대의 위치가 바뀌기 전에 오솔길이 큰길로 닦이고, 땅이 평평하게 골라지는 등 풍경들이 유의미하게 바뀐다.

이 의심할 수 없는 현상은 사회적 양식이 분명하다. 그것은 자신에 따라 일어나는 중요한 이론적 귀결이다. 우리는 연구자에게 무엇이 문제인지 묻는다. 그러면 연구자는 첫째로 편람의 견해가 언제나 이미 시대에 뒤떨어진 낡은 것이라고 알고 있다 하더라도, 비개인적이고 비교적 불변적인 것으로서 편람의 견해를 언급해야만 하고, 둘째로 현재 논의 중인 문제에 관해 어떤 것이 미래에는 편람의 견해를 형성할 것인지 연구자 자신이 알고 있다 하더라도, 편람과 다른 연구자의 별도 견해는 단지 개인 생각을 피력한 것으로서 언급되어야만 한다. 거의 모든 문제와 관련하여 과학은 이른바 모두를 묶어주는 대표적 지위를 갖고(그 중에서 몇몇은 대표적이 아닌 잠정적인 지위만 가질 뿐이지만), 또한, 그 사회적 본성을 특징짓는다. 인식론에서 특히 중요한 것은 단지 잠정적으로 유지되는 것보다 모두를 묶어주는 공적인 지위다. 이것은 민주주의적 사고 집단 속에서 대중이 엘리트를 장악하고 있음을 나타낸다.

우리가 사실을 고정불변의 것, 증명된 것이라고 이해한다면, 그것은 단지 편람 과학 속에서만 이해한 것이다. 일찍이 느슨한 저항의 신호를 보이는 단계의 학술지 과학이 사실의 본래 토대지만, 학술지 과학은 나중에 일상적인 통속적 지식의 단계에서 살갗이 된다. 즉 학술지 과학은 직접 지각될 수 있는 것, 현실이 된다.

5. 사고 양식에 대하여

> 몇몇 사고 양식의 사례들과 사고 양식 간의 비교. 양식에 따른 지각 준비성. 모든 시각은 양식에 따라 의미를 보는 것이고, 모든 그림은 의미를 나타내는 상意味像, Sinn-Bild이라는 사실의 논증으로서 낡은 해부학적 서술과 묘사 및 새로운 해부학적 서술과 묘사. 근대과학의 특수한 지적 분위기에 관하여

근대과학의 특별한 **사고 양식**은 근대과학적 사고 집단이 취하는 특수한 구조의 배후에서 잘 이해된다. 근대과학의 형식과 옛날의 몇몇 낡은 학문의 형식을 비교해 보자. 그러면 우리는 사고 양식의 개념을 좀더 잘 파악할 수 있고, 좀더 유창하게 만들 수 있다는 점을 알게 될 것이다.

"그 당시에는 –사무엘 브라운Samuel Brown 박사의 말을 인용하면– 금속은 해와 달이고, 왕과 여왕, 붉은 신랑과 백합신부였다. 금金은 높은 하늘에 걸린 태양인 아폴로였고, 은銀은 하늘 숲을 우스꽝스럽게 배회하며

쉼 없이 달리는 아름다운 달[月]인 디아나Diana였고, 수은은 날개 달린 구두를 신은 신의 사자인 하늘과 키스하는 언덕 위에 새롭게 솟아오르는 머큐리Merkur, 수성이었고, 철은 붉은 눈을 가진 완전무장한 마르스Mars, 화성이었고, 납은 바위처럼 물질적 형식의 뒤엉킨 숲 속에 조용히 서 있는 두꺼운 가죽을 두른 사투른Saturn, 목성이었고, 주석은 바로 그 금속의 악마인 디아보루스 메탈로륨diabolus metallorum이었다는 등 의미 있는 신비주의적 방식으로 서술되어 있었다. 거기에는 날아다니는 새도 있었고, 푸른 용과 붉은 사자도 있었다. 또한, 거기에는 처녀의 샘도 있었고, 왕의 욕실, 생명수, 지혜의 소금, 정신적 본질 등도 있었다."[28]

근대 이전의 화학은 이렇게 서술되어 있다. 신비로운 비유와 비교, 감정적으로 강하게 강조된 상像들이 우리의 과학적 사고와는 전혀 다른 분위기를 풍기고 있다. 오직 통속적인 표상 속에서만 금을 태양과 비교하고, 은을 달과 비교하는 것이 아직 남아 있다. 납과 사투른, 또는 주석과 악마를 결합시키는 것은 모두 –이미 통속적 사고 속에서도– 의미를 잃었다. 이 결합은 하나의 독특한 양식, 다시 말해 그 결합이라는 관점에서 볼 때 그 자체 폐쇄적인 하나의 양식이다. 저 사람들은 우리와 다르게 생각했고, 우리와 다르게 보았다. 그들은 우리가 상상적·자의적으로 고안해 냈다고 보는 어떤 상징을 전제로 해서 본다. 여기서 다음과 같은 물음이 제기된다. 우리의 상징, 예를 들어 잠재적인 것, 물리학적 불변성, 유전학의 유전자 등을 우리는 중세인들의 생각 속으로 옮겨놓을 수 있을까? 옮겨놓을 수 있다면, 그들에게 그것은 어떻게 보일까? 중세인들도 우리의 상징들에 대해 '옳다'고 생각하고 매력을 느끼며, 기꺼이 배우려 할 것이라고 생각되는가? 아니면 거꾸로 그들은 –우리가 그들의 상징에

---

[28] W. Ramsay, *Vergangenes und Künftiges aus der Chemie*, Leipzig, 1913, S. 58.

대해 말하듯이- 우리의 상징이 상상적으로 고안되고, 자의적으로 만들어낸 것이라고 생각할까?

우리가 옛날의 사고 양식을 탐구하려 한다면, 근원적인 물음을 탐구하는 것이 필요하다. 근대적 내용의 진술로 옛날의 관점을 탐구해서는 안 된다. 파라셀수스의 다음 인용문을 보자.[29] "네가 겨자씨같이 작은 믿음을 가진, 이 땅 위에 살아가는 정신적 존재라면, 멜론만큼 큰 믿음을 가지려면 너는 얼마나 더 자라야 할까? 믿음이 큰 호박만 하다면, 우리는 정신보다 얼마나 높이 뛰어오를 수 있을까?" 믿음의 크기(작음)를 겨자씨와 비교하여 설명하는 것은 이미 성경에서 말해진 것이다.[30] 이를 우리는 성경에서 유래한 전통에 따라 받아들일 수 있다. 그러나 그것은 성경에서 말한 은유적 성격을 우리가 아는 것에 불과하다. 우리가 신앙의 크기 또는 체계를 여러 가지 큰 대상에서 끌어낼 수 있다는 것은 참 놀라운 일이다. 우리는 예를 들어 누구나 다음과 같은 문장을 사용할 수 있을 것이다. "네가 요구하는 것에서 손가락만큼도 벗어나지 않으려 한다면, 그것은 나쁜 짓이다." 그러나 다음과 같은 문장, 즉 "실제로 한 발짝, 아니 1미터를 벗어날 필요가 있는 곳에서 손가락만큼의 크기도 너의 요구에서 벗어나지 않으려 한다면, 그것은 나쁜 짓이다."라는 문장은 냉정한 심정의 사람에게는 불가능하다. 왜냐하면, 이 문장은 우리에게 괴상한 시적 표현에 불과하거나 심리적 현상에 기하학적 기준을 적용한 무의미한 착상에 지나지 않기 때문이다. 파라셀수스에게는 어땠을까? 그는 신앙을 가늠하는 측정 체계를 은유로 생각했을까, 아니면 적절한 측정체계라고 생각했을까? 이 점에 관해서는 다른 곳에 설명되어 있다. 즉『이성 속에서 민감한 것이 생겨나는 것에 관하여』*Von der Gebärung der*

---

[29] Paracelsus, *De Causis morborum invisibilium*, Husersche Ausgabe, S. 247.
[30] 마태복음, 17: 19~20 참조―옮긴이 주.

*empfindlichen Dinge in der Vernunft*라는 책에서 그는 다음과 같이 말한다.[31] "자궁 속에 씨앗이 들어있는 동안에, 자궁은 다른 것을 더 이상 배양시키지 않는다. 자궁은 조용히 있어야만 하고, 완숙하여 정점에 도달하면 잉태가 된다. 그러나 나이가 들어 자궁이 차가워지면, 더 이상 아무것도 생겨나지 않는다. 끌어당기는 힘이 추위 때문에 죽어 버렸다." 그는 늙은 여자의 불임을 나이가 들어 자궁이 차가워졌다는 것으로 설명한다. 자궁이 차가워지면(자궁은 분명히 온도에 민감하다), 자궁의 끌어당기는 힘도 소멸된다. 나이가 들어 자궁이 차가워졌다는 것이 파라셀수스에게는 감정적 추위의 은유적 완곡어법이 아니라 바로 물리적 추위와 동일한 것이었다. 우리는 옛날 문헌에서 종종, 예를 들어 강렬한 굶주림이 –불이 그러듯– 날 음식을 요리하고, 따라서 소화가 잘 되게 한다고 서술되어 있는 것을 본다.

그로부터 200년 후에 발간된 어떤 책에는 다음과 같이 서술되어 있다.[32] "사람은 왜 밥을 먹고 났을 때보다 공복일 때가 더 무거운 것일까? 그 이유는 식사를 통해 정신의 양이 더 늘어났기 때문이다. 정신을 부양시키고 불타게 하는 본성이 인간의 신체를 가볍게 한다. 왜냐하면, 불과 공기는 일반적으로 물체를 가볍게 만들어 날려 버리기 때문이다. 같은 이유로 즐거운 사람도 매우 가볍다. 그 이유는 즐거운 사람이 우울한 사람보다 더 많은 작은 정신을 가지고 태어났기 때문이다. 그리고 죽은 사람은 아직 살아있는 사람보다 더 무겁다. 왜냐하면, 산 사람에게는 정신 알갱이가 가득 차 있지만, 죽은 사람은 정신을 모두 빼앗겨 버렸기 때문이다." 무겁다(권태)는 느낌, 오늘날 물리학적인 무게, 우울한 기분

---

[31] Paracelsus, *Von der Gebärung der empfindlichen Dinge in der Vernunft*, Husersche Ausgabe, S. 350.
[32] Odilon Schreger, *Studious jovialis*, Pedeponti, 1755.

및 시체를 들어 올리기 어려움(다루기 쉽지 않음) 등은 모두 여기서 같은 현상으로 고찰되고, 하나의 공통된 원인에 의해 설명된다. 그것은 언제나 공기와 불 같이 모든 것을 가볍게 만드는 불타고 부양시키는 정신 알갱이가 없다는 점에서 설명된다. 여기에는 일종의 감각 분석(적어도 감각의 동일성) 위에 구축된 폐쇄적인 논리 체계가 들어있다. 하지만 그것은 우리의 온전한 논리 체계와는 거리가 멀다. 저들도 관찰하고, 숙고하고, 유사한 것을 찾아 결합시켜서 보편적 원리를 수립했다. 그러나 그것은 우리가 구축한 것과 전혀 다른 지식이다. 저들이 예로 든 '무게'와 우리의 물리학적 무게는 전혀 다른 것이다. 이러한 예는 얼마든지 들 수 있다. 이러한 사실은 우리가 대상과 현상에 관해 파악하는 것이 저들이 생각하기에는 전혀 다른 것이었음을 입증해 준다. 우리의 물리학적 현실이 저들에게는 존재하지 않았다. 반면에 저들은 이미 다른 많은 것이 실제로 존재한다고 생각하고 있었다. 하지만 그것이 우리에게는 더 이상 어떤 의미도 주지 않는다. 그것은 우리에게 바로 상징, 평행, 심도 있는 비교와 놀라운 언표를 준다.

옛날의 낯선 사고 양식과 오늘날 과학적 사고 양식을 비교해 보는 데는 의학서적, 특히 해부학적이거나 생리학적 저술만큼 적합한 것이 없다. 왜냐하면, 이 저술들은 우리가 잘 알고 있는 종래의 물리학 저술이나 화학 저술보다 더 이해하기 쉬울 것이기 때문이다.

지금 내 앞에는 외과의사인 요제프 뢰브 박사Dr. med. et chir. Joseph Löw의 『오줌에 관하여』*Über den Urin*(Landhut, 1815)라는 책이 놓여 있다. 이 사람은 오늘날 사고 양식을 대표하는 선구자가 아니다. 그러나 이 책은 18세기의 자연철학 정신으로 흠뻑 물들어있다. 예를 들어 다음의 구절을 보자. "생명이 태어난다는 것은 단지 자신의 고유한 창조에 의해 이루어질 따름이다. 생명 자체는 생식이고, 출산이다. 이 생명에 의해 끊임없이

고무되는 시각적이고 완성된 모습은 생명의 토대인 유기적 신체이다." "왜냐하면, 가장 내적인 것(생명)과의 교섭을 통해 (유기적 물질인) 신체는 가장 완전한 의미에서 생명 자체를 감지하며, 그리고 모든 것을 생산하고 잉태하는 최초의 근원적인 실체로 완성되기 때문이다. 이 실체를 고대 사람들은 최초의 물질原質, prima materia이라 불렀고, 요즘 사람들에게 그것은 질소Azot로 알려져 있거나 인燐, Phosphor으로 더 잘 알려져 있다."(『오줌에 관하여』, S. 10). "액체인 오줌을 만들어내는 것이 유기체의 고체인 뼈를 만든다. 뼛속에서 인은 유기적 형태를 한 금속이 된다. 모든 생성물은 뼈를 형성할 때 인을 동반하고, 인은 모든 생성물과 함께 오줌 속에서 다시금 액체로 된다. 이로써 뼈의 체계 속에 있는 물질 변화가 일어난다. 오줌을 만들어내는 과정과 뼈를 만들어내는 과정은 다만 양방향으로 일어나는 과정일 뿐이다. 양자는 모든 종류의 동물들에 의해 일어나는 진화의 단계에서 서로 만난다."(A. a. o. S. 41) "인산의 양은 (나이가 들수록) 증가한다. 이제 요소Harmstoff가 정신화되어 요산Harnsäure이 된다. 요산은 오직 인간의 오줌 속에서만 발견된다. 인간의 오줌 속에서 인간의 완벽한 동물성이 알려진다."(A. a. o. S. 56)

뢰브는 결코 선구자가 아니라 추종자임이 분명하다. 그의 책에는 플로지스톤(Phlogiston, A. a. o. S. 128)이 늘 따라 다닌다. 그의 무게 개념은 전혀 시대에 맞지 않다. "죽은 사람의 침묵은 금속 세계로 다시 가라앉는 것이다. 그리고 모든 살아 있는 것은 죽으면, 무거워지거나[33] 금속화된다."(A. a. o. S. 43) 그런데도 뢰브의 사고 양식은 근대적 사고 양식과 비교될 수 있다. 그 이유는 그의 책에서 다뤄지는 세부적인 것이 근대과학에서 발견되는 세부적인 것과 직접 비교될 수 있기 때문이다. 뢰브는

---

[33] 위에서 슈레거O. Schreger가 인용한 것과 비교해 볼 것. 슈레거가 범한 이러한 '오류'는 몇백 년 동안 반복되었고, 오늘날에도 여전히 시민의 인식 속에 살아 있다.

자기 자신을 건전한 연구자로 생각하고, 중세의 상상적 우로만티 Uromantie(소변으로 점치는 것)를 비난한다. "16세기에 들어 아랍인들이 상상했던 화려한 우로만티가 의심을 불러오자, 비로소 우리도 단순히 오줌을 자연적으로 관찰하는 것으로 되돌아왔다. …" 뢰브는 자신의 학설을 단순히 자연을 관찰하는 것으로 생각했다. 그것은 오늘날 많은 자연 연구자가 자신의 학설을 자연 관찰이라고 믿고 있는 것과 같다.

인은 뢰브가 화학적으로 관찰한 일종의 근본 사상이다. 그러나 그것을 오늘날 같은 이름으로 불리는 근대적 요소인 인과 같은 것으로 생각한다면, 그것은 –물론 어떤 공통적인 특징이 있다는 것을 부정할 수 없다고 하더라도– 큰 잘못이다. "이 모든 오줌의 자연적 성질 중에서 인은 온전히 동물적 삶의 과정에서 만들어진 생산물로서, 진정으로 영감을 불어넣는 지배적 원리다. 인은 다만 동물의 젤라틴Gallerte 속에 들어있는 알칼리성과 질소의 성질을 띤 다량의 소금 속에 들어있다. 젤라틴 속에서 인은 처음 생명이 잉태될 때 점액질의 젤라틴 상태로 녹아 있는 영양의 근본 토대로서 나타나고, 최초의 식물적·동물적 존재를 양육하는 요소로 나타나며, 나아가 안식향산과 염산에서는 산을 구성하는 근본토대로서 나타난다."(A. a. o. S. 12) "오줌을 참고 있으면, 인은 죽음의 효소로서 재빨리 연소하는 불꽃으로 이행된다. 또는 모든 유기체 속에서 인의 생성을 일깨워주는 것도 바로 오줌 속에 있는 인이다. 오줌의 열은 오줌을 오랫동안 참을 때 오는 가장 나쁜 종류의 부패열이다. 특히 인을 통해 대기의 기상학적 정전기 현상이 오줌 체계에 강력한 영향을 미친다."(A. a. o. S. 12) "육식 동물이나 포식 동물의 경우에는 언제나 인산이 증가한다. … 이러한 동물의 환경에서 고유한 방향芳香 물질을 생성하는 것과 주로 육식을 하는 사람들의 경우에 동물처럼 땀을 흘리는 것은 모두 동물화된 오줌과 내적으로 밀접한 연관이 있고, 특히 오줌 속에 더 많은 인산을 만들어내는 것과 연관이 있다."(A. a. o. S. 27) "요소 양이 점점 증가하기 때문에, 인산과 요산은 또한, 남자와 여자의 오줌 속에서 수많은 수정 모양의 침전물을 만들어낸다. 여자의 오줌은 처음 생명을 잉태하는 원시적인 상태로 언제나 보다 충실하게 남아 있다. 그래서 여자의 오줌에서 생성되는 인은 좀더 끈적거리고, 거품이 많고, 기름기가 많고, 매끄럽다."(A. a. o. S. 44) "개르트너K. F. von Gärtner가 포스포리그테산phosphorigte Säure이라 부른 인산은 종종 많은 오줌이 땀과 마찬가지로 인광燐光을 발산하기 때문에[34] 유일하게 오줌 속에 들어있는 자유로운 산이다."(A. a. o. S. 63) "혈액의 섬유소도 … 인이 금속화되어 생긴 것이다."(A. a. o. S. 100) "여기서 (즉 불타는 오줌에서) 좀더 강한 인이 생성된다는 것은 오줌의 색깔, 온도, 농도, 질과 양을 보더라도 전혀 잘못되었다고 할 수 없다."(A. a. o. S.115) "오줌은 직접 영감을 주는 원리를 나타내기 때문에, 이 두 개의 산, 즉 요산과 인산은 오줌 속에서 전혀 발견되지 않는다. 그러나 이 영감을 주는 원리는 필연적으로 신경적 정신의 방해를 받기 때문에 오줌 속에서 결핍되지도 않고, 만들어질 수도 없다."(A. a. o. S. 157) "오줌 속의 인은 요산으로서, 요산의 토대로서 –다른 모든 소금의 성질과 흙의 성질도 함께– 이 충동에 따른다."(A. a. o. S. 206) "이 오줌 속의 소금 결정체는 대부분 요산으로서 인을 확고한 토대로 삼고 있다."(A. a. o. S. 206)

이 인을 새롭게 나타낼 수 있는 말이 오늘날 과학에는 없다. 인은 '정신화되고', '동물화되는' 하나의 원리, 근본 원칙, 상징이지만, 또한, 죽어가는 힘('죽음의 상징으로서')을 나타내는 하나의 원리, 근본 원칙, 상징이기도 하다. 인은 정전기와 관련 있고, 독특한 후각물질의 생성, 인광

---

[34] 인광은 어두운 곳에서 푸른빛을 띤다—옮긴이 주.

의 발산, 불꽃을 일으키고 부패되는 것과도 관련 있다. 인은 참으로 카멜레온처럼 많은 형태, 즉 금속, 젤라틴, 비누 또는 기름과 같은 형태를 취한다. 인은 요산, 염료로서 오줌의 결정, 색깔, 온도, 농도에 나타난다. 인은 하나의 원리이지만, 침전물에서는 소금과 나란히 물질로 나타난다. 인은 숙고될 수 있고, 증가하거나 감소할 수 있고, 완전히 없어질 수도 있다. 따라서 인은 오늘날 말하는 원리의 특징을 지니고 있지 않다. 왜냐하면, 오늘날 원리 또는 상징은 계량될 수 있는 것이 아니기 때문이다. 하지만 그 형상은 오늘날 인과 많은 공통점을 지니고 있다. 물론 오늘날 인으로 분류되는 현상과도 약간의 관련이 있다. 인광, 특별한 불꽃이 일어날 수 있음, 인 주변에서 나는 오존 냄새, '정전기 현상'이 일어난 후에도 남아 있는 것 같은 냄새, 그밖에 오줌, 뼈, 신경체계 속에 다량 함유되어 있다는 점은 오늘날 인 개념과의 관련성을 말해준다. 오늘날 과학적인 인 개념이 뢰브의 인 개념과 어떤 비슷한 점이 있다는 사실은 부정할 수 없다. 이 '어떤 것'Etwas을 엄격한 자연과학적 언어로 나타내기란 어렵다. 기껏해야 우리는 예술 분야에서 '모티브'라는 말을 빌려와, **두 형상 간의 몇몇 모티브를 비유적으로** 말할 수 있을 것이다. 따라서 불과 냄새에 대한 특수한 원천과 관계가 뢰브의 인 개념과 오늘날 과학적인 인 개념에 나타나는 공통된 모티브일 수 있을 것이다.[35]

오늘날 과학적 의미에서 볼 때 반쯤 원리이고, 반쯤 물질인 뢰브의 인이 가리키는 동일한 특성을 금속, 물, 오줌 등과 같은 다른 물질도 지니고 있다. 이 점이 뢰브가 말하는 모든 학문에 특수하게 각인되어 있다. 즉 원리는 스스로 장엄한 이념과 결합해 있고, 거대한 상관관계 및 비교

---

[35] 유사한 모티브를 공유한 공동체를 우리는 오늘날 과학적 매독 개념과 고대의 매독 개념 사이에서 발견한다. 이러한 관점에서 우리는 모든 과학적 개념을 사고 양식 이론의 의미에서 발전사적으로 탐구할 수 있다.

와도 결합해 있다. 뢰브의 현실 속에서는 모든 것이 상징 가치를 지닌다. 이 상징은 겉으로 볼 때 별로 중요하지 않은 형식을 취하지만, 속으로는 심오한 의미를 지닌다. 이러한 의미를 단순히 드러내고 설명하려고 하지 않고, 심오한 비밀로서 예감하려는 것이 뢰브가 추구하는 지식의 목표다. 예를 들어 우리는 "생식기의 점막을 통해 생겨난 신장은 특히 성 체계 또는 섹스 체계Geschlechts-oder Sexualsystem와 특별히 비밀스러운 관계를 맺고 있으면서 서로 교감한다."(A. a. o. S. 43)라는 구절을 읽는다. "그러나 그것은 생식이다. 그것은 또한, 성기에 의한 생명 과정, 최고의 환희와 정신화를 불러오는 인의 생명 과정에 들어있는 모든 생식과 생명을 잉태할 준비를 하는 것이다. 생식과 생명, 즉 성 체계와 오줌 체계는 심오한 비밀의 방식으로 서로 결부되어 있다."(A. a. o. S. 44)

여기서 저자가 발견한 심오한 비밀이란 풀어야 할 수수께끼나 연구를 통해 밝혀내야만 하는 관계 가치를 지닌 것이 아니다. 거꾸로 이 관계를 인식하는 것이 곧 **우리가 이 관계를 심오하고 비밀스러운 것으로 설명하는 것**이다. 비밀은 바로 비밀로서 체험된다. 베일에 싸인 이시스(Isis)를[36] 본 관찰자에게 이시스는 −저자가 추구하고, 저자를 만족시키는− 지적 향유다.

뢰브가 어떤 경우에 우리가 말하는 순수 기계적 연관을 발견했다면, 그는 거기에 머무르지 않고, 다시금 더 심오한 것을 찾아 나간다. "자율

---

[36] 이집트의 전설. 이시스는 오시리스의 아내다. 이시스는 오시리스의 시신 조각들을 찾아 재결합하여 자신의 권능으로 그를 소생시켰다. 신화에 따르면 이시스는 아들 호루스가 장성하여 아버지의 원수를 갚을 때까지 오시리스를 살해한 세트에게 접근하지 못하게 했다. 이시스가 아들을 보호하는 보호여신의 성격이 잘 나타나는 대목이다. 그밖에 이시스는 다른 신들의 능력을 능가하는 위대한 마법사였고, 여신 네프티스, 네이트 등과 함께 죽은 자를 보호하는 신이었다. 애도자로서 죽은 자와 관련된 의식에서는 주신의 역할을 했고, 마법사로서 병자들을 치유했고 죽은 자들을 소생시켰으며, 어머니로서 생명의 원천이기도 했다—옮긴이 주.

적으로 제어되는 모든 기관과 운동 기관, 살갗, 괄약근이 일반적으로 마비되어 있을 때는 바로 모든 체액이 많이 녹아버렸기 때문에 배설이 제멋대로 일어난다."(A. a. o. S. 110) 요실금은 일반적으로 '희석되고, 변색된, 검고, 거품이 이는' 혈액 속에서 일어나고, 또한, 피땀을 흘리고 설사를 할 때 일어나는 '녹아서 배출되는 것'일 뿐이다. 그는 단 하나의 대상을 보고도, 곧장 심오하고 비밀로 가득 찬 관계를 찾아내어 서술한다. "(중병에 걸린 사람의 경우에) 피부는 질소농도가 매우 높고, 시체 썩는 냄새가 나는 오염된 환경을 만들어낸다. 그래서 배설 체계도 흐리고, 검고, 거품이 많은 오줌을 만들어낸다. 이로부터 곧 검고, 그을음이 낀, 커피 찌꺼기를 닮은 침전물이 생기고, 썩고 악취를 풍기는 냄새가 퍼진다."(A. a. o. S. 111) 이 형상을 세부적으로 서술하는 어두운 색깔에 대응시킨 것에 주의해 보자. 즉 암울한 예후 대 어두운 오줌, 죽음에의 위험과 감염에의 위험 대 시체 썩는 냄새와 썩고 악취 풍기는 냄새를 대비시켜 보면, 이것은 단순히 감정상의 상상이 아니라는 것을 알 수 있다. 왜냐하면, 여기서 우리는 서술된 징후의 특성과 전체 형상이 나타내는 의미 사이에 명백한 대비가 일어나고 있음을 보기 때문이다. 이 대비는 마치 각 부분에서 전체의 의미가 조화롭게 표시되는 것처럼 보인다. 즉 검은 색깔을 띤 오줌은 암울한 징후의 표시를 가리킨다. 마찬가지로 "오줌의 색깔, 온도, 농도, 양과 질은 '틀림없이' '강한 인 형성물'을 직접 나타내는 말이다. 뢰브는 대체로 이 심오한 의미를 나타내는 **표시** Signaturen를[37] 볼 준비가 되어 있었다(그는 환자들이 눈 '오줌의 일람표'를

---

[37] 파라셀수스의 표시론 참조. 파라셀수스는 우리가 치료할 수 있는 것만 볼 수 있다고 생각했다. 그래서 눈을 밝게 하는 치료의 힘은 그의 혈액 속에서 인간의 눈을 닮은 것을 보는 것에서 알 수 있다고 추정했다(R. Koch ed., *Paraclsus: Krankheit und Glaube*, Stuttgart: Frommann, 1923, S. 24). 고환 모양을 한 난초Orchis의 뿌리는 고환 병에 좋다(J. H. Baas, *Grundriss der Geschichte der Medizin und des*

작성했고, 또는 '오줌에 포함된 담즙'을 표시했다). 이 표시들이 실제로 뢰브가 든 대상에 상징적 특징을 부여한다.

뢰브의 서술을 읽어보면, 그는 많은 특성을 나타내는 말을 사용하고 있지만, 그 특성에 대해 우리가 알지 못한다는 점에 충격을 받는다. 120쪽에는 괴저壞疽된 기관에서 체액이 변질된 "미라같이 주름진 창상의 농장액"에 관해[38] 서술하고, 142쪽과 146쪽에는 초식동물의 오줌과 (시각적으로) 닮은 것을 나타내는 '짐을 실은 짐승의 오줌처럼 강한 냄새가 나는 오줌'jumentösem Urin에 관해 서술하고 있다. 그밖에도 그는 아주 많은 특성에 관해 서술하고 있는데, 그것은 우리에게 무익한 용어冗語(군더더기 말Pleonasmen)처럼 보인다. "폐열廢熱, Synochus이 발생하는 것도 오줌에서 확인될 수 있는데, 그것은 변색과 탁도로 확인되고, 덜 삶기고 골고루 섞이지 않아 생겨나는 것들이다. 그 오줌의 색깔은 밝은 적색이거나 검붉은 색이며, 탁하고, 끈적끈적하다. 오줌의 침전물에도 많은 것이 나타나는데, 침전물은 서로 관련을 맺지 않는 솜털처럼 뭉쳐 있고, 여러 가지 색깔을 띠며, 더러운 흰색을 하고, 가끔 회색도 띠는 점액질로 되어 있다. 침전물은 용해된 점액, 젤라틴, 오줌 그리고 인으로 구성되어 있다. 침전물이 형성되면, 오줌은 언제나 탁하고 흐려진다. 그래서 배설될 때부터 오줌은 이미 흐려져 있었던 것처럼 보인다. 이러한 표시들이 오줌에 공통적인 모든 열의 마지막 단계까지 유지된다."(A. a. o. S. 107) 방금 서술한 것은 오늘날 우리가 "솜털처럼 뭉쳐진 앙금이 포함된 탁하고 밝은 적색이나 검붉은 색의 오줌"이라고 말하는 것과 일치한다. 다른 것은

---

    heilenden Standes, Stuttgart: Enke, 1876, S. 316). 아주 유사한 것이 고대 인도 의학(황달에는 노란 식물이 좋다)과 많은 서구 민족의 민족 의학에도 나타난다.

[38] 농장액膿漿液, ichoröser Flüssigkeit: 창상(외부에서 힘을 가해 신체 조직의 정상적 구조가 파괴된 상태)에서 나오는 묽은 장액성의 고름—옮긴이 주.

우리에게 일부(변색, 탁한 색깔, 끈적끈적한 색깔)는 필요 없는 것이고, 또 다른 일부(침전물의 복잡하게 뒤엉켜 있음을 열거한 것)는 침전물의 현미경 관찰로 대체된다. '덜 삶기거나 골고루 섞이지 않은' 것과 같은 표현은 우리에게 전혀 친숙하지 않은 말이다. 그러나 우리는 이 말이 무엇을 의미하는지 설명할 수 있다. 이 말은 병리학 이론과 일치한다. 병리학 이론에 따르면 모든 질병은 처음에 '가공되지 않은 날 것 그대로의 단계'Cruditas라 불리는 특정한 단계에서 일어난다고 가정된다. 이 가공되지 않은 날 것 그대로의 단계와 "두껍고 탁하고 변색된, 전혀 골고루 섞여 있지 않은 것을 가리키는" 날 것 그대로의 오줌urina cruda은 일치한다. 뢰브가 서술한 오줌의 시각적 특징을 '덜 삶긴 것'이라고 부른 것은 특이하다. 뢰브가 덜 삶기거나 골고루 섞이지 않은 부족함Mangel을 직접 볼 수 있는 특징으로 파악했다 하더라도, 우리에게는 이 부족함이 더 이상 타당하다고 생각되지 않는다. 그것은 –**뢰브는 직접 보았지만, 우리는 보지 못한**– 이론에 따라 설정된 형태이다. 또한, 우리에게 친숙하지 않은 다른 많은 서술, 위에서 언급한 '짐승의 오줌처럼 강한 냄새가 나는 오줌'과 같은 것은 –**우리가 보지 못한**– 이론적으로 완성된 형태이지만, 뢰브는 양식에 따라 이 형태를 지각할 준비가 되어 있었다. 그것도 **직접 지각**할 준비가 되어 있었다. 이와 유사하게 오늘날 지식에서 우리가 즉각 직접 지각할 수 있는 형태와 성질에 관해서는 이 장의 2절에서 관찰과 경험을 다룰 때 이미 말했다.

무엇보다도 뢰브는 우리와 다른 것을 보았고, 본 것을 다른 종류의 지식으로 평가할 준비가 되어 있었다. 오해를 미연에 방지하기 위해 다음과 같은 사실을 분명히 해 두자. 뢰브는 확실히 그 시대의 탁월한 학자가 아니다. 그리고 그 시대를 특징짓는 대표자로도 생각될 수 없다. 여기서 나는 다만 오늘날 과학적 사고와 차이 나는 과학적 사고의 예를 들려고 했을 뿐이다. 뢰브는 이미 상상적이고 신비적인 것으로 생각되는 그의 독특한 정서를 통해 심오한 비밀 관계를 볼 준비가 되어 있었다. 그의 세계에 있는 것은 모두 특수하고 상징적인 색채를 띠고 있다. 이것이 바로 **직접 지각한 것에 부합하는 형태로 고양시키려는 뢰브의 사고상의 강압**이다. 이 점에서 그는 진정한 연구자로 간주된다. 왜냐하면, 그는 다만 보이는 것만을 서술했을 뿐이기 때문이다.

서로 다른 두 개의 사고 양식에서 받아들여진 과학적 관찰의 차이를 분명히 하기 위해 우리는 아마도 옛날 교과서와 최신 교과서에 나타난 해부학적 설명과 그림을 비교해 보는 것이 더 적절할 것으로 보인다. 이를 위해 나는 17세기와 18세기에 많이 사용된 해부학 교재를 훑어보았다. 그중에서 어떤 것을 예로 들더라도 크게 차이는 없다. 나는 토마스 바르톨린Thomas Bartholin의 『해부학, 모든 오래된 관찰과 새로운 관찰, 특히 하비의 혈액순환과 림프선에 관한 나의 아버지 카스파 바르톨린의 가르침』*Anatome, ex omnium veterum recentiorumque observationibus, inprimis Institutionibus b. m. Parentis Caspari Bartholini, ad circulationem Harvejanam et vasa lymphatica quartum revovata* (4th Leyden, 1673)에서 빗장뼈(쇄골)에 관한 서술을 인용해 보겠다. "빗장뼈는 자물쇠라고도 불린다. 왜냐하면, 빗장뼈가 가슴을 자물쇠로 채워 놓고 있기 때문이다. 또한, 자물쇠처럼 어깨뼈를 가슴뼈에 채우고 있기 때문이다. 또는 빗장뼈는 옛날 집에 있던 자물쇠를 연상시키기 때문이다. 이탈리아의 옛 도시 파두아에 살았던 스피겔리오Spigelio에 의하면, 옛날 집에는 이러한 자물쇠가 있었다고 전해진다. 셀수스는 빗장뼈가 어깨뼈와 가슴뼈를 연결해 주기 때문에, 이 뼈를 오리온성좌의 세 개의 별 jugula이라 불렀다. 다른 사람들은 이 뼈를 갑각岬角, Y자 모양으로 갈라진 뼈, 또는 위쪽 지지대 등으로 불렀다. 이 뼈는 목 바로 아래와 가슴의 가장 윗부분에 가로 놓여 있어서, 어깨뼈와 가슴뼈를 하나로 묶어준다. 이 뼈는 라틴어 S자를 길게 늘어뜨린 모양, 즉 반원 두 개가 S자 모양으로 서로 결합된 모양을 하고 있고, 바깥쪽으로 볼록하게 연결되고, 속이 살짝 비어 있어서 그 속에 넓게 퍼져 있는 관이 압박받지 않도록 되어 있다. 남자들의 경우에는 이 뼈가 더 굽어 있어 팔 운동을 할 때 방해를 덜 받는다. 여자의 경우에는 덜 굽어 있어 아름다움을 배가시킨다. 그래서 이 신체 부위의 움푹 파임이 남자들보다 여자들의 경우에 눈에 덜 띈다. 그래서 여자들은 돌을 던지는 일에 덜 능숙하다. 뼈의 재질은 두껍지만, 속이 빈 관처럼 비어 있고, 해면처럼 구멍이 많이 나 있다. 그래서 자주 골절상을 입는다. 골절되더라도 쉽게 접합된다. 표면은 거칠고 고르지 않다. 이 빗장뼈는 위쪽 방향으로는 연골조직에 의해 어깨뼈와 연결되어 있다. 이 연골조직이 빗장뼈와 어깨뼈를 연결시켜 어깨뼈와 팔의 운동이 방해를 받지 않도록 한다. 그러나 동시에 빗장뼈는 빗장뼈와 어깨뼈의 연결부위(관절부위)를 둘러싸고 있는 인대의 넓고 긴 한쪽 끝에 의해 고정되어 있으며, 인대의 또 다른 끝에 의해 -이미 말했듯이- 가슴뼈와 연결되어 있다. 빗장뼈는 다양한 팔 운동에 유용하다. 팔은 막대 같은 뼈에 의해 고정되어 있기 때문에, 쉽게 앞뒤로 움직인다. 따라서 원숭이, 다람쥐, 쥐, 고슴도치 같은 극소수의 동물을 제외한 대부분 동물은 빗장뼈를 가지고 있지 않다."(바르톨린, 『해부학』, S. 745)

이 서술 내용을 재구성해 보면, 다음과 같다. 즉 ① 이 장의 1/5를 차지하는 용어의 언어적 분석, ② 뼈의 위치에 대해 짧게 서술하고, 다른 뼈와의 연결에 대해서는 상당히 자세하게 설명한 것, ③ 형태에 대한 직관적이지만, 매우 상세한 서술, ④ 표면('거칠고 고르지 않다')과 내부 구조('두껍지만, 구멍이 나 있고, 퍼석퍼석하다')에 대한 아주 짧은 서술, ⑤ 설명의 1/4를 차지하는 비교적 서술적이고, 아주 상세한 목적론적 언급, ⑥ 해부학적 비교에 대한 짧은 언급(따라서 동물은 빗장뼈를 가지고 있지 않다)으로 구성되어 있다.

이 서술을 근대적 서술, 즉 뮐러와 뮬러J. Möller und P. Müller가 해부학에 관해 아주 간결하게 요약하여 서술한 것과 비교해 보자.39 "쇄골, 빗장뼈"Clavicula, Schlüsselbein: 쇄골은 어깨 끝과 가슴뼈 사이에 걸쳐 있는 S자 모양으로 굽은 뼈다. 쇄골은 중간 부위, 가슴뼈와 연결되는 끝 부위, 어깨뼈와 연결되는 끝 부위 등 세 부분으로 구분된다. 중간 부위는 윗면과 아랫면으로 나뉜다. 아랫면에서 보면 쇄골 하근Musculus Subclavius/ 碎骨下筋이라 불리는 얕은 고랑을 갖춘 면이 보인다. 그리고 중간 부위는 대흉근 pectoralis major大胸筋과 삼각근 조면deltoideus 三角筋 粗面이 자리 잡고 있는 앞쪽 경계와 뒤쪽 경계로 나뉜다. 가슴뼈와 연결되는 끝 부분은 쇄골 하근 Musculus Subclavius이 있는 앞쪽 경계, 흉골설골M. sterno-hyoideus/胸骨舌骨이 자리 잡은 뒤쪽 경계, 아랫면의 가슴 관절의 면Facies articularis sternalis, 그리고 아랫면과 뒤쪽 경계 등과 함께 각기둥 모양을 하고 있다. 그리고 아랫면에는 늑쇄인대lig. costoclaviulare/肋鎖靭帶가 자리 잡고 있다. 어깨뼈와 연결되는 끝부분은 윗면, 아랫면에 있는 어깨뼈관절의 면Facies articularis acromialis, 그리고 삼각근 조면M. deltoideus이 자리 잡은 앞쪽 경계, 또한, 승모근M. trapezius/僧帽筋이 자리 잡은 뒤쪽 경계를 가지고 있다. 그리고 아랫면에는 오훼쇄골인대부리빗장인대/Lig. coracoclaviculare/烏喙鎖骨靭帶가 자리 잡고 있다. 발전: 주요 핵심은 중간 부위에 있고, 가슴뼈와 연결되는 쇄골 끝 부분에 Epiphyse에 있다.40

---

39 J. Möller und P. Müller, *Grundriss der Anatomie des Menschen für Studium und Praxis*, 2rd ed., Leipzig: Veit, 1914. 이 책은 의사들을 위해 집필되었다. 850쪽에 달하는 바르톨리누스의 『해부학』(T. Bartholinus, *Anatome ex omnium veterum recentiorumque observationibus*, Leyden, 1673)과 비교해 보면, 이 책은 요약본이지만, 그래도 510쪽에 달하는 두꺼운 책이다. 위에서 인용한 쪽의 서술 내용은 두 사람의 경우에 모두 거의 비슷한 분량을 하고 있다.
40 쇄골의 관찰은 위, 아래의 2개 면, 앞과 뒤로 나누어지는 2개의 경계, 가슴 쪽 뼈끝과 어깨뼈 쪽 뼈끝 등 2개의 뼈끝으로 나누어 보아야 한다는 것이 여기서

이 서술을 17세기에 서술된 것과 비교해 보면, 다음과 같은 변화가 눈에 띈다. ① 용어의 유사 언어학적 분석, ② 형태와 위치에 대한 많은 직관적 분석, ③ 목적론이 **사라지고 없다. 반면에** ④ 뼈와 연결된 근육, 인대 등에 관해 매우 세부적으로 서술되어 있고, ⑤ 이와 관련한 뼈의 표면, 테두리, 부분들에 관한 서술도 매우 **풍부해졌다.** 즉 지적 관심의 변화가 매우 두드러진다. 바르톨리누스가 몇 마디로 처리했던 것은 열 배쯤 확장되어 서술된 반면에, 장황하게 설명한 것은 거의 사라지고 없다. 텍스트의 거의 반을 차지했던 용어분석과 목적론 대신에, 오늘날 우리는 신체 조직의 세부적인 연관에 관한 서술로 채우고 있다. 용어, 통속적으로 직관되는 형태와 의미(목적)는 기계적-기술적 이론의 관점에서 세부적인 관계를 서술하는 것에 의해 배후로 밀려나고 말았다.

우리는 옛날의 모든 해부학적 서술에서 언급된 특징들이 이따금 매우 두드러지게 나타나는 터무니없는 것임을 발견한다. 용어 분석이 모두 반쪽에 걸쳐 인용, 설명, 추론, 입장 정리와 함께 나타난다. 폰타누스가 편집한[41] 베살리우스의 해부학 발췌문에는 허벅다리 뼈femur에 관한 장에서 오늘날 의미의 해부학적 구조에 관해 단지 31개의 단어로 설명하고 있지만, 프리니우스Plinius, 프라우투스Plautus, 버질리우스Virgilius, 호라티우스Horatius 등은 허벅다리뼈의 구조와 의미를 설명하는데 무려 135개의 단어를 사용했다. 예를 들어 바르톨리누스는 다음과 같이 서술했다. "작은 배腹, venter와 같다고 해서 위胃, ventricus라고 말한다(위를 가리키는 ventricus는 배를 가리키는 venter에서 유래했다).''(S. 66) 또는 "정력을

핵심이다―옮긴이 주.
[41] N. Fontanus(heraus.), *Librorum Andreas Vesalius de humani corporis fabrica epitome*, Cum annotationibus Nicolai Fontani. Amsterdam, 1642.

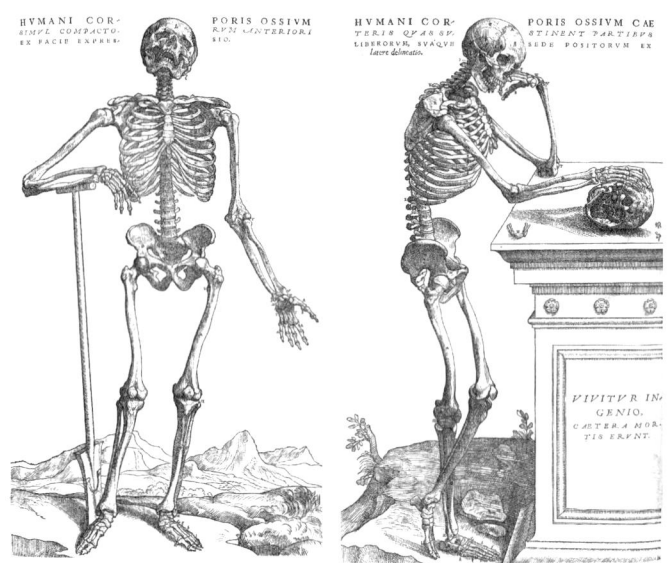

로트(1892)에 따른 베살리우스의 골격도

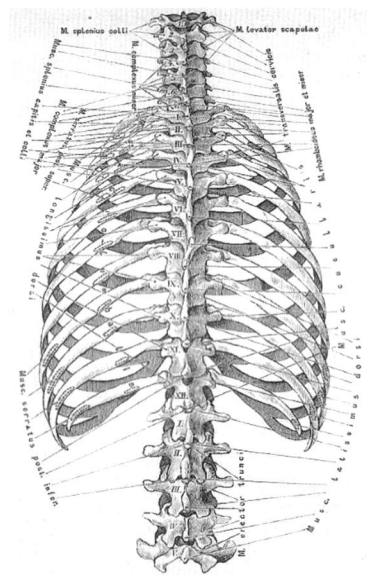

하이츠만(1888)에 따른 늑골 광주리

입증하는 증인testis과 같다고 해서 고환 또는 불알testes 또는 testiculi이라 말해진다(증인을 가리키는 testis로부터 고환을 가리키는 testes 또는 testiculi라는 말이 유래했다)."(S. 208) 또는 "심장을 가리키는 cor라는 말은 꼬르륵거리는 심장 운동의 소리에서 유래했다."(S. 353) 여기서 사용된 용어는 오늘날 우리가 사용하는 것과 전혀 다른 의미를 갖고 있다. 그것은 인습적이거나 우연히 생긴 역사적 사건으로 인해 임의로 생겨난 것이 아니다. 즉 용어 자체에서 직접 의미가 드러나고, 용어를 찾는 것은 기존의 지식을 부분적으로 활용한 것이다. 용어는 기존의 특성에 관한 가치를 지니고 있다.

오래된 해부학적 서술과 그림은 특별히 직관적이다. 이 점이 특징적이다. 우리는 이러한 특징을 이미 쇄골의 묘사에서 보았다. 신장에 관해 바르톨리누스는 다음과 같이 서술한다. "그 모양은 강낭콩의 모습을 하고 있다. 평면적으로 보면, 노루귀 나뭇잎과 같은 모습을 하고 있다. 외부에서 보면, 등 쪽에 또는 아랫배 옆구리에 불룩하고 둥근 모양으로 자리 잡고 있다. 그 내부를 들여다보면, 윗부분과 아랫부분은 곱사등 같이 휘어져 있고, 중간 부분은 반곡선反曲線을 그리면서 움푹 파여 있다."(Ibid, S. 177) 우리는 17세기와 18세기의 해부학 책에서 오늘날 책에서는 전혀 찾아볼 수 없는 매우 놀라운 신경도와 혈관도를 발견한다. 이 직관적 그림은 매우 특이한 색채를 띤다. 예를 들어 골격은 단순히 뼈를 나타내는 것도, 뼈의 체계, 즉 체계적으로 정돈된 뼈를 나타내는 것도 아니며, 정서적으로 강조된 상징을 나타낸다. 그것은 죽음을 상징하고, 삽과 낫 또는 다른 죽음의 표시들도 함께 가지고 있다.[42] 근육의

---

[42] 위의 그림 참조. 특별한 사고상의 강압이 두개골과 죽음을 연결시키고 있다. "내 생각에는 유령이나 밤 그림자가 사람을 놀라게 할 때, 그 놀라움은 (두개골 속에서도) 이러한 형태로 일어날 것이다." Ibid., S. 3.

모습은 순교자로 묘사되어 있고, 다른 모습도 모두 숭고한 지위를 차지하고 있다. 얼굴은 시체의 공허한 표현을 담고 있는 것도, 현대적 해부도의 도식적 특징을 담고 있는 것도 아니다. 그것은 모두 의미심장한 기념비적 얼굴을 하고 있다. 아직 태어나지 않은 아이들의 모습을 표현할 때에는 태아의 비례와 사지의 위치를 인습적이고 귀여운 방식으로 정렬해 두고 있다. 머리는 너무 작고, 사지는 배아의 꽉 들어찬 자리와 일치하지 않는 적당한 자리에 놓여 있다.[43] (12세기에 그려진) 가장 오래된 해부도를 살펴보면, 우선 그 도식적이고 원시의 상징적인 특징들이 잘 나타나 있다. 다시 말해 우리는 도식이 인습적으로 획일적인 자세를 취하고 있음을 본다. 기관은 상징적으로 표시되어 있다. 예를 들어 가슴의 빈 공간에 있는 원형의 길은 가슴 속에서 호흡이 순환하는 길을 나타낸 것이다. 가슴 오른쪽 아래에 도식적인 5엽의 간이 있다. 지금 우리는 그 당시의 사람들이 파악했던 의미 형성체를 보고 있다. 그러나 그것은 —우리가 주장하는 것처럼– 자연에 충실한 형태를 묘사한 것이 아니다. 예를 들어 장의 꼬임을 묘사할 때 우리는 특정한 방식으로 주어진 단면에 나타난 특정한 개수가 아니라 꼬임을 상징하는 달팽이 모양의 선으로 표시하고 있다(그림 참조). 또한, 우리는 특정한 뇌의 주름을 보는 것이 아니라 "일반적인 뇌 표면의 곱슬곱슬한 모습"을 보고 있고, 늑골의 정해진 개수가 아니라 "일반적인 (가슴 벽의) 늑골 모양의 조직"을 보고 있다(그림 참조). 눈의 횡단면은 일정한 성층의 개수를 나타내는 것이 아니라 많은 층의 구조를 도식적으로 나타내고 있다. 이로써 그림은 양파의 횡단면을 닮아 있다(그림 참조).

우리는 어떤 이념과 의미를 그림으로 나타내는 일종의 이해 방식인

---

43 다음 장의 그림 참조.

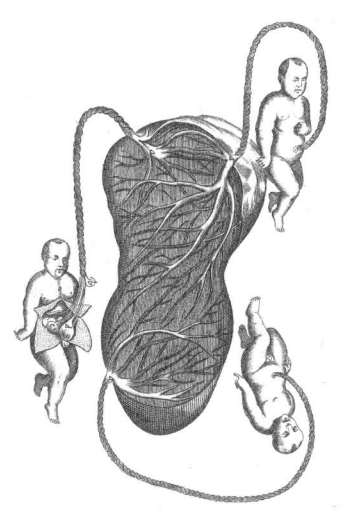

세 쌍둥이, 바르톨린,
『해부학』(1673)에서

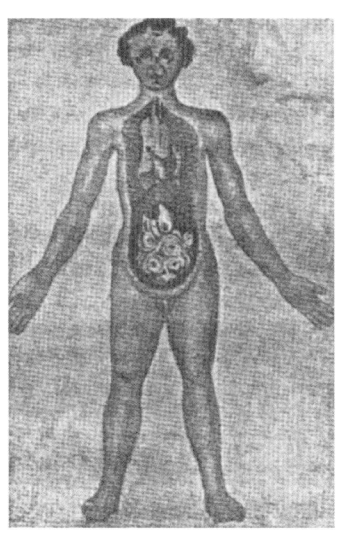

슈도프에 따른 15세기 방혈도

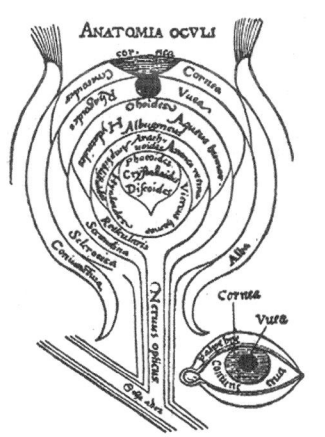

슈도프에 따른 눈의
단면도(1539)

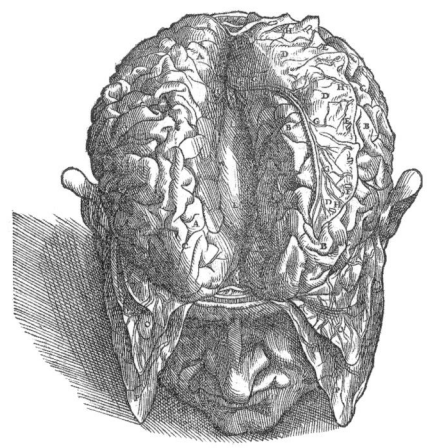

뇌의 표면, 베살리우스, 『발췌』(1543)에서

상형문자Ideogramme를 마주하고 있는 셈이다. 이 상형문자 속에 들어있는 의미는 그려진 그림의 속성과 같다.

각자의 의미를 세부적으로 파악하려는 노력인 매우 상세한 목적론은 아마도 그러한 의미를 보는 것Sinn-Sehen과 관련 있을 것이다. 우리는 폰타누스의 책에서 다음과 같은 문장을 읽는다. "아래쪽에 있는 늑골들은 위쪽의 늑골들보다 길이가 더 짧다. 그것은 음식물로 가득한 위가 지나치게 눌리지 않도록 하기 위해서다. 같은 이유로 아래쪽 늑골들이 다른 늑골들보다 더 유연하다."(N. Fontanus(heraus.), *Librorum* ..., S. 7) 두개골 지붕의 뼈 봉합 부분은 두개골에서 나오는 '수증기'를 발산시키려는 목적이 있다(Ibid. S. 3). 손가락이 세 마디로 분절되어 있다는 사실과 기관지의 연골조직이 완전히 닫혀 있지 않다는 사실도 모두 각기 단순한 목적, 말하자면 원시적인 목적을 지니고 있다.

해부학적 그림을 의미형성자Sinnbilder, Ideo-Gramme로 해석하는 것은 저자의 사고 양식이 우리와 다를수록, 시기적으로 우리와 멀리 떨어져 있을수록 더욱 두드러지게 나타난다. 중세의 그림, 페르시아 또는 아라비아 그림에서 우리는 좀더 도식적인 기호언어를 본다. 하지만 실제로 그런 것은 거의 없다.[44] 이 낯선 사고 양식과 현대적 사고 양식 간의 차이는 단순히 우리가 더 많이 알고 있다는 사실에 근거하는 것이 아니다. 우리가 알고 있는 실제적인 것보다 그들이 알고 있는 실제적인 것이 더 많은 가치를 지닌다는 점에서 보면, 그들이 우리보다 더 많이 알고 있다. 바르토리누스는 "종자뼈"de ossibus sesamoideis에[45] 관한 장章을 썼다(바르톨린,

---

[44] 그림 참조.
[45] 종자뼈sesamoid bone: 주로 손과 발에 흔하며 힘줄이나 관절낭에 묻혀 있는 여러 개의 계란모양의 짧은 뼈. 인접하고 있는 뼈와 관절을 이루어 도르래 같은 역할을 하며, 힘줄과 인대가 뼈 면에서 탈구하는 것을 방지한다—옮긴이 주.

『해부학』, S. 756). 이 장의 서술은 "경추 또는 목 근육"에 관한 장보다 훨씬 더 길게 서술되어 있을 뿐만 아니라 현대 해부학에서 짧게 이 뼈에 대해 언급하는 것보다 약 20~30배가량 더 많은 단어로 문장을 구성하고 있다.[46]

이 뼈(즉, 종자뼈)는 바르토리누스의 골학Osteologie에서는 중요했지만, 우리에게는 그렇게 중요하지 않다. 말하자면 바르토리누스의 골학은 골격 체제 너머의 것에 관해 말하고 있다. 바르토리누스는 여전히 이 작은 뼈가 씨앗에서 생겨났다는 태고의 상상적 전설에 동의한다. 신체도 언젠가 이 씨앗에서 재생될 것이다. "식물이 씨앗에서 자라듯이" 말이다. 바르토리누스는 이 점에 대해 확고히 믿지 않았지만, 그래도 다른 저자들을 인용하여 이 뼈의 목적에 관해 논의해야만 했고, 그리고 그 형태와 위치를 다루어야만 했으며, 수많은 가변성에 관해서는 놀라움을 보여주어야만 했다. 요약하면 종자뼈에 관해 바르토리누스는 우리보다 더 많이 말했고, 심지어 오늘날 근육학Myologie의 중요한 부분을 이루는 목 근육에 관해 말하는 것보다 더 많이 말했다.

처녀막에 관해 오늘날에는 한두 문장의 서술로 그치지만, 바르토리누스는 거의 5쪽에 걸쳐 서술하고 있다. 많은 지면을 고대 해부학은 해부학적 요소를 설명하는 것에 할애했다. 폰타누스는 다음과 같이 언급한다. "두개골의 뼈들은 스무 개로 이루어져 있다. 그중에서 여덟 개는 머리의 뼈이고, 열두 개는 상악골의 뼈다."(N. Fontanus(heraus.), *Librorum ...*, S. 36) 그는 또한, 발가락뼈가 스물여덟 개이고, 사람의 뼈는 대략 364

---

[46] 예를 들어 톨트Toldt는 "종자뼈 또는 관절뼈란 뼈가 자라서 기껏해야 힘줄에 조금 붙어 있는 것을 말한다."라고 서술하고 있을 따름이다.*

* 현대 해부학에서는 이 뼈에 대해 단지 '불필요한 연골성 결절superfluous cartilaginous nodules'라고 말한다—옮긴이 주.

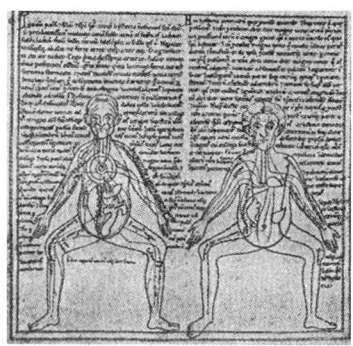

슈도프에 따른 1158년의 해부학 그림

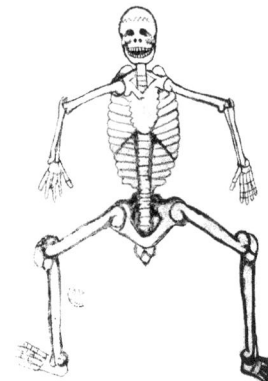

마이어 슈타이네크와 슈도프
(1928)에 따른 1323년의 골격도

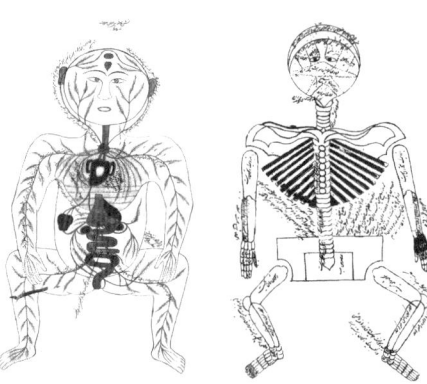

페르시아인 해부도

바인들러(1908)에 따른 자궁 속의 태아(1460년 경)

개라고 말한다. 그 밖에 그는 일곱 쌍의 근육이 눈을 움직이고, 네 쌍의 근육이 뺨과 입술을 움직이며, 정맥은 다섯 갈래로 뻗어 있다고 말한다. 오늘날 이러한 설명은 있을 수 없는 일이다. 왜냐하면, 예를 들어 서너 개의 뼈가 하나의 이음매 속에서 별도로 확인된다는 것은 오늘날 임의적인 것으로 간주되기 때문이다. 그러나 수를 서술의 수단으로 보는 것이 아니라 수 자체가 –서술된 용어만큼이나– 중요하다고 보는 사고 양식이 있다. 우리는 폰타누스의 경우에도 수 신비주의의 흔적을 본다. 많은 사고 양식, 예를 들어 인도와 중국의 사고 양식에서는 그러한 설명 체계가 수에 특별한 의미를 부여했고, 수를 유의미한 방식으로 서로 묶어줌으로써 정교하게 다듬어 수가 지닌 비밀 교의를 다양하게 만들어냈다. 사고 양식이 우리와 너무 멀리 떨어져 있다면, 그 의미를 우리는 더 이상 이해할 수 없게 된다. 낱말은 서로 번역될 수 없고, 개념은 우리와 어떤 공통점도 지니지 않게 된다. 그래도 인에 관한 뢰브의 개념과 오늘날 인 개념 사이에는 하나의 동기가 공통점으로서 들어있다. 그러나 숫자 속에는 이와 같은 공통된 동기조차도 들어있지 않다.

순전히 자신의 사고 양식에 파묻혀 사는 연구자는 단지 자신의 사고 양식에 따라 나타나는 능동적인 것, 거의 자의적인 것만을 본다. 그래서 그는 아무렇게나 칠한 상상의 그림과 같은 전혀 이질적인 사고 양식을 지니고 있다. 이질적인 사고 양식과 달리, 자신의 고유한 사고 양식은 어떤 것을 그 자신에게 강제하는 것으로서 나타난다. 왜냐하면, 그는 어떤 것이 자신의 사고 양식에 의해 수동적으로 주어진다는 것을 알고 있지만, 그것을 자신의 능동성으로 받아들이기 때문이다. 이 능동성은 교육과 훈련을 통해, 사고 집단 간의 교류에 참여함으로써 자명한 것이 되었고, 호흡하듯이 거의 무의식적인 것이 되었다. 베살리우스 또는 그의 선행자들과 동시대인들이 두개골을 거의 언제나 죽음의 상징으로 묘사했다면, 현대 해부학자들은 이 상징을 다만 불필요한 감정적 부수물로 간주한다. 그러나 오늘날 해부학 그림에서 우리는 현대의 특수한 지적 분위기를 배울 수 있다. 흉곽을 나타낸 하이츠만C. Heitzmann의 해부학 도면 120번과 121번 그림을 보자.⁴⁷ 흉곽을 기계적-기술적으로 묘사한 동기는 베살리우스의 두개골 그림에서 죽음의 동기를 묘사한 것과 거의 같은 느낌을 준다. 물론 우리는 시체를 넣는 곽을 닮아 있음이 '자발적으로' 생겨났다고 말할 수 없다. 왜냐하면, 이 닮음은 ① 줄로 묘사된 갈비뼈의 합목적적 표현, ② 그물조직의 합목적적 결합, ③ 닮음을 원근법적으로 나타내기 위해 전체를 합목적적으로 배치한 것(이것은 고전적 해부학에서 상형문자로 합목적적으로 배치한 것과 유사하다)에 의해 생겨난 것이기 때문이고, 나아가 ④ 근육의 위치를 나타내는 표시줄에 의해 표시된 기계적 도구의 상징도 베살리우스가 감각적으로 죽음의 상징을 강조했듯이, 충분히 강조되고 있기 때문이다. **이 근대적 모습도 베살리우스의 경우와 똑같은 상형문자다.** 의미를 보는 것Sinn-Sehen 외에 다른 시각은 없고, 상형문자 외에 다른 그림은 없다.

현대 해부학의 모든 골격 그림에서 기술적-기계적 동기는 그대로 유지된다. 그래서 골격 체계는 지지대의 역할을 한다. 우리가 학교에서 배운 것과 사고 양식에서 이러한 주장은 너무나 익숙한 것이기 때문에, 바로 여기서 모두에게 "이것은 지지대야" 하고 외치게 된다. 그것은 우리가 근대과학적 사고 양식에서 생각해 본다면, 확실히 지지대다. 그러나 골격이 신체의 지지대가 아니라는 지식 체계를 상상하는 것은 어렵지 않다. 예를 들어 우리가 슈레거나 뢰브가 말하는 무게 개념을 고수한다면, 정신이 신체를 함께 떠받치고 있다고 생각하는 것은 전혀 불가능한

---

47 300쪽 그림 참조.

일이 아니다. 왜냐하면, 공기와 불꽃으로 이루어진 이 정신이 몸을 일으켜 세우기 때문이다. 뼈는 본래 버티는 요소이고, 죽음은 생명이 없는 '금속적'이고, 비'정신적' 요소다. "모든 살아있는 것은 죽을 때 무거워지고 금속적인 것으로 변한다." 신체의 비정신적 원리로서, 쓸모없는 것으로서 골격은 더 이상 주의를 끌지 못한다. 오늘날 해부학의 그림들에는 지지대 대신에 뼈의 더미로 묘사되고 있다. 지방 조직Fettgewebe은 –오늘날과 거의 마찬가지로– 연관된 체계가 아니라 해부학 그림에는 일종의 부정적 그림, 즉 잘려나가 버려야 할 것으로 보고 있다.

우리는 사고 양식을 지향된 지각을 위한 준비와 이에 부합하는 지각된 것을 가공하는 일이라고 정의했다. 다양한 사고 양식을 위해 이러한 준비를 하는 특별한 분위기에 관해 우리는 위에서 이미 언급했다. 사고 양식을 남김없이 모두 탐구하는 것이 우리가 풀어야 할 당면과제일 수 없다. 왜냐하면, 사고 양식의 탐구는 다만 전 생애에 걸쳐 활동하는 힘을 요구하기 때문이다. 여기서 우리는 근대과학적 사고 양식 가운데 한 요소, 즉 근대과학, 특히 자연과학적 사고가 지닌 특수한 지적 분위기에 대해서만 언급하려고 한다. 이 지적 분위기는 위에서 서술한 것처럼 과학적 사고 집단의 특수한 구조와 직접 관련이 있다.

지적 분위기는 어떤 이념, 즉 객관적인 진리, 명료성, 정확성의 이념에 대한 공통된 **존경**을 나타낸다. 그것은 멀리서도 존경받고, 아마도 무한히 먼 미래에도 여전히 존경받을 수 있을 것이라는 **믿음**으로 이루어져 있다. 존경받는 것에 헌신하는 것을 **높이 평가하고**, 특정한 **영웅 숭배**와 특정한 **전통**에서 나오는 것을 희생시키지 않으려는 것, 이것이야말로 자연과학적 사고 집단이 살아남은 공통된 분위기의 근본 태도일 것이다. 사고 집단의 구성원이라면 누구라도 과학적 사고가 감정적으로 자유롭다고 주장하지 못할 것이다. 또한, 특정한 분위기가 활동 방식뿐만 아니라 활동의 성과에도 영향을 미친다. 다시 말해 특정한 분위기가 구체적으로 지향하는 지각할 준비를 갖추고 있음을 알려준다. 지금까지 설명해 온 것에 비춰볼 때, 이 점에 대해 우리는 더 이상 논쟁할 수 없을 것이다.

이 분위기는 어떻게 현실화되는가? 먼저 연구자는 개인의 배후에 남아 있는 의무를 지고 있다. 이 의무는 또한, 인식하는 모든 사람을 민주적으로 동등하게 대할 때 나타난다. 즉 모든 연구자는 원칙적으로 동등한 권리를 지닌 사람이라고 생각된다. 모두는 다 같이 이상을 누리면서, 각자의 개성을 이른바 그림자 속으로 밀어 넣는다. 과학에서 개인의 생각은 잠정적인 것으로 간주된다. 이것이 과학적 사고 집단이 갖는 특수한 구조적 측면이다. 우리는 위에서 자연과학적 사고 형성의 원심적 노력에 관해 자세히 설명했고, 마찬가지로 이 노력의 구심적 반작용인 사적 영역과 공적 영역 사이의 집단 내적 사고의 전환에 관해서도 설명했다. 거기서 우리는 특수한 복수형의 겸손pluralis modestiae, 특수한 개인적 겸손과 유의점 등을 강조했다.

다음으로 연구자 개인의 배후에 남아 있는 의무에 대한 반대급부인 사고 형성이 일어나고, 이렇게 만들어진 사고 형성을 객관화하려는 특수한 충동 속에서 자연과학적 사고 집단의 분위기가 현실적으로 만들어진다. 이러한 객관화, 사고 형성의 사실화는 –위에서 언급했듯이– 집단 간의 사고 전환이 일어나는 동안에 생겨나고, 집단 간의 사고 전환과 불가분하게 결합되어 있다. 집단 간의 사고 전환은 단계적으로 일어난다. 사고 전환은 먼저 탈개인화를 위해 다른 연구자들을 언급하고, 문제의 역사적 전개 과정을 언급하는 것에서 시작한다. 이는 '기술적 표현'이라는 특수한 용어를 불러오고, 여기에 특수한 기호와 –화학, 수학, 또는 논리학에서 사용되는– 모든 특별한 기호 언어가 부과된다. 이 생명력 없는 언어가 개념의 불변적 의미를 보증해 주고, 개념을 발전하지 않는 절대적인 것으로 만들어 준다. 여기에 수와 형식에 대한 특수한 존경, 즉 직관성과 폐쇄적인 체계에 대한 노력이 덧붙여진다. 우리는 최대한의 정보 Maximum Kenntnisse를 요구하고,[48] 또한, 많은 개별적 요소 간의 최대한 상호 관계를 요구한다. 이러한 요구는 관계가 많이 알려질수록 객관적 진리의 이상에 더욱더 가까이 다가간다는 믿음에서 나온 것이다.

그래서 하나의 사고 형성이 단계적으로 구축되면, 그것은 사고사적 일회성(즉 **발견**)에서 나와서 바로 사고 집단적 힘의 특수성에 의해 강제적으로 반복되는, 따라서 객관적이고 실제적인 것으로 생각되는 **인식**이 된다.

위에서 열거된 요소들로 구성되고, 실천적 수단 및 결과와 결합된 과학적 사고를 훈련시키는 공통적인 정서가 독특한 과학적 사고 양식을 만들어낸다. 양식에 따른 좋은 일들은 곧바로 독자들 사이에서 이에 부합하는 연대적 분위기를 불러온다. 이러한 분위기는 독자들이 몇 문장만 읽더라도 그 책을 높이 평가하게 만들고, 효과 있게 만든다. 그 다음으로 우리는 비로소 책이 체계적으로 쓰였는지, 다시 말해 사고 양식이 일관되게 구현되었는지, 특히 그 실현 과정이 전통과 일치하는지(=모범적으로 실현되었는지)를 세부적으로 평가한다. 이러한 결정이 과학자들의 활동을 과학적 요소로 정당화하고, 과학자들의 서술을 과학적 사실로 만들어 준다.

---

[48] 이 **최대한의 정보 요청**은 별도로 강조되어야만 한다. 왜냐하면, 이 요청이 근대 자연과학적 사고 양식을 아주 특별하게 만드는 특징이기 때문이다. 그것은 다음과 같이 형성될 수 있다. "(예를 들어 화학적 결합, 생물학적 종 분화에 관한) 어떤 지식의 체계도 어쩌면 새로운 인식을 불필요한 것으로서 거부할 수 있는 그러한 폐쇄적인 것으로서 간주되어서는 안 된다." 여기서 어떤 차이가 있는지 살펴보기 위해 폐쇄적인 것으로서 간주되었던 독단적 지식의 서로 대립적인 지위를 비교해 보라. 이 비교야말로 또한, 근대 이전에 일어난 지식에 부여된 모든 우위와 특권에 대항하여 싸워온 자연과학적 사고 양식의 민주적 특징이다.

참고문헌(Literatur)

Joannis de Almenar(1502), *De morbo Gallico livellus*, Venice, In Luisinus, *Aphrodisiacus*(q. v.), pp. 359~70.

Johanna H. Baas(1876), *Grundriss der Geschichteder Medizin und desheilenden Standes*, Stuttgart: Enke.

Thomas Bartholin(1673), *Anatome ex omnium veterum recentiorumque observationibus*, Leyden.

Giacomo Berngarius da Carpi(1521), *Commentaria super anatomia Mundini*, Bologna.

Giacomo Berngarius da Carpi(1522), *Isagogae breves*, Bologna.

Albrecht Bethe(1928), "Kritische Betrachtungen über den vorklinischen-Unterricht", *Klinische Wochenschrift* 7, 1481~83.

Albrecht Bethe(1928), "Form und Geschehen im Denken des heutigen Arztes", *Klinische Wochenschrift* 7, 2402~5.

Ludwig J. S. von Bierkowski(1833), *Choroby syfilityczne czyli weneryxzneoraz sposoby ich leczenia*, Krakow: Gieszkowskiego.

Iwan Bloch(1901/11), *Der Ursprung des Syphilis: Eine medizinische und kulturgeschichtliche Untersuchung*, 2 vols. in one Jena, Fischer.

Wilhelm Bölsche(1900, 1905), *Ernst Haeckel: Ein Lebensbild*, Leipzig, 2d ed., Berlin: Seeman(Volksausgabe, Berlin: Bondi, 1907).

Jules Bordet und Octave Gengou(1901), "Sur l'esistence de substances sensibilistatrices dans la plupart des sérums antimicrobiens" *Annales de l'Institut Pasteur* 15, 289~302.

Prosperus Borgarutius, *De morbo Gallico, methodus*, In Luisinus, *De morbo Gallico*(q.v.), vol. 2, pp. 150~85, Luisinus, *Aphrodisiacus*(q.v) pp. 1117~54.

Antonius Musa Brassavolus, *De morbo Gallico, liber*, In Luisinus, *De morbo*

Gallico(q.v.), vol. 1 pp. 564~610, Luisinus, *Aphrodisiacus*(q.v), pp. 657~706.

Carl Bruck(1921), "Zur Geschichte der Serodiagnose der Syphilis" *Berliner klinische Wochenschrift* 58, 580~81.

Carl Bruck(1924), "Zur Geschichte der Serodiagnose der Syphilis(2rd ed.)" Berlin: Springer.

Rudolf Carnap(1928), *Der logische Aufbau der Welt*, Berlin.

Rudolf Carnap(1931), "Die physikalische Sprache als Universalsprache der Wissenschaft", *Erkenntniss* 2, 432~465.

Rudolf Carnap(1932), "Über Protokollsätze", *Erkenntniss* 3, 215~228.

Jacobus Cataneus de Lacumarcino(1532), *Tractatus de morbo Gallico*, Taurini: Silva, In Luisinus, *Aphrodisiacus*, pp. 139~168.

Julius Citron(1910), *Die Methoden der Immunodiagnostik und Immunotherapie und ihre praktische Verwertung*, Leipzig: Thieme.

Rudolf Fick(1928), "Betrachtungen über den vorklinischen Unterricht", *Klinische Wochenschrift* 7, 1921~1923.

Ludwick Fleck und Olga Elster(1932), "Zur Variabilität der Strephtokokken", *Zentralblatt für Bakteriologie*, Abt. 1, 125, 180~200.

Carl Flügge(1886/1896), *Die Mikroorganismen. Mit besonderer Berücksichtigung der Ätiologie der Infektionskrankheiten*, Leipzig: Vogel.

Nicolaus Fontanus(ed.), *Librorum Andreas Vesalius de humani corporis fabrica epitome*, Cum annotationibus Nicolai Fontani, Amsterdam.

Antonius Fracanzanus(1563), *De morbo Gallico fragmenta quaedam elegantissima ex lectionibus anni 1563*, Padua.

Girolamo Fracastoro(1530), *Syphilis, sive morbi Gallici*, Verona 1530, In Luisinus, *Aphrodisiacus*(q.v.), pp. 183~198.

Sigmund Freud(1921), *Massenpsychologie und Ich-Analyse*, Leipzig: Internationaler Psychoanalytischer Verlag.

Fraciscus Frizimelica(1530), *De morbo Gallico, tractatus*, In Luisinus, *De morbo Gallico*(q.v.), vol. 2, pp. 28~43, Luisinus, *Aphrodisiacus*(q.v.),

pp. 985~1000.
Friedrich W. Fröhlich(1928), "Über en vorklinischen Unterricht", *Klinische Wochenschrift* 7, 1923~1924.
C. H. Fuchs(1843), *Die ältesten Schriftsteller über die Lustseuche in Deutschland von 1495~1510,* Göttingen: Dieterich.
Carl Friedrich von Gärtner(1796), *Observata quaedam circa urinae naturam*, Tübingen(tran., "Über Harn", *Reil Archiv für Physiologie* 2[1797], 169~203).
Alois Geigel(1867), *Geschichte, Pathologie und Therapie der Syphilis*, Würzburg: Stuber.
Kurt Goldstein(1928), "Betrachtungen über den vorklinischen Unterricht", *Klinische Wochenschrift* 7, 2399~2402.
Ernst Göppert(1928), "Kritische Betrachtungen über den vorklinischen Unterricht", *Klinische Wochenschrift* 7, 1876.
Adolf Gottstein(1929), *Die Lehre von den Epidemien*, Berlin: Springer.
Hans Gradmann(1930), "Die harmonische Lebenseinheit vom Standpunkt exakter Naturwissenschaft", *Naturwissenschaften* 18, 641~644/662~ 666.
Ludwig Gumplowicz(1905), *Grundriss der Soziologie*, Vienna(2d ed., 1905).
Ernst Haeckel(1868), *Natürliche Schöpfungs-Geschichte*, Berlin.
Carl Heitzmann(1888), *Die descriptive und topographische Anatomie des Menschen*, 5th ed., Vienna: Braumüller.
F. C. Hergt(1826), *Geschichte, Erkenntniss und Heilung der Lustseuche*, Hadamar.
Josef Hermann(1891), *Es gibt keine constitutionelle Syphilis: Ein Trostwort für die gesamte Menschheit*, Hagen in Westphalia(4th ed., Leipzig: Otto, 1903).
Ludwig Hirszfeld(1931), "Prolegomena zur Immunitätslehre", *Klinische Wochenschrift* 10, 2153~2159.
Wilhelm Jersalem(1924), "Die soziologische Bedingtheit des Denkens und der Denkformen" in *Versuche zu einer Soziologie des Wissens*, pp. 182~

207, ed., Max Scheler, Leipzig und Müchen: Duncker und Humblot.

Immanuel Kant(1921/22), *Kritik der reinen Vernunft*, "Vorrede zur zweiten Auflage", In Sämtliche Werke vol. 3, Leipzig: Insel.

Hans Kelsen(1922), "Der Begriff des Staates und die Sozialpsychologie", *Imago* 8, 97~141.

Paul Kirchberger(1922), Die Entwicklung der Atomtheorie, Karlsruhe: Müller(2d ed., 1929).

Richard Koch und Eugen Rosenstock(ed., 1923), *Paracelsus: Krankheit und Glaube(Fünf Bücher über die unischtbaren Krankheiten)*, Stuttgart: Frommann.

Wilhelm Kolle, Rudolf Kraus und Paul Uhlenhuth(1930), *Handbuch der pathogenen Mikroorganismen*, 3rd ed., vol. 7, Jena: Fischer und Berlin-Vienna: Urban und Schwarzenberg.

Friedrich A. Lange(1866), *Geschichte des Materialismus und Kritik seiner Bedeutung in der Gegenwart*, Leipzig: Reclam.

Kurt Laubenheimer(1930), "Serumdiagnose der Syphilis" In Kraus Kolle und Paul Uhlenhuth(q.v.) vol. 7, pp. 216~336.

Gustave LeBon(1895), *La psycologie des foules*, Paris.

Karl Bernhard Lehmann und Rudolf Otto Neumann(1896), *Atlas und Grundriss der Bakteriologie und Lehrbuch der speziellen bakteriologischen Diagnostik*, München(2d ed., 1899, 7th ed., 1926/7).

E. Lesky(1959), "Von Schmier- und Räucherkuren zur modernen Syphilistherapie", *Ciba-Zeitschrift* 8, 3174~3189.

Lucien Lévy-Bruhl(1926), *Das Denken der Naturvölker*(ed., Wilhelm Jerusalem, 2d ed., Vienna und Leipzig: Braumüller, 1926).

Adolf Lostorfer(1872), "Über die Möglichkeit der Diagnose der Syphilis mittelst der mikroskopischen Blutuntersuchung", *Medizinische Jahrbücher* (Gesellschaft der Ärzte, Vienna), 96~105.

Josefp Löw(1809), *Über den Urin als diagnostisches und prognostisches Zeichen in physiologischer und pathologischer Hinsicht*, Landshut:

Thomann(2d ed., 1815).

Aloysius Luisinus(ed., 1566/7), *De morbo Gallico omnia quae extant* … 2 vols., Venice: Zilettus.

Aloysius Luisinus(1728), *Aphrodisiacus, sive de lue venerea, vel morbo Gallico Opus*, Leyden: Langerak & Verbeek.

Ernst Mach(1833), *Die Mechanik in ihrer Entwicklung*, Leipzig(6th ed., 1908).

Ernst Marx(1902), *Die experimentelle Diagnostik, Serumtherapie und Prophylaxe der Infektionskrankheiten*, Berlin.

William McDougall(1920), *The Group Mind: A Sketch of the Principles ofCollective Psychology, with Some Attempt to Apply Them to the Interpretation of National Life and Character*, Cambridge: Cambridge University Press.

Wolfgang Metzger(1929), "Psychologie Mitteilungen: Laut und Sinn", *Naturwissenschaften* 17, 846.

Johannes Möller und Paul Müller(1914), *Grundriss der Anatomie des Menschen für Studium und Praxis*, 2d ed., Leipzig: Veit.

Bartholomeus Montagnana, *De morbo Gallico, consilium*, In Luisinus, *De morbo Gallico*(q.v.), vol. 2, pp. 1~8, Luisinus, *Aphrodisiacus*(q.v.), pp. 957~966.

Otto Nägeli(1927), *Allgemeine Konstitutionslehre in naturwissenschaftlicher und medizinischer Betrachtung*, Berlin: Springer.

Franz Nagelschmidt(1904), *Über Immunität bei Syphilis*, Berlin: Hirschwald.

Coelestin Nauwerck(1912), *Sektionstechnik für Studierende und Ärzte* 5th ed, Jena.

Wilhelm Ostwald(1906), *Jak powstała Chemja*(trans., *Leitlinien der Chemie: Sieben gemeinverständliche Vorträge aus der Geschichte der Chemie*, Leipzig: Akademische Verlagsgesellschaft).

Paracelsus(Theopharastus von Hohenheim, 1589/91), *Bücher und Schriften*, 10 vols., ed., Jonannes Huser, Bazel: Waldkirch.

Hans Petersen(1928), "Über die Rolle der Anatomie im Lehrgang des künftigen

Arztes", *Klinische Wochenschrift* 7, 1872~1875.

Felix Plaut(1931), "Die theoretische Begründung der Wasermannschen Reaktion", *Münchener medizinische Wochenschrift* 78, 1461~1463.

Karl Popper(1935), *Logik der Forschung*, Vienna.

J. K. Proksch(1889~1900), *Die Litteratur über die venerischen Krankheiten*, 5 vols.

William Ramsay(1913), *Vergangenes und Künftiges aus der Chemie: Biographische und chemische Essays*, 2d ed., Leipzig.

Eduard Reich(1887), *Über den Einfluss der Syphilis auf das Familienleben*, Amsterdam: Dieckmann(2d ed., 1894).

Moritz Roth(1892), *Andreas Vesalius Bruxellensis*, Berlin: Reimer.

Benedictus Rinius, *De morbo Gallico, tractatus*, In Luisinus, *De morbo Gallico*(q.v.), vol. 2. pp. 14~27, Luisinus, *Aphrodisiacus*(q.v.), pp. 971~984.

Friz R. Schaudin und Erich Hoffman(1905), "Vorlaüfiger Bericht über das Vorkommen von Spichchaeten in syphilitischen Krankheitsprodukten und bei Papillomen", *Arbeiten aus dem Kaiserlichen Gesundheitsamte* 22, 527~534. Also in *Vorträge und Urkunden zur 250jährigen Wiederkehr der Entdeckung des Syphiliserregers*(*Spirochaeta pallida*), ed., Eich Hoffman, Berlin: Karger, 1930.

Max Scheler(ed., 1924), *Versuche zu einer Soziologie des Wissens*, München und Leipzig: Duncker und Humblot.

Odilo Schreger(1749), *Studiosus jovialis: seu, Auxilia ad jocose et honestediscurrendum, in gratiam et usum studiosorum juvenum, aliorumque litterratorum virorum, hoestae recreationis amantium collecta*, München, Gastl.

August Schuberg und Hans Schlossberger(1930), "Zum 25. Jahrestag der Entdeckung der Spirochaete pallida", *Klinische Wochenschrift* 9, 582~586.

John Siegel(1905), "Untersuchungen über die Ätiologie der Syphilis" Abhandlungen der königlich preussischen Akademie der Wissenschaften (Berlin), *Anhang*, no. 3, pp. 1~15.

Georg Simmel(1908), *Soziologie: Untersuchungen über die Formen der Vergesellschaftung*, München und Leipzig: Duncker und Humblot.

Friedrich Alexander Simon(1851/52), *Ricord's Lehre von der Syphilis, ihre bedenklichen Mängel und groben Irrhumer kritisch beleuchtet und durch zahlreiche, schwierige und verzweifelte Krankheitsfälle erläutert: ein praktisches Handbuch über Syphilis*, Hamburg: Hoffman und Campe.

Karl Sudhoff(1907), "Tradition und Naturbeobachtung in den Illustrationen medizinischer Handschriften und Frühdrucke vornehmlich des 15. Jahrhunderts", *Studien zur Geschichte der Medizin*, vol. 1, Leipzig: Barth.

Karl Sudhoff(1913), *Der Ursprung der Syphilis*, Leipzig: Vogel.

Karl Sudhoff(1922), *Kurzes Handbuch der Geschichte der Medizin*, Berlin: Karger.

Thomas Sydenham(1735), Opera omnia medica, Venice.

Carl Toldt(1900~1903), *Anatomischer Atlas für Studierende und Ärzte*, 3 vols., Berlin und Vienna: Urban und Schwarzenberg.

Bernardus Tomitanus, *De morbo Gallico, libri duo*, In Luisinus, *De morbo Gallico*(q.v.), vol. 258~139, Luisinus, *Aphrodisiacus*(q.v.), pp. 1015~1106.

Jakob von Uexküll(1928), *Theoretische Biologie* 2d. ed., Berlin: Springer.

Andreas Vesalius(1543), *De Humani corporis fabrica librorum, Epitome*, Basel: Oporinus.

August von Wassermann(1921), "Neue experimentelle Forschungen über Syphilis", *Berliner klinischer Wochenschrift* 58, 193~197.

August von Wassermann(1921), "Zur Geschichte der Serodiagnostik der Syphilis", *Berliner klinischer Wochenschrift* 58, 1194~1197.

August von Wassermann, Albert Neisser, und Carl Bruck(1906), "Eine serodiagnostische Reaktion bei Syphilis", *Deutsche medizinische Wochenschrift* 32, 745~746.

August von Wassermann, Albert Neisser, Carl Bruck, und A. Schucht(1906), "Weitere Mitteilungen über den Nachweis spezifisch luetischer SubstanzendurchKomplementverankerung", *Zeitschrift für Hygiene und Infektionskrankheiten* 55, 451~477.

Edmund Weil(1921), "Das Problem der Serologie der Lues in der Darstellung Wassermanns", *Berliner klinische Wochenschrift* 58, 966~970.

Flitz Weindler(1908), *Geschichte der gynäkologisch-anatomischen Abbildung*, Dresden: Zahn und jaensch.

Johann Wendt(11816), *Die Lustseuche in allen ihren Richtungen und in allen ihren Gestalten*, Breslau: Korn, 3rd ed., Vienna, 1827.

Johann Widman(1497), *Tractatus de pustilis que morbo qui vulgato nomine dicunter mal de Franzos*, Tübingen, In C. H. Fuchs, *Die ältesten Schriftsteller*(q.v.), pp. 95~112.

Emmerich Wiener und Árpád von Torday(1914), "Eigenartig spezifisches Verhalten luetischer und karzinomatöser Sera gegen bestimmte Chmikalien", *Deutsche medizinische Wochenschrift* 40, 429~430.

John George Wood(1866), *Homes without Hands: Being a Description of the Habitations of Animals, Classed Accordingto their Principle of Construction*, New York and London.

Wilhelm Max Wundt(1893~1895), *Logik: Eine Untersuchung der Prinzipien der Erkenntnis und der Methoden wissenschaftlicher Forschung*, Stuttgart: Enke.

찾아보기

인명색인

가우티어(Gautier Armand E. J.) 115
가이겔(Geigel Alois) 114, 213
갈렌(Gallenus C.) 149
개르트너(Gärtner Karl Friedrich von) 290
게오르기(Gerorgi Walter) 219
고트슈타인(Gottstein Adolf) 269, 271
골트슈타인(Goldstein Kurt) 151
괴테(Goethe W. v) 158
괴퍼트(Göppert Ernst) 151
굼프로비치(Gumplowcz Ludwig) 165
그라드만(Gradmann Hans) 188
그라씨(Grassi Jules A.) 116

나겔슈미트(Nagelschmidt Karl Franz) 116
나우베르크(Nauwerck Coelestin) 148
나이서(Neisser Albert) 267
나이서(Neisser Max) 67, 200
나폴레옹(Napoleon Bonaparte) 163
내겔리(Nägeli Carl Wilhelm von) 141
내겔리(Nägeli Otto) 189
노구치(Noguchi Hideyo) 219
노이만(Neuman Isidor) 116, 123
노이펠트(Neufeld Fred) 119
뉴턴(Newton Isaac) 12, 29, 162
니체(Nietzsche Friedrich W.) 152
니콜(Nicolle Charles Jules Henri) 122

데트레(Detre Ladislaus) 116
돌트(Dold Hermann) 219
뒤르켐(Durkheim Emile) 19, 164

라부아제(Lavoisier Antoine Laurent) 280

라우벤하이머(Laubenheimer Kurt) 210, 219
라우에(Laue Max von) 140
라이스(Reiss Wladislaw) 116
라이흐(Reich Eduard) 114, 115, 213
란다우(Landau Wilhelm) 218
란트슈타이너(Landsteiner Karl) 201, 208
레만(Lehmann K. B.) 123
레바디티(Levaditi Constantin) 122, 201
레비-브륄(Lévy-Bruhl Lucien) 20, 164, 167, 168
레셔(Lesser Fritz) 119
레아무르(Réamur Réne A. F. de) 145
레오나르드 다 빈치(Leonardo da Vinchi) 163
레오니세누스(Leonicenus Nicolaus T.) 114
로스토퍼(Lostorfer Adolf) 115
뢰벤바흐(Löwnbach Georg) 116
뢰브(LöW Joseph) 287, 288, 289, 292, 294, 295, 307
뢰플러(Löffler Friedrich) 141
루소(Rousseau J. Jacques) 162
르 주르(Le Sourd Louis) 199
르봉(LeBon Gustave) 262
리코드(Ricord Philippe) 106, 116
릴레(Rille Johannes Heinrich) 116

마랄디(Maraldi Giovanni Domenico) 145
마리(Marie Auguste Charles) 201
마이니케(Meinicke Ernst) 219
마이어(Mayer Robert) 125

마이어(Meier Georg) 208, 226
마찌니(Massini Rudolf) 236
마흐(Mach Ernst) 10, 108, 136, 145
말라쎄즈(Malassez Louis Charles) 116
맥두걸(McDougall William) 262
맥크로린(Macclaurin Colin) 145
메치니코프(Metchnikoff Elie) 181
모노(monod Jacquew) 116
묄러와 뮬러(Möller Johannes, Müller Paul) 298
뮐러(Müller Rudolf) 208

미카엘리스(Michaelis Leonor) 219

바로(Varro) 131
바서만(Wassermann August von) 62, 67, 107, 200, 202
바우어(Bauer Richard) 219
바이글(Weigl Rudolf) 48
바이크하르트(Weichardt Wolfgang) 218
바이들러(Weindler Fritz) 306
발러(Waller Johann Ritter von) 115
밥(Bab Hans) 205
버질리우스(Virgilius) 299
베렝거(Berengar da Carpi Giacomo) 149
베살리우스(Vesalius Andreas) 146, 148, 163
보르데(Borde Jules)와 젠구(Gengou Octave) 197, 200
보일(Boyle Robert) 280
분트(Wundt Wilhelm) 138
브라기(Bragg Wilhelm) 140
브라운(Brown Samuel) 283
브룩(Bruck Carl) 67, 116
블로흐(Bloch Iwan) 113
비달(Widal Fernand) 199
비드만(Widman Johann) 98
비에너(Wiener Emmerich) 218
비에룸(Bjerrum Niels) 139
빌로트(Billroth Theodor) 236

샤우딘(Schaudin Fritz R.) 119, 120, 155, 156
셀수스(Celsus) 296
쉐어만(Schürmann Walter) 218
슈도프(Sudhoff Karl) 99
슈베디아우어(Schwediauer Franz Xaver) 106
슈테른(Stern Margarethe) 207
슈흐트(Schucht A.) 201
슐리크(Schlick Moritz) 10
스톤코프노프-셀리네프(Stonkovenoff Mikhail I. & Seleneff I. F.) 116
시저(Caesar Julius) 224
시트론(Citron Julius) 74, 179
씨아라(Sciarra Olinto) 219

아리스토텔레스(Aristoteles) 13, 16, 149
아스코리(Ascoli Maaurizio) 218
아스쿠라피우스(Aesculapius) 115
알도프(Althoff Friedrich) 200
알트만(Altmann Karl) 218
앙드레(Andree John) 106
야마누치(Yamanouchi T.) 208
야콥스탈(Jacobsthal Erwin) 219
에를리히(Ehrlich Paul) 121, 141, 196
예루잘렘(Jerusalem Wilhelm) 19, 20, 152, 164, 166
오스트발트(Ostwalt Wilhelm) 280
오펜하임(Oppenheim Moritz) 116
우드(Wood John George) 145
우렌후트(Uhlenhuth Paul) 124
유스투스(Justus Jakob) 116

자흐스(Sachs Hans) 208
제너(Jenner Edward) 182

제른티노(Sorrentino Francesco) 116
젤라이(Sellei Jozsef) 116
지겔(Siegel John) 119, 155
지베르트(Siebert Conrad) 201
짐멜(Simmel Georg) 262

쥘저(Zülzer Margarethe) 124

카르납(Carnap Rudolf) 10, 46, 234
카어보넨(Karvonen Juhani Jaakko) 218
카타네우스(Cataneus de Lacumarcino Jacobus) 113, 114
칸트(Kant Immanuel) 138
캄머러(Kammerer Paul) 151
케플러(Kepler Johannes) 162
코흐(Koch Robert) 122, 134, 141
콜럼부스(Columbus Christopher) 138
콩트(Comte August) 19, 164
쾰러(Koehler Karl Julius Wilhelm Ludwig) 119
크로(Kroó Hugo) 208
클라우스너(Klausner Erwin) 218
클링거(Klinger R.) 218
키르흐베르거(Klirchberger Paul) 131
토르데이(Torday Arpád von) 218

파라셀수스(Paracelsus) 143
파스퇴르(Pasteur Louis) 182
페텐코퍼(Pettenkofer Max Josef von) 122
포르게스(Porges Otto) 208, 218
폰타누스(Fontanus Nicolaus) 146, 299
프라우투스(Plautus) 299
프라우트(Plaut Felix) 210
프라이(Frei Wilhelm Siegmund) 121
프로바제크(Prowazek Stanislaus) 120
프뤼게(Flügge Carl) 131, 132
프리니우스(Plinius) 299
프리체(Fritze Johann Friedrich) 106

하이츠만(Heitzmann Carl) 308
한치(Hantzsch Arthur R.) 139
핵켈(Häckel Ernst H.) 151
헌터(Hunter John) 106, 110
헤르만(Hermann Josef) 103, 115
헤르만(Hermann Otto) 218
헤흐테(Hecht Hugo) 219
호라티우스(Horatius) 299
호른보스텔(Hornbostel Erich M. von) 136
호프만(Hoomann Erich) 120
히다카(Hidaka S.) 219
히르츠펠트(Hirszfeld Ludwig) 191

내용 색인

가설적 본성 232
감각생리학 163
감염된 피 130
감염론 131
감작항체 191
결핵 69, 214
경성 하감 106, 107
경험과학 239
골학 305
곱슬곱슬한 유형(유형L) 230
공동체 155, 160, 245, 251, 253
공동체 활동 75, 244
공적 영역 33, 76, 79, 85, 254, 256, 257, 264, 266, 272, 274, 310
공적 활동 영역 264
과학적 개념 70, 87, 125, 291
과학적 사실 22, 24, 25, 26, 28, 29, 30, 31, 32, 35, 36, 37, 40, 66, 72, 133, 167, 195, 223, 311
과학적 인식론 171
과학적인 양식 146
관찰과 실험 10, 111, 127, 223, 273
교과서 과학 80, 264
교육과 훈련 307
교착 218
군체 229, 230
그램 분화 132
근본이념 25, 36, 71, 98, 105, 130, 131, 132, 134, 178
근육학 305
글로부린 침전물 218
금속요법 99
기초명제 231, 235

나트륨 글리코 콜레이트+콜레스테롤 실험 218
낭창 49, 105, 117

내분비 체계 150
뉴턴의 법칙 12, 142
능동적 면역 182, 183
능동적 연결 31, 73, 84, 156, 248

단어의 기원 135
돌연변이 72, 132, 134, 141, 189, 237
동일론 106
디프테리아 54, 142, 268

매끄러운 유형(유형G) 230
매독 18, 25, 29, 30, 69, 91, 93, 95, 97, 98, 100, 108, 111, 113, 114, 115, 155, 213, 214, 221, 248, 271
매독 혈액 104, 115, 116, 117, 118, 133, 204, 205, 208, 219
매독에 감염된 피 130, 208
매독학 25, 95, 96, 98, 99
메이오스타민 반응 218
면역 181, 182, 183
면역성 74, 183, 191, 204
문화 26, 48, 66
문화사적 73, 107, 109, 110, 261
물 자체 138

바서만 반응 18, 25, 26, 34, 67, 69, 74, 91, 93, 107, 117, 175, 176, 177, 200, 203, 207, 209, 210, 217, 218, 219, 221, 223, 226, 240, 241, 242
바서만 의회 176, 242
박테리아 49, 118, 119, 122, 180, 182, 183, 184, 188, 189, 198
박테리아 콜리 237
박테리오파지 237
반-투베르쿨린(Antituberkulin) 199
발달주기론 134

발진티푸스 122
배양소 267
백혈구 53, 183
변이 이론 236, 237
병리발생학 122
병인학 107, 117, 124, 158, 279, 281
보체 75, 175, 192, 196, 197
보체 결합 방식 197, 199, 202, 219
복수형의 겸손 310
봉입체 질병 155
비교인식론 8, 9, 27, 83, 137, 153, 157, 172, 248
비말감염론 132
비법전수 193
빗장뼈 296, 297

사고 공동체 164, 243, 251, 252, 256, 260
사고 교류 33, 35
사고 사회학적 8, 26, 40, 71, 91, 126
사고 양식 27, 28, 35, 36, 46, 60, 63, 64, 68, 71, 72, 73, 76, 77, 78, 79, 85, 91, 105, 109, 111, 134, 149, 194, 223, 228, 235, 236, 239, 241, 242, 243, 244, 245, 250, 252, 254, 258, 279, 283, 285, 287
사고 집단 이론 172
사고 집단의 저항 표시 249
사고사적 125, 126, 129, 149, 311
사고의 발전 134, 271
사고의 형성 135, 161, 254
사고집단 331, 332, 333
사변적 인식론 111, 150, 265
사적 영역 33, 76, 85, 254, 255, 257
사적 활동 영역 264, 274
사회적 농축 20, 167
사회집단 40, 163
살균성 면역 183
살균제 182

살바르산 121, 141, 214
상대성이론 134, 142
상상의 해부학 150
상형문자 304, 308
생리학적 해부학 150
서혜 림프 육아종 96, 98, 121
선결문제 미해결의 오류 143, 258
선행 이념 36, 62, 71, 130, 131, 133, 134, 135, 137, 245
성병 98, 100, 107, 110, 121, 136, 248
세계관 266
세균용해소 182, 195, 196, 197
세균학 122, 123, 134, 141, 160, 187, 229, 236, 266, 270, 278, 279
세망내피체계 150
세포성 면역 183
섹슈얼리티 140
소모증 105, 107
쇄골 296, 298, 299, 301
수동적 면역 183
수동적 연결 32, 37, 73, 84, 157, 171, 239, 248
수은 25, 99, 100, 101, 104, 110
스피로헤타 덴티움 123
스피로헤타 쿠니쿠리 122, 123
스피로헤타 팔리다 91, 119, 120, 122, 123, 124, 126, 127, 155, 156, 200, 209, 226
스피로헤타 팔리두라 123
시민연대 176, 242
심리학 13, 165, 262

양수체 74, 158, 175, 192, 196, 201, 203, 211
양식에 적합한 준비 76, 224
에피파닌 반응 218
여과성 바이러스 이론 141
역학 13, 224

연구 공동체 74, 128, 200
연대성 77, 255, 257
연성 하감 96, 98, 100, 101, 102, 103, 106, 107, 108, 120
연쇄구균 228, 229, 231
옵소닌 182
용해도 140
용혈소 175, 195, 196, 197, 202, 207
용혈억제 226
용혈황달 189
우로만티 289
원시사회 19, 20, 165, 166
원자론 27, 59, 131
유니테리언학파 106
유발자 25, 74, 91, 118, 119, 122, 140, 187
응집 반응 209, 218
응집소 182, 184
의미관계 154
의미형성자 304
이원론 106, 107
인간의 혈청에 들어 있는 보체를 사용하는 방법 219
인습주의 72, 108, 110
인식 체계 9
인식론 21, 63, 91, 118, 126, 128, 129, 132, 137, 164, 228, 283
인식생리학 141, 142
인식하는 주관 223
인종학 20
임상적 통제 176
임질 25, 96, 98, 100, 101, 104, 105, 106, 107, 108, 120, 199, 248

자기 폐쇄적인 187, 188
자동항체이론 209
자연과학 8, 57, 60, 61, 70, 71, 129, 149, 247, 259, 261

장티푸스 199, 229
저항 29, 65, 247
전문가 34, 52, 81, 85, 142, 178, 221, 232, 233, 252, 264, 267, 269, 271, 272
정상과학 14
정서적 공동체 245
조직면역 183
조화로운 삶 188
종교 공동체 251
종두법 115
종자뼈 304, 305
직접적인 형태 지각 235
진리, 참 11, 61, 75, 84, 146, 151, 169, 217, 226, 246, 270
진행성 마비 105, 107, 117, 120, 204, 225
질병의 실체 25, 58, 75, 95, 98, 99, 100, 101, 104, 106, 117, 121, 127, 156, 193, 278
질병학 111, 112

착각의 조화 73, 77, 136, 137, 153, 228, 236, 237
천문학 13, 57, 97, 98
천연두 96, 119, 155
체계의 폐쇄성 153
체질질환 96
촌데크아슈하임 132
총체적 옴 99, 100
최초의 관찰, 최초의 물질 28, 29, 230, 231
최초의 물질 288
추출물 175
측쇄설 180, 196
침전소 182

코리네박테리아 268
콜로이드 화학 139
쾌락을 좇는 전염병 25

쾌락을 쫓는 전염병 98

태아학 126
통과의례 178, 179
통속 과학 34, 85, 263, 264, 265
투베르쿨린 199
특이성 75, 160, 179, 184, 185, 192, 196
특정병인론 140
티푸스 50, 185

편람 과학 34, 80, 81, 263, 264, 274, 275, 276, 277, 278, 280, 281, 282, 283
플로지스톤 288
피를 바꾼다 112, 115, 130, 133

하감 25, 104, 106
학술지 과학 34, 80, 81, 263, 264, 273, 274, 275, 277, 281, 282, 283
항독성 면역 183
항독소 180, 184
항체 175, 179, 182, 183, 184
해부학 126, 146, 147, 150, 298, 305, 308
혈액검사 176, 214, 243
혈액론 158
혈청진단학 185, 186
혈청학 18, 49, 50, 51, 69, 117, 119, 193, 197, 200, 252, 272
형태학적 해부학 150
화학적 기관 150
휴머니즘 172

부록

영어 번역본(Trans. by F. Bradley & T. J. Trenn, *Genesis and Development of a Scientific Fact*, The University of Chicago Press, 1979)에 수록된 쿤의 머리말(pp. vii~xi)

머리말

루드비크 프렉Ludwik Fleck의 『과학적 사실의 기원과 발전』*Genesis and Development of a Scientific Fact*(1976)의 영어 번역본은 내가 많은 친구와 지인들(현재 편집자들은 아님)에게 천명했던 구상을 오롯이 담고 있다. 나는 이 책을 25년 전에 처음 접했다. 나는 이 책의 번역을 간절히 바랐다. 그것은 단순히 영어권 대중이 프렉의 저작에 쉽게 접근할 수 있게 하려는 것보다 전적으로 대중에게 프렉의 저작을 알리는 것이 나의 목적이었기 때문이다. 26년 동안 이 책을 읽은 사람을 나는 단지 두 사람밖에 만나지 못했다. 내가 이 두 사람에게 개입한 것은 전혀 없다. 그 한 사람은 에드워드 실즈Edward Shils였다. 그는 분명히 이 책을 처음부터 끝까지 다 읽었다. 다른 한 사람은 마크 캑Mark Kac인데, 그는 프렉을 개인적으로 알고 있던 사람이다. 이 책의 편집자는 이들도 역시 나로 인해 처음으로 이 책을 알게 되었다고 말한다. 상황이 이러하니, 내가 어찌 편집자의 요청을 거절할 수 있겠는가? 편집자는 나 자신이 어떻게 프렉을 접하게 되었는지 반추하는 예비적 언급을 해 달라고 간곡히 부탁했다.

내 기억으로는 내가 1949년이나 1950년 초에 처음으로 이 책을 읽었다. 그 당시 나는 하버드 대학교 연구자 협회Harvard Society of Fellows의 일원이었고, 물리학에서 과학사 연구로 전공을 바꾸기 위한 준비를 하면서 동시에 2~3년 전에[1] 나에게 떠오른 영감을 탐구하기 위한 준비도 함께 하고 있었다. 그 영감이란 이따금 비누적적인 사건들에 의해 과학의 발전이 일어난다는 것이고, 이에 대해 나는 과학 혁명이라는 이름을 붙였다. 아직 논제도 정하지 못한 상태에서 주제와 관련한 참고문헌도 확보되지 않았고, 따라서 내가 읽은 책들은 모두 주제 탐색을 위한 것들이었다. 머튼R. K. Merton의 『17세기 영국의 과학, 기술 및 사회』*Science, Technology and Society in Seventeenth Century England*(1970)[2] 각주에서 발달 심리학자인 장 피아제(Jean Piaget)의 저작이 언급된 것을 나는 보았다. 머튼의 책은 확실히 전도양양한 과학사가에게 꼭 필요한 책이었지만, 피아제의 저작은 전혀 그렇지 않았다. 더욱이 나는 머튼의 책 각주를 보고 프렉을 안 것이 아니었다. 나는 프렉의 이름을 라이헨바흐H. Reichenbach의 『경험과 예측』*Experience and Prediction*(1938)에서 발견했다.[3]

물론 라이헨바흐는 사실이 역사적으로 변전하는 생명주기life cycle를 갖는다고[4] 생각하는 철학자가 아니었다. 프렉이 인간 골격의 변화무쌍한 서술을 펼쳐 보이는 도서목록을 인용하면서, 그는 다음과 같이 썼다. "지적 조작은 우리가 주관적 직관 능력의 한계를 극복할 수 있는 방법을

---

[1] 이 영감에 관한 상세한 설명은 최근 발간된 나의 논문 선집, *The Essential Tension: Selected Studies in Scientific Tradition and Change*(Chicago, 1977) 서문을 참조할 것.
[2] R. K. Merton, *Science, Technology, and Society in Seventeenth Century England* (New York, 1970), p. 221. 주석. 머튼의 이 책은 1938년에 초판이 발행되었다.
[3] Hans Reichenbach, *Experience and Prediction*(Chicago, 1938), p. 224. 주석.
[4] 쿤은 패러다임의 변화를 통해 정상과학이 새로운 정상과학으로 전환되는 것을 하나의 (과학적) 사실로 본다. 하나의 사실은 새로운 패러다임의 변화를 가져올 때까지 생명력을 지니게 되는데, 이를 비유적으로 생명주기라고 표현한 것이다. 이렇게 쿤이 과학적 사실을 끊임없이 발전한다고 보는 것과 달리, 논리경험주의에 속하는 라이헨바흐는 그렇게 보지 않는다—옮긴이 주.

보여주었다. ... 모든 사진은 −잘못된 특성을 포함하기도 하지만, 그밖에 − 사실을 구성하는 몇몇 진정한 주요 특징을 소개할 수도 있다."5 라이헨바흐가 『과학적 사실의 기원과 발전』에 대해 말하지 않았듯이, 프렉도 위의 문장을 적지 않았을 것이다. 그러나 전자, 즉 과학적 사실의 기원과 발전은 프렉 책의 제목이고, 라이헨바흐가 도서목록에 인용할 때, 프렉의 책을 포함해 두었다. 라이헨바흐의 책에 인용된 도서목록을 읽으면서, 나는 저 제목을 가진 책이 나의 관심사에 관해 이야기하고 있을 가능성이 있음을 즉시 깨달았다. 프렉의 본문을 접하고 나서 나는 곧 그때 내가 직감했던 것을 확신하게 되었다. 그리고 아직 전혀 체계를 갖춘 것은 아니지만, 이 책을 많은 사람에게 소개하기 시작했다. 내가 이 책에 관해 이야기해 준 사람 중에는 제임스 브라이언트 코넌트James Bryant Conant, 당시 하버드대학교 총장이 있었다. 코넌트는 머지않아 독일 주재 미국 고등 판무관이 되었다. 코넌트는 프렉의 책에 대해 독일인 직원에게 이야기해 주었고, 그의 언급을 듣고 독일인 직원이 보인 반응을 몇 년 뒤에 기쁘게 나에게 알려왔다. "어떻게 그러한 책이 있을 수 있지? 사실은 사실일 뿐이야. 사실은 생겨나지도, 발전되지도 않는 거야." 내가 이 책에 끌린 이유도 당연히 이러한 역설 때문이다.

　나는 프렉에게서 무엇을 취해 왔는가? 이러한 반문을 나 스스로 여러 번했고, 그때마다 거의 전혀 가져온 것이 없다고 불확실하게 대답할 수밖에 없었다. 나는 프렉의 책을 보고 나의 생각이 결코 사소한 것이 아님을 재확인했다. 왜냐하면, 나는 1950년대와 그 후 몇 년 동안 내가 과학사에서 찾아낸 것을 이해한 사람이 아무도 없다는 것을 알았기 때문이다. 또한, 나는 프렉의 책을 보고 아마도 내가 관심을 갖는 것이 근본적

---

5 Ibid.

으로 사회학적 차원에서 일어나는 문제임이 틀림없다는 점을 깨달았다. 어쨌든 이 점이 『과학 혁명의 구조』The Structure of Scientific Revolutions(1962)에서[6] 내가 그의 책을 언급한 것과 관련이 있다. 나는 분명히 프렉의 저작에서 무언가를 얻어냈을 것이고, 얻어냈다는 점에는 의문의 여지가 없다. 그러나 구체적으로 무엇을 얻어냈는지는 확신이 서지 않는다. 그 당시에 나는 프렉의 독일어가 엄청나게 어려웠다는 점만 어렴풋이 기억난다. 그것은 한편으로 내가 오래전에 익힌 독일어를 너무 오래 방치해 두었기 때문이고, 다른 한편으로는 —특히 내가 모르고 있고, 집단적 마음의 사회학에 대해 모호하게나마 반발했다는 관점에서 볼 때— 의학과 생화학에 관한 논의를 소화할 만큼 충분한 배경 지식이나 어휘를 가지고 있지 않았기 때문이다. 내가 복사한 프렉의 책 사본 여백에는 여러 줄의 메모가 기록되어 있는데, 이 메모는 나 스스로 이미 많이 생각했던 것들, 즉 자연이 스스로 드러내는 형태의 변화, 그리고 '관점'과 무관한 '사실'을 표현하는 데 따른 어려움 등에 주로 내가 대답했음을 암시한다. 그 당시에 나도 콜러Kohler, 코프카Koffka, 그리고 다른 형태 심리학자들을 연구하는 데 많은 노력을 기울였지만, 나는 그들이 흔히 '~처럼 보는 것'seeing as을 '보는 것'seeing으로 대체하는 것을 거부했다(프렉도 당연히 그랬을 것이다). 내가 유명한 오리-토끼 그림을 보았을 때, 내가 본 것은 오리거나 토끼였고, 그 페이지에 나타난 선이 아니었다. 적어도 의식적인 노력을 기울이기 전까지는 그랬다. 이 선은 오리와 토끼가 대안적으로 해석된 사실이 아니었다.

    나는 프렉의 책 읽기를 중도에 포기하지 않았다. 그래서 지금도 프렉의 책을 다시 읽어 보면, 내 견해에 유익하게 작용한 많은 통찰력을 그

---

[6] Thomas S. Kuhn, *The Structure of Scientific Revolutions*(1962, 2rd ed., enlarged, Chicago, 1970), pp. vi~vii.

책에서 발견한다. 예를 들어, 나는 학술지 과학과 편람 과학의 관계에 대한 프렉의 논의(4장, 4절)에 깊은 감명을 받았다. 후자, 즉 편람 과학은 아마도 교과서 과학에 대한 내 언급의 원형일지 모르겠다. 하지만 프렉은 다른 점, 즉 학술지 과학의 개인적이고, 일시적이며, 일관되지 않은 성격에 관심을 두고 있었고, 또한, 편람 과학 내에서 선택적 체계화에 의한 질서와 권위를 부여하는 개인의 본질적이고 창조적인 활동에 관심을 두고 있었다. 나는 이러한 문제들에서 완전히 벗어나 있다. 하지만 이러한 문제들은 적지 않게 경험적으로 접근할 수 있어서 추가로 고려해야 할 충분한 가치가 있다. 다시금 나 자신의 특별한 관심사를 감안할 때, 두 '사고 집단' 간의 사고 전달의 어려움에 관한 프렉의 언급(4장, 3절)은 특히 나의 흥분을 자아냈고, 무엇보다도 여러 '사고 공동체'에 참여할 가능성과 그 한계에서 논의를 마무리 짓는 것을 보고 나는 매우 감동받았다. ("전혀 이질적인 사고 양식은 매우 밀접한 관련이 있는 문제보다 하나의 동일 문제에 대해 더 자주 사용된다. 의사는 임상 의학 또는 세균학적인 관점에서 질병 연구를 순수 화학적 연구와 병행하기보다 문명사 연구와 병행하여 추구하는 경우가 더 자주 발생한다.") 여기서 프렉은 또한, 경험적 연구를 위한 길을 연다.

독자들은 프렉의 풍부하고 통찰적인 이 책에서 다른 유사한 직관적 통찰aperçus을 많이 발견하게 될 것이다. 이 책이 출판된 후에 많은 일이 일어났다. 그런데도 이 책은 여전히 훌륭하고, 아직 개척되지 않은 학문적 자원으로 남아 있다. 그러나 그 내용을 정교하게 다듬어야 한다는 입장에는 근본적으로 변함이 없다. 바로 정교하게 다듬어야 할 부분은 내가 볼 때, 이 책을 처음 읽었을 때와 마찬가지로, 사고 집단의 개념을 둘러싼 것들이다. 내가 생각할 때 사고 집단은 구체화된 허구지만, 프렉은 허구가 아니라고 한다. 이 점이 나를 괴롭힌다. 사고 집단이 허구라는 반론(4장, 3절, 주석14-이 책 262)에 대한 프렉 자신의 대답은 적절해 보인다. 오히려 나는 프렉의 글에서 내재적으로 오해의 소지가 있고, 반복적으로 긴장하도록 하는 원천이 있음을 발견한다.

간단히 말해, 사고 집단은 –많은 사람이 사고 집단을 가지고 있거나 많은 사람이 사고 집단에 의해 장악되고 있기 때문에– 개인의 마음에 큰 영향을 미치는 것처럼 보인다. 따라서 사고 집단의 분명한 합법적 권위를 설명하기 위해, 프렉은 개인에 대한 논의에서 빌려온 용어를 반복적으로 사용하여 호소한다. 이따금 그는 '폐쇄적인 의견 체계의 **견고성**'(2장, 3절; 필자 강조)에 대해 적고 있다.[7] 다른 곳에서 그는 이 견고성을 예를 들어 "최초의 믿음, 여론에 대한 의존성, 지적 연대"(4장, 3절)로 설명한다. 이러한 사회적 힘들에 대답하면서, 성공적인 사고 집단의 구성원들은 프렉이 때때로 '일종의 착각의 조화'(2장, 3절)라고 묘사한 것에 참여하게 된다. 의심의 여지없이, 마지막 구절, 즉 착각의 조화는 은유법적으로 의도된 것이지만, 그것은 손상된 은유에 불과하다. 왜냐하면, 그것은 사회적 압력이 없었더라면, 착각을 피할 수 있었을 것이라는 인상을 지울 수 없기 때문이다. "[지겔Siegel의] 발견이 **적절한** 영향을 미쳤고, 대중의 **적절한** 기준을 받았더라면, … 매독의 개념은 오늘날과 달라졌을 것이다."(2장, 4절; 필자 강조).[8]

---

[7] 이 인용 구절과 이하의 인용 구절은 모두 프렉의 『과학적 사실의 기원과 발전』에서 인용한 것이다. 여기에 내가 임의로 강조하는 글씨체를 부과하였다. 독자들은 프렉의 책, 영문판과 대조해서 보기 바란다.

[8] 지겔은 매독이 원생동물과 같은 단세포생물에 의해 유발된다는 사실을 처음으로 알아냈다. 이것은 매독의 유발자가 스피로헤타 팔리다라는 사실과 크게 다른 것이 아니지만, 지겔의 발견이 오늘날 매독 개념의 형성에 전혀 영향을 미치지 못한 까닭은 모든 매독 환자에게서 스피로헤타 팔리다가 발견되지만, 스피로헤타 팔리다를 가지고 있다고 모든 사람이 매독에 감염되는 것은 아니기 때문이다. 즉 매독 환자가 아닌 사람에게서도 스피로헤타 팔리다가 발견된다. 지겔은 매독이 발병하는 기제에 대해 몰랐고, 따라서 오늘날 매독의 개념 규정은 지겔의 발견에 따르지

다른 구절들은 프렉의 책 전체를 통해 내 입장에 훨씬 더 가까운 입장을 암시한다. 예를 들어, 사고 집단의 힘은 때때로 '강압' 또는 '내재적 구속'으로 서술되고 있다(3장). 다른 곳에서 프렉은 다음과 같이 적고 있다. "내용이나 논리적 정당성과 상관없이 집단 내에서 일어나는 사고 교류는 사회학적 이유에서 사고 구조Denkgebilde를[9] 확증해 주는 것이 틀림없다."(4장, 3절) 이 구절 외에 이 책의 다른 많은 구절도 사고 집단에 참여한 결과가 어쩌면 정언적이거나 선천적임을 나타낸다. 사고 집단이 구성원들에게 제공하는 것이 어쩌면 칸트의 범주처럼 모든 사고에 필수 불가결한 것일지도 모른다. 따라서 사고 집단의 권위는 사회적이라기보다 거의 논리적이다. 여전히 권위는 개인적 유도에 따라서만 집단 내에 존재하게 된다.

이러한 입장은 물론 엄청난 문제의 소지를 안고 있다. 프렉은 이따금 지식의 수동적 요소와 능동적 요소를 구별하고, 이로써 사고 집단의 권위가 사회적이라는 자신의 입장을 발전시키려 한다. 이러한 프렉의 시도가 나에게는 명쾌하다고 보이지 않는다. '수동적'과 '능동적'이라는 용어도 다시금 집단 심리학에 적용하기 위해 개인 심리학에서 빌려온 용어다. 이보다는 지식과 믿음의 인식론적 구별이 훨씬 더 유용할 것이다. (예를 들어, 일찍이 인용된 문구인 '견해의 자기 폐쇄적인 체계의 견고성'에서 '지식'은 '견해'로 대체된다. 그렇다면 '견고성'과 아마도 또한, '자기 폐쇄적인', '체계'는 불필요한 것이 되고 말 것이다.) 그러나 이 핵심 문제의 지적을 프렉은 거의 인정하지 않으려 할 것이다. 이 글의

않는다―옮긴이 주.
[9] 프렉의 『과학적 사실의 기원과 발전』 영문 번역본은 'Denkgebilde'를 '사고 구조'로 번역했다. 하지만 한글 번역본에서 나는 '사고 형성'이라고 번역했다. 사고 구조로 번역하든, 사고 형성으로 번역하든 의미상으로는 큰 차이가 없다―옮긴이 주.

마지막 문단, 즉 방금 지적한 어려움은 비트겐슈타인L. Wittgenstein[10] 이후의 철학에서 핵심을 이루고 있는 문제이고, 여전히 해결되지 않은 문제다. 이 해결되지 않은 문제를 과학사의 경험적 실질 자료 속에 드러낸 것만으로도, 프렉의 성과는 충분히 빛날 것이다.

토마스 S 쿤
1976년 6월

---

[10] 비트겐슈타인의 『확실성에 관하여』(*On Certainty*, Oxford, 1969)와 특히 관련 있다.